SPACE DESIGN
THE FORM
AND STYLE

空间
设计形式
与风格

李泰山 / 著

U0650736

高等教育"十二五"
全国规划教材
高等院校设计专业
系列教材

人民美术出版社

图书在版编目（ＣＩＰ）数据

空间设计形式与风格 / 李泰山著 . –– 北京：
人民美术出版社，2012.6
艺术专业系列教材
ISBN 978-7-102-06004-0

Ⅰ . ①空… Ⅱ . ①李… Ⅲ . ①空间 – 建筑设计 – 教材
Ⅳ . ① TU206

中国版本图书馆 CIP 数据核字 (2012) 第 117301 号

著　　者：李泰山
选题策划：左筱榛

空间设计形式与风格

出　　版：人民美术出版社
地　　址：北京北总布胡同 32 号　100735
网　　址：www.renmei.com.cn
电　　话：艺术教育编辑部：(010)65122581　(010)65232191
　　　　　发行部：(010)65252847　(010)65593332　邮购部：(010)65229381

责任编辑：左筱榛
封扉设计：杜羿纬
版式设计：王　巍
版式制作：朱　蓉　　雷　萍
责任校对：徐　见
责任印制：赵　丹
制版印刷：北京启恒印刷有限公司
经　　销：人民美术出版社

2012 年 7 月　第 1 版第 1 次印刷
开　　本：787 毫米 ×1092 毫米　1/16　印　张：14
印　　数：0001–3000 册
ISBN 978-7-102-06004-0
定　　价：48.00 元

总 序

　　肇始于 20 世纪初的五四新文化运动，在中国教育界积极引入西方先进的思想体系，形成现代的教育理念。这次运动涉及范围之广，不仅撼动了中国文化的基石——语言文字的基础，引起汉语拼音和简化字的变革，而且对于中国传统艺术教育和创作都带来极大的冲击。刘海粟、徐悲鸿、林风眠等一批文化艺术改革的先驱者通过引入西法，并以自身的艺术实践力图变革中国传统艺术，致使中国画坛创作的题材、流派以及艺术教育模式均发生了巨大的变革。

　　新中国的艺术教育最初完全建立在苏联模式基础上，它的优点在于有了系统的教学体系、完备的教育理念和专门培养艺术创作人才的专业教材，在中国艺术教育史上第一次形成全国统一、规范、规模化的人才培养机制，但它的不足，也在于仍然固守学院式专业教育。

　　国家改革开放以来，中国的艺术教育再一次面临新的变革。随着文化产业的日趋繁荣，艺术教育不只针对专业创作人员，培养专业画家，而且更多地是培养具有一定艺术素养的应用型人才。就像传统的耳提面命、师授徒习、私塾式的教育模式无法适应大规模产业化人才培养的需要一样，多年一贯制的学院式人才培养模式同样制约了创意产业发展的广度与深度，这其中，艺术教育教材的创新不足与规模过小的问题尤显突出，艺术教育教材的同质化、地域化现状远远滞后于艺术与设计教育市场迅速增长的需求，越来越影响艺术教育的健康发展。

　　人民美术出版社，作为新中国成立后第一个国家级美术专业出版机构，近年来顺应时代的要求，在广泛调研的基础上，聚集了全国各地艺术院校的专家学者，共同组建了艺术教育专家委员会，力图打造一批新型的具有系统性、实用性、前瞻性、示范性的艺术教育教材。内容涵盖传统的造型艺术、艺术设计以及新兴的动漫、游戏、新媒体等学科，而且从理论到实践全面辐射艺术与设计的各个领域与层面。

　　这批教材的作者均为一线教师，他们中很多人不仅是长期从事艺术教育的专家、教授、院系领导，而且多年坚持艺术与设计实践不辍。他们既是教育家，也是艺术家、设计家。这样深厚的专业基础为本套教材的撰写一变传统教材的纸上谈兵，提供了更加丰富全面的资讯、更加高屋建瓴的教学理念，使艺术与设计实践更加契合的经验——本套教材也因此呈现出不同寻常的活力。

　　希望本套教材的出版能够适应新时代的需求，推动国内艺术教育的变革，促使学院式教学与科研得以跃进式发展，并且以此为国家催生、储备新型的人才群体。我们将努力打造符合国家"十二五"教育发展纲要的精品示范性教材，这项工作是长期的，也是人民美术出版社的出版宗旨所追求的。

　　谨以此序感谢所有与人民美术出版社共同努力的艺术教育工作者！

中国美术出版总社
人民美术出版社　社长

序

在美术学院本科学习的课程中，美术史、美术概论、设计史、设计概论等理论课程是学生们的必修课。

然而，相对本科课程的学习而言，学生们往往把理论课作为沉重的学习负担。这给理论课的授课教师带来压力，毕竟抽象思维的理论教学相对于实际的美术和设计教学，不可能那么"生动"。

李泰山作为环境艺术设计专业的专业教师，能够投入十年八年时间潜心研究设计史，并在教和学与研究的关系及其视角上有所创新，实属不易。

史论研究所包含的内容很多。如西方的建筑史，仅从古埃及到当代纵横的数千年时间、数十个国家的发展历史，涉及各个时代社会的政治、意识、经济、生产、艺术、宗教、技术等方方面面。而要对数百件代表性的设计作品及其代表人物作分析，寻找它们的设计规律、创意特征等，所需的时间、精力和综合分析的工作量可想而知。

一直工作在教学第一线的李泰山，近些年还研究发表了不少设计论文及专著，包括有《室内环境艺术设计》《环境艺术设计——美院考王》《环境艺术专题空间设计》《环境艺术设计素描教学初探》《建筑与室内空间构成教学实验》《建筑水墨效果图实验》《构成与写实》等，其中，这部《空间设计形式与风格》专著就是他努力耕耘研究的成果。

这部《空间设计形式与风格》专著是从建筑设计史细分出来的关于建筑与室内空间设计形式与风格课题的研究，也是作者多年形式与风格教学实践的总结。它既是一本有关建筑设计史知识的精读本又是关于空间设计形式与风格的系统学习的简读本。由于本书紧扣各种空间形式与风格的设计概念、设计特征并且直接按形式与风格的设计特征指导学生作小空间设计习作，所以，学生既学习设计理论，又把设计理论知识尽快用于设计练习中。这对于非设计理论专业的学生面对厚重的设计理论学习是一种有促进意义的"减负"，而这种"减负"促使学生在有限课时内获得最佳学习效果。

我们期望更多的教学科研实践研究课题能结合中国设计教育发展需要展开。

广州美术学院院长　黎明

2012 年 2 月 8 日

目　录

目　录

目 录

目 录

空间设计形式与风格课程建议课时：

1. 共72课时。

2. 每4课时中，2.5课时由教师理论讲述，1.5课时由师生互动讲评分析学生作业。

01

第一讲
空间设计形式与风格概念

第一讲
空间设计形式与
风格概念

空间设计形式与风格，是不同时代的思潮与不同地域特色的表现，受自然、社会、科技、文化等因素的影响，也受人们生活方式、宗教信仰、个性喜好及设计者的创作思路、艺术素养等影响。它是由不同时期的科学技术水平、社会观念、消费时尚、生活方式和审美情趣所决定的，是一个融合多种因素、多层关系的综合体，是社会文化的产物，是设计文化最直接的表现形式。同时，空间设计不同风格的产生、发展与变换，是深刻的社会历史发展和文化发展的反映。

第一节　空间设计风格的概念

一、空间设计的概念

空间，英文名"space"。它是能够包容所有物理实体和物理现象的场所，是具体事物的组成部分，是运动的表现形式，是眼睛可以看到、手可以触到的具体事物。空间本身不运动、变化，但却能包容其他事物的一切运动、变化。

一切具体的行为、现象、事情都在具体空间里发生、发展和结束，都以具体的空间规定作为表现形式。具体空间是有具体数量规定的认识对象，是有长、宽、高三维规定的空间体，是一般空间的具体存在和表现形式，是存在于具体事物之中的相对抽象的事物或元实体。

空间和时间是事物之间的一种次序。空间用以描述物体的位形，时间用以描述事件的先后顺序。空间和时间的物理性质主要通过它们与物体运动的各种联系而表现出来。近代物理学认为，时间和空间不是独立的、绝对的，而是相互关联的、可变的，任何一方的变化都包含着对方的变化，因此把时间和空间统称为时空。

在这里，我们论述的空间主要指城市空间、景观空间、建筑空间、室内空间。这类空间具有人们各种活动所需的空间功能与形式风格。我们重点探讨论述人类社会发展历史中最完整、最有代表性的建筑与室内空间的功能、形式与风格的设计特色与规律，以此继承延续前人的文化艺术成就并得到前人设计智慧的启示。

建筑与室内空间是物质存在的一种客观形式，由长度、宽度和高度表现出来。它们由面形态围合而成，通常呈六面体。这六面体分别由顶面、地面和墙面组成。建筑与室内空间是相对于自然空间、城市空间而言的。建筑与室内空间是人们为了满足生产或生活的需要，运用各种建筑要素与形式所构成的内部空间与外部空间的统称。它包括墙、地面、屋顶、门窗等构筑的建筑内部空间，以及建筑物与周围环境中的树木、山峦、水面、街道、广场等建筑的外部空间。我们的空间设计的形式与风格都需围绕相关空间的形体、材质、建造、建构、环境、场地等因素构成。

二、空间设计风格的定义

风格是一种形式系统，是一个时代、一个流派或一个人的设计艺术作品在设计内容和设计艺术形式方面所显示出的格调和气派。东西方古代都曾把"风格"定义为独特的表达形式。在西方，风格（style）一词本源于古希腊文"雕刻刀"，比喻"以文字装饰思想的一种特殊方式"。歌德曾把艺术表现分为三个等级：单纯的模仿、作风、风格。风格的表现是最高的境界。单纯的模仿是偏重于单纯的客观性，以物为主的表现；作风是偏重于主观方面的表现，以心为主；风格则是主客观和谐一致。在中国，汉语的"风格"一词在晋人的著作里就已出现(见葛洪《抱扑子》等)，指人的风度品格。在南朝时期刘勰的《文心雕龙》中，"风格"亦指文章的风范格局。在唐代的绘画史论著作中，"风格"就被用作绘画艺术的品评用语。近现代以来，人们广泛地在设计、美学、文艺评论等领域使用该词。

空间设计艺术涉及经济、技术与美学领域，是一门交叉学科。空间设计艺术风格通过空间设计艺术作品表现出空间使用功能与审美形式的统一。它是由时代、社会、民族的经济、技术与美学的因素决定的，并在空间设计艺术作品中表现出空间设计艺术家的设计观念、审美理想、精神气质以及运用特有的空间结构方式、材料与工艺方式、空间形态构成方式等。具体来说，空间设计艺术风格即是一个时代、一个流派或一个人的空间设计艺术作品在空间设计使用功能与审美形式表现的一贯性和独特性，表现为空间设计艺术家对空间设计内容和空间设计艺术形式方面所显示出的格调和气派。

三、空间设计风格的成因和影响

空间设计风格的形成有其主、客观的原因。在主观上，空间设计艺术家由于各自的生活经历、思想观念、艺术素养、情感倾向、个性特征、审美理想的不同，所生活的文化圈子会给他的生活性格、文化性格以决定性的影响。他会根据个人的生活阅历、文化经验、先天遗传气质和文化教育等主观条件去选择他的审美范型，形成他自己的哲学思想。他还根据自己的命运和生活经验形成自己的设计思想，探索自己的表达方式，而这些必然在个人气质、人格情操、审美理想、艺术志趣、创造才能和设计习惯中表现出来。他必然会在设计创作中自觉或不自觉地形成区别于其他设计师的显著特征的设计创作个性。在客观上，空间设计艺术作品的产生都是以其社会、政治、思想和经济力量及市场需求作为背景的，空间设计艺术家创作个性的形成必然要受到其所隶属的时代、经济、技术、生产方式、消费市场、国家、社会、地域、民族、思潮等社会条件的影响。而空间设计艺术品所属具体的使用对象，所涉及的建筑功能类型及空间结构、形态等，对于空间设计风格的形成也具有内在的制约作用。

建筑与环境艺术空间设计的风格是一个时期文明的诸要素向另一个时期文明的诸要素逐渐演变或变形的结果。从广义上来说，没有一种空间设计风格承袭另一种空间设计风格的简单模式。空间设计风格因具体的时间地点而产生变化。虽然我们现在能按年代的顺序来讨论建筑与环境艺术设计的风格，但在同一时间同时存在不同的空间设计风格，各种空间设计风格间也相互交融，当它们逐渐成熟之后，被传到其他国家，也会随之改变。也有一些空间设计风格是派生的，即因其他空间设计风格的随意搬用而产生的。许多空间设计风格从他们前辈的空间设计风格遗迹中脱颖而出，对前辈空间设计风格的传播和延续还是有积极作用的。例如，中世纪的建筑空间从开始设计到最后完成需要很长的一段时间，所以哥特式的教堂空间以不同的风格完成，但又与其初始的风格有很大的联系。很多建筑由于地域性的影响，根据某种经典的标准把多种风格合起来进行建造，所有的这些建筑空间都是从某些共同的传统发展过来的，仅是由于特定的几何形式和材料才成为典范。

面对人们可以接受的生活趣味、经费预算、可用的建筑空间材料和建筑空间技术，这些综合因素使建筑空间产生了混合性风格。这可以从建筑物的尺度、比例、聚集性、形状、材料、肌理和装饰中得到启示。建筑空间有自己的生命力，它常发现新的形式，并在新风格中找到这些新形式。当代建筑空间几乎没有固定的风格。建筑空间能超出它固有观念的时期，可以超出它所有渊源的风格之外，而成为真正独特的创造。建筑与环境艺术空间设计风格，是结合不同时期思潮和地区特点，通过创作构思和表现，逐渐发展成为具有代表性的建筑与环境艺术空间设计形式的。空间设计风格虽然表现于形式，但空间设计风格具有艺术、文化、社会、经济及科技发展等深刻的内涵。从这一深层含义来说，空间设计风格又不停留或等同于形式。一种空间设计风格或流派一旦形成，它就能积极或消极地转而影响艺术、文化、社会、经济及科技的发展。

四、空间设计风格的特点

1. 空间设计风格的多样化。现实世界本身的多样性，空间设计艺术家各不相同的设计创作个性，以及空间设计艺术欣赏者审美需要的多样性，决定了空间设计艺术风格的多样化。即使是同一空间设计艺术家的作品，也并不排除具有多样空间设计风格的可能性。正是空间设计艺术风格的多样化极大地促进了空间设计艺术的繁荣和发展。由于多种因素的交互作用，形成了空间设计创作风格上的千差万别，无论哪种分法，都是不能穷尽的。从理论上说，空间设计风格的差异应该是无限的。对于任何一个设计艺术门类，我们都可以从中发现多种多样的设计艺术风格；对于任何一位出色的设计艺术家，我们都可以发现他与众不同、具有个性的设计艺术风格。空间设计艺术风格多样性的形成原因主要有三点：首先是空间设计艺术家独特的设计创作个性。空间设计艺术家作为空间设计艺术创作主体，他的性格、气质、禀赋、才能、心理等各方面的种种特点，会融入精神产品之中。空间设计艺术风格的形成反映空间设计艺术家独特的人生道路、生活环境、阅历修养和艺术追求。从空间类型的选择到空间设计主题的提炼，从空间结构到设计艺术语言，从功能体验到艺术构思，直到空间设计艺术的传达和表现，设计艺术家始终具有自己独特的审美体验、构思方式和表现角度，从而形成自己的空间设计艺术风格。其次是空间设计功能与审美需求的多样化。由于使用与欣赏主体处于不同的社会层次、文化层次，属于不同的民族、不同的地区，造成使用与审美需要的千差万别，反过来刺激和推动着不同空间设计艺术风格的形成。最后，各个时期、不同国家的艺术、文化、社会、经济及科技等因素都会成为造成空间设计艺术风格多样化的因素。

2. 空间设计风格的同一性。同一空间设计艺术家由于其设计创作个性的制约而在整体上呈现出一种占主导地位的设计风格特征；不同空间设计艺术家之间的风格区别也不能不受到他们所共同生活的某一时代、民族、阶级的审美需要和艺术发展的制约，从而显示出空间设计风格的一致性。从中外设计艺术史中我们可以看到：每个民族的空间设计艺术总是具有某些共同的特征，形成空间设计艺术的民族风格；每个时代的空间设计艺术也常常具有某些相似之处，形成空间设计艺术的时代风格。这种民族风格或时代风格，体现出空间设计艺术风格的一致性，它与空间设计艺术风格的多样性一道，共同形成了辩证统一的关系，使空间设计艺术风格既有多样性，又有一致性。空间设计艺术风格的多样性与一致性，往往互相联系、互相渗透，呈现出十分复杂的现象。

时代风格——是一个历史时期的空间设计艺术所表现出来的共同特点，这个共同特点使这个时代的空间设计艺术与其他时代相区别。世间的一切事物无不处于变化之中，变，乃历史之必然，建筑与环境艺术空间设计的时代风格也必然要随科技的日新月异而变化。

民族风格——是由本民族的地理环境、社会状况、文化传统、风俗习惯等多种因素决定的，体现出本民族的审美理想和审美需要，是每个民族在建筑与环境艺术空间设计上所表现出来的与其他民族相区别的独特点，但归根结底还是根源于本民族的社会基础与经济生活。从一个民族的范围来说，民族风格更多表现为相对稳定的一面，而时代风格则表现了这种民族风格发展的阶段性和历史性，更多地表现为变动性的一面。然而，无论民族风格、时代风格，还是流派风格，归根结底都要由这个民族、时代或流派的代表设计家的个人风格来体现。所以，对设计家个人风格的研究是风格理论的核心。

五、空间设计风格的类型

类型是从各种特殊的事物和现象中抽出来的共通点。建筑与环境艺术空间设计风格可以大致划分为几种类型。在设计艺术的实际发展过程中，同一类型的空间设计风格往往会形成一种设计艺术流派。各种空间设计艺术流派的发展、演变不仅构成了空间设计艺术的发展历程，而且也反映了各时代社会思潮和审美理想的变化。空间设计风格构成一个系统。在空间设计风格系统中，分类标准和分类级别则有不同层次的划分。建筑与环境艺术空间设计风格类型，主要反映为空间平面布局、形态构成、艺术处理和手法运用等方面的特征，有时也以相应时期的绘画、造型艺术，甚至文学、音乐等为其渊源而相互影响，并和当地的人文因素和自然条件密切相关。建筑与环境艺术空间设计风格因受不同时代的政治、社会、经济、建筑材料和建筑技术等的制约以及建筑设计思想、观点和艺术素养等的影响而有所不同。

建筑与环境艺术空间设计风格主要类别：

1. 按历史发展流派分类，可分为古希腊、古罗马空间设计风格，欧洲中世纪空间设计风格、文艺复兴空间设计风格、新古典主义空间设计风格、现代主义空间设计风格、后现代主义空间设计风格。

2. 按国家民族分类，可分为中国空间设计风格、日本空间设计风格、伊斯兰国家空间设计风格、英国空间设计风格、法国空间设计风格、美国空间设计风格等。

3. 按地域文化分类，可分为地域空间设计风格、城市空间设计风格、乡村空间设计风格，如中国有岭南空间设计风格等。

4. 按地区概括分类，可分为欧陆风格、欧美风格、地中海风格、澳洲风格、非洲风格、拉丁美洲风格等。

空间设计风格分类只是理论上的定性定位，在具体的设计现象中，空间设计风格总是兼融多种风格要素而生成的。时代空间风格、地域空间风格、民族空间风格、国家空间风格、社会空间风格等都融合在一起，互相联系渗透，体现在具体设计作品的空间设计创作个性、审美形象和设计格调中。空间设计风格一些类型的意义，决定于某一时代的社会生活，审美理想，生产、科技和空间设计艺术发展的状况。因此，不能设想可以有某种适用于一切时代的空间设计风格类型存在。即使有些空间设计类型在各个时代都同样存在着，但它们所包含的空间设计个体内容在各个时代是不同的。

六、空间设计流派的概述

空间设计流派的形成与产生基于相同或相近的设计观念和审美理想。因为有这样的相近、相同、类似，空间设计师们才会形成一个志同道合的设计团体，通过空间设计创作活动、空间设计创作成果来推动某一种设计观念或设计思潮，从而产生较大的影响。当设计流派发展到一定的阶段，被大家所认可时，设计流派就发展为设计风格，设计流派尾随设计风格。设计风格类型也就是设计艺术流派。设计流派是设计师的群体化现象，设计创作繁荣、思潮流行、风格成熟就会产生流派。大致可以这样为设计流派定义：在一定历史时期中具有相近或相同的设计观念、设计倾向、艺术追求和美学风格的设计师群体。这个设计师群体是由思想倾向、美学主张、设计方法和设计表现风格方面相似或相近的设计艺术家们所形成的艺术派别。他们或者由于其设计创作主张上的共同点，或者由于其气质上的接近，或者由于取材范围的一致，或者由于表现方法、艺术设计技术方面的类似，从而与另一批风格的艺术设计师相区别。这些设计艺术派别的形成有时是自觉的，有一定的组织形式或共同宣言，有时是不自觉的，仅仅因为设计创作风格类型的相近而组合在一起。这些设计艺术派别有的局限于一种设计艺术门类或形式，有的则包括不同设计艺术门类或形式的设计艺术家。一个艺术设计流派可以包括从事不同种类和形式的艺术设计创作的艺术设计师，也可以是一个艺术设计种类或一种体裁内部的某些艺术设计师。它可以只存在于一个时代，活跃于一个时期，也可以有相当长远的继承性和延续性。

在空间设计历史中，对设计流派产生影响的还有设计大师。**设计大师**是指在设计创作总体上表现出来独特设计创作个性与鲜明设计艺术特色的设计家。设计大师，他必须具有以下的一些条件：他是某种设计思想或设计思潮的代表者，或者是某个民族、国家文化的集大成表现者，或者是某种审美理想、某种设计风格的杰出代表，在设计创作上有一批成熟的创作从而形成一种"设计范式"，产生极大的号召力或影响力，于是他以及他的作品成为同时代人或后代人学习、模仿、永远阅读的范本，他还往往开创了一个新的设计时代。这种影响必须靠其审美理想、风格和创作范式产生作用。所谓"设计范式"是指设计创作上典型的模式、范例。这些模式和范例对设计观念、理想、方法、风格具有一种定向作用，提供了可以被模仿的规则和典型的例子。它既是设计元素的集大成创造，又是新方向的指示，成为设计创作具有很多新的发展余地的领域。设计大家的价值就在于这种"设计范式"的开创性上。设计的发展就是在这种设计大家的带动下形成新的设计思潮、新的设计风格，在形成的新的设计流派中一步步演变的。可以这样说，凡是具有巨大影响的设计思潮、设计流派，都必然有它的开创者和代表人物。

七、空间设计思潮的概述

空间设计思潮是指在一定社会历史条件下，特别是在一定的社会思潮和学术思潮的影响下，设计艺术领域所发生的具有广泛影响的思想潮流和设计创作倾向。设计艺术思潮与设计艺术流派之间有着密切的关系，但又存在着明显的区别。一般来讲，设计艺术风格是设计创作主体独特个性的表现，设计艺术流派则是设计风格相近或相似的设计创作主体的群体化，而设计艺术思潮却是倡导某种设计思想的几个或多个设计艺术流派所形成的一种设计艺术潮流。设计产生以来，人们无时不刻不在探索新的设计，但在这些过程中，仅有少数人的行为或成果成为"流派"。因为它们首先意识到了社会的发展方向并作出了顺应历史潮流的探索，这样，他们的成果才被人们接受，被历史承认。所以说，设计是时代的产物。同时代的设计和科技、经济、绘画、音乐，甚至于人的生活方式都是环环相扣的，新思想无论从哪个方面开始突破，都是代表未来思潮和发展方向的。设计先驱首先应该是思想先锋。

第二节　空间设计形式的概念

空间设计风格的形成，逐渐发展成为具有代表性的空间设计形式。一种典型风格的形式，形成风格的外在和内在因素。风格虽然表现于形式，但风格具有艺术、文化、社会发展等深刻的内涵，从这一深层含义来说，风格又不停留或等同于形式。

一、形式的概念

古希腊亚里士多德认为形式是物体性质的内在基础和根据，是物质内部所固有的、活生生的、本质的力量；培根·F.指称形式是事物的内在结构或规律。一般来说所有事物都有其形式与内容，形式是事物内在要素的结构或表现方式，内容是构成事物的一切内在要素的总和，内容也包括事物的各种内在矛盾以及由这些矛盾所决定的事物的特征、运动的过程和发展的趋势等。同一种内容在不同条件下可以采取不同的形式，同一种形式在不同条件下可以体现不同的内容。内容与形式互相联系、互相制约。

二、形式美的概念

从古希腊时代开始，建筑学家与美术家们就一直在探求形式美的规律和原则，并达成了一定的共识。建筑与环境空间形式美法则表现为点、线、面、体以及色彩和质感的普遍组合规律，产生了诸如均衡与稳定、对比与微差，韵律、比例、尺度、黄金分割等一系列以统一与变化为基本原则的空间构图手法。形式美法则表现于建筑与环境空间是生活空间与艺术形象的对立统一体，它们互相依存。生活空间是形式美存在的依据，形式美是生活空间存在的表现，它们互相制约。设计师根据人们对物质生活和精神生活的各种需求设计出功能形态及形式美各异的实用空间，这些空间环境反映着人们的社会意识、生活方式、消费经济、科技生产等状况，表现出设计者的设计修养及设计追求。

具体说形式美是由构成形式美的感性质料的构成规律、形式美法则所构成，构成形式美的感性质料主要是色彩、形状、线条、声音等。色彩对人的生理、心理产生特定的刺激信息，具有情感属性，形成色彩美。形状和线条作为构成事物空间形象的基本要素，也具有情感表现性。声音本是物体运动产生的音响，其物理属性是振动。它的高低、强弱、快慢等有规律的变化，也可以显示某种意味。把色彩、线条、形体、声音按照一定的构成规律组合起来，就形成色彩美、线条美、形体美、声音美等形式美。形式美是独立存在的审美对象，具有独立的审美特性。形式美的法则主要有整齐与参差、对称与平衡、比例与尺度、黄金分割律、主从与重点、过渡与照应、稳定与轻巧、节奏与韵律、渗透与层次、质感与肌理、调和与对比、多样与统一等。这些规律是人类在创造美的活动中不断地熟悉和掌握各种感性质料因素的特性，并对形式因素之间的联系进行抽象、概括而总结出来的。所以，形式美不是自然形成的，是由美的外在形式演变而来的。其中包含着具体的社会内容，经过人们长期重复、仿制，使原有的具体社会内容逐渐泛化成为某种观念内容。而美的外在形式的形成和发展经历了漫长的社会实践和历史发展过程而演变为一种规范化的形式，成为独立审美的对象。这个过程是一个长期的包括心理、观念、情绪与形式的历史积淀。社会实践的历史积淀使形式所涵盖的社会生活内容渐渐凝结在构成形式美的感性材料及其组合规律上，事物的形式或美的形式就演变为独立存在的形式美。

形式美是美的一种范畴，具有独立的审美特性。形式美所体现的是形式本身所包容的内容，它与美的形式所要表现的那种事物美的内容是相脱离的，形式美包含的意义、意味，总是概括的、普泛的。而美的形式不是独立的审美对象。美的形式所体现的是它所表现的那种事物本身的美的内容，是确定的、个别的、特定的、具体的，并且美的形式与其内容的关系是对立统一、不可分离的。美的形式是美的有机统一体不可缺少的组成部分，是美的感性外观形态。具体来说，形式美是单纯就形式本身来看，而美的外在形式则必须结合美的对象内容来看的。在人类的历史上，在社会、自然、艺术、科学的各种领域中，普遍存在着美。虽然它们的表现形态、状貌、特征都不相同，但是，美的本质却是同一的。而失去了具体社会内容制约的形式美，比其他形态的美更富于表现性、装饰性、抽象性、单纯性和象征性。希腊古典时期建造的巴特农神庙，虽然遗留下来已有两千四百多年，建筑物本身也已历尽沧桑，但是正因为它蕴涵着丰富的美学规律，至今仍被尊为世界建筑艺术的皇冠。它的主题突出，比例尺度恰当，构图均衡和谐，细部雕刻装饰精美，视差处理深入细微，不愧为建筑师学习的艺术典范。

三、形式美的法则

形式美的法则是人类在创造美的过程中对美的形式规律的经验总结和抽象概括。研究、探索形式美的法则能够培养我们对形式美的敏感，指导我们更好地去创造美的事物。掌握形式美的法则，能够使我们更自觉地运用形式美的法则表现美的内容，达到美的形式与美的内容高度统一。运用形式美的法则进行创造时，要领会不同形式美的法则的特定表现功能和审美意义，明确欲求的形式效果，再根据需要正确选择适用的形式法则，从而构成适合需要的形式美。形式美的法则不是凝固不变的，随着美的事物的发展，形式美的法则也在不断发展。要根据内容的不同，灵活运用形式美法则，在形式美中体现创造性特点。时至今日，探讨形式美的法则是所有设计学科共通的课题，形式美法则已经成为现代设计的理论基础知识。形式美法则主要包括：和谐、对比、对称、均衡、节奏、韵律、比例、尺度。

1. 和谐。 古希腊美学家毕达哥拉斯认为"美就是和谐"。和谐是事物和现象的各方面相互调和与协调一致，在多样变化中求得统一。宇宙万物，尽管形态千变万化，但它们都各按照一定的规律而存在，大到日月运行、星球活动，小到原子结构的组成和运动，都有各自的规律。爱因斯坦指出：宇宙本身就是和谐的。和谐的广义解释是：判断两种以上的要素，或部分与部分的相互关系时，各部分所给我们的感受和意识是一种整体协调的关系。和谐的狭义解释是：统一与对比两者之间不是乏味单调或杂乱无章。和谐是对立面的协调和统一，产生于相互之间差别的融合。和谐是在差异中趋于一致，对比是在差异中趋于对立。单独的一种颜色、单独的一根线条无所谓和谐，几种要素具有基本的共通性和融合性才称为和谐，比如一组协调的色块、一些排列有序的近似图形等（见图1-1）。和谐的组合也保持部分的差异性，但当差异性表现为强烈和显著时，和谐的格局就向对比的格局转化。

知识链接

意大利文艺复兴时期的著名建筑理论家阿尔伯蒂在他的著作《论建筑》中写道："我认为美就是各部分的和谐，不论是什么主题，这些部分都应该按这样的比例和关系协调起来，以至既不能再增加什么，也不能再减少或更动什么，除非有意破坏它。"

实际上，建筑的美就是由"恰当、匀称、表达、优美"的概念来反映的。因此，要使一座建筑获得美感，首先要注意到它的完整性，就是说，不仅仅从功能和结构的角度来考虑，而且要从建筑物所能产生的各种视觉效果来考虑。不论建筑审美的目的如何，建筑都应该让人领悟其各部分的和谐与整体特征。

2. 对比。在造型的各种因素（线形、体量、空间、质地、色彩）中，把同一因素中不同差别程度的部分组织在一起，产生对照和比较，可称其为对比。对比只能在同因素的两种差别之间产生，例如体量的大小对比、线形的曲直对比。在两种不同因素之间，不能产生对比关系，例如色彩就不能与线形对比。同一因素差异程度比较大的条件下产生对比，差异程度小则表现为协调。对比强调差别，以达到相互衬托、彼此作用的目的。用两种或多种同类型的事物进行比较分析，可以使被比事物更加突出，能使主题更加鲜明，视觉效果更加活跃。对比代表了一种张力，强烈的反差就形成了强烈的对比。对比关系主要是通过视觉形象色调的明暗、冷暖，色彩的饱和与不饱和，色相的迥异，形状的大小、粗细、长短、曲直、高矮、凹凸、宽窄、厚薄，方向的垂直、水平、倾斜，数量的多少，排列的疏密，位置的上下、左右、高低、远近，形态的虚实、黑白、轻重、动静、隐现、软硬、干湿等多方面的对立因素来达到的（见图1-2、图1-3）。

对比法则体现了哲学上矛盾统一的世界观。对比手法，就是把事物、现象和过程中矛盾的双方，安置在一定条件下，使之集中在一个完整的艺术统一体中，形成相辅相成的比照和呼应关系。对比其实就是一种比较。可以是显著的、强烈的，也可以是模糊的、轻微的；可以是简单的，也可以是复杂的。即任何相反或者相异的形状都可以形成对比。运用这种手法，有利于充分显示事物的矛盾，突出被表现事物的本质特征，加强设计的艺术效果和感染力。

对比寓于和谐中，于和谐中求变化，两者相辅相成互为补充，缺一不可。对比和谐的原则，是形式法则的总原则。在设计中，经常运用各种形象、色形的对比，形成矛盾对立的和谐。只有对比而无和谐，则产生松散、弱、乱的感觉；只求和谐而无对比，则产生呆板、硬的感觉。而这些对比因素如何才能和谐呢？保留一个相近或相似的因素，使对比双方的某些要素相互渗透。利用过渡形，在对比双方中设立兼有双方特点的中间形态，使对比在视觉上得到过渡，也可以取得和谐。

3. 对称。对称是物体的左右两部分是对应的关系，就是所有属性包括大小、形状、排列等在外观上完全一致。而比较的基准点则是两个物体相对接的中心位置，即所谓"对称轴"。假定在某一图形的中央设一条垂直线，将图形划分为左右两部分，其左右两部分的形量完全相等，这个

图1-1 图为法国巴黎拉德芳斯新区。建筑群以近似四方体图形作为共通性和融合性而显示图面和谐。

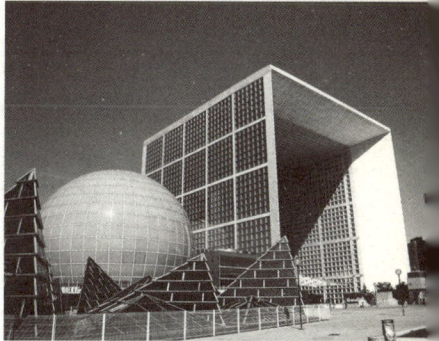

图1-2 图为别墅"水调·方院"，学生陈新锐、陈淼设计，指导老师李泰山，获"中国第六届环艺设计学年奖——居住空间概念创意金奖"。其小庭院圆形棚架及荷花池与主体建筑形成形态的虚实对比。

图1-3 图为法国巴黎拉德芳斯新区。"新凯旋门建筑"方体与邻近的球体建筑、三角体建筑形成形态的强烈对比，表现出新区的当代新现代主义建筑特征。

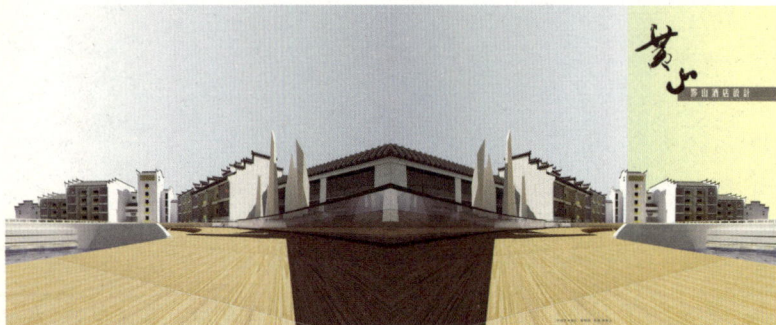

图1-4　图为黄山黟山酒店工程方案，学生蔡同信设计，指导老师李泰山，获"中国第六届环艺设计学年奖——公共空间工程方案铜奖"。酒店建筑群表现为左右对称格局。

图形就是左右对称的图形，这条垂直线被称为对称轴。对称依对称轴不同分为上下对称、左右对称和点对称。点对称又有向心的"求心对称"、离心的"发射对称"、"旋转式的旋转对称"、逆向组合的"逆对称"，以及自圆心逐层扩大的"同心圆对称"等等。对称又分绝对对称和相对对称。上下、左右对称，同形、同色、同质对称被称为绝对对称；相对对称就是上下、左右相对平衡，形、色、质大体相似。自然界中大多数动植物形态为对称图形，如鸟类的羽翼、花木的叶子等。所以，对称的形态在视觉上有秩序、庄重、整齐即和谐之美（见图1-4）。

　　对称是形式美的传统技法，是人类最早掌握的形式美法则。几何上的对称，常常是左右对等。哲学上的对称，是两种相辅相成事物的中和。希腊人认为对称主宰世界的一切。庄子认为：天地之美就是万物之理。万物之理最突出的一点就是对称性。而儒家认为这是"中庸之道"。中国艺术十分讲究对称性的关系和方式，如古建筑的布局结构，屋脊、梁柱、门前和室内的摆设，无不构成对称的格局。

　　4. 均衡。均衡即平衡，是遵循杠杆的力学原理，在衡器上两端承受的重量由一个支点支持，当双方获得力学上的平衡状态时，称为平衡。在设计上是根据形象的大小、轻重、色彩及其他视觉要素的分布作用于视觉判断的平衡，构图上通常以视觉中心为支点，各构成要素以此支点保持视觉意义上的力度平衡，以同量不同形、色的组合取得画面的平衡状态。均衡的构成形式，要把握住重心，布局自然合理。均衡是依中轴线、中心点将不等形而等量的形体、构件、色彩相配置。

　　均衡形构成具有灵活、生动、活跃感，富有一定的动势，具有运动的美感。在实际生活中，平衡是动态的特征，如人体运动、鸟的飞翔、野兽的奔驰、风吹草动、流水激浪等都是平衡的形式，因而平衡的构成具有动态。支点位于中点，左右两侧同形等量为绝对对称均衡；支点位于中点，左右两侧等量而不同形为基本对称均衡；支点偏于一侧，左右两侧同形不等量为不对称均衡；支点偏于一侧，左右两侧不同形不等量为不对称均衡（见图1-5）。均衡还可分静态均衡和动态均衡、上下均衡、前后均衡。

图1-5　巴黎蓬皮杜文化艺术中心一楼大厅。入厅空间外露的钢骨结构、复杂的管线，表现出后现代设计的特点。

　　均衡其实是另一种对称，它不是通过简单图案的量化对称实现平衡，而是通过画面不同的疏密留白等达到意象的和谐与平稳。大与小，多与少，疏与密，浅与深，黑与白等原本矛盾的要素，通过在两度空间的经营布局达到平衡。均衡与对称相比，更富变化，更灵活，更有拓展性，同样能稳定画面重心。对称和均衡既有区别，也有联系。对称是均衡的一类，而均衡并非对称的翻版。对称如倒影等往往呈现等量的形状和面积等的对应，而均衡更在于观感意念上的相称和对应，设计上往往以不对称的形式来体现美学意义上的对称。

5. 节奏。节奏本是指音乐中音响节拍轻重缓急的变化和重复。在视觉范畴中，指同一视觉要素连续重复时所产生的运动感。它是反复的形态和构造，连续和断续的结合，通过点、线、面的聚散起伏、转换更替、交错重叠等来引导观者的视线有起伏有节奏地移动。具体地说形体、比例的节奏与韵律感的形成，体现在形体、比例差异性变化的差异值之间的秩序性因素上。即，体现为形体、比例差异关系的规律性变化因素。在设计中，是运用形、色、线、轮廓等的反复对比与呼应，以及构图或形象特征的动态化表现来显示其节奏。包括高度、宽度、深度、时间等多维空间内的有规律或无规律的阶段性变化简称节奏（见图1-6）。

6. 韵律。"韵律"中"韵"通常指气韵、韵味、神韵等，"律"是指节奏、节律、规律。韵律是按一定的法则而变化的节奏，也就是不同的节奏有规律地连续伸展的整体感觉。设计艺术中的韵律有多方面的表现，各种构成因素有规律地变化、有节奏地递增或递减、相互之间反复和呼应，都能够产生韵律。韵律形式包括有起伏变化的韵律、有连续变化的韵律、有渐次变化的韵律、有分割变化的韵律、旋转的韵律、交错的韵律、自由的韵律。节奏与韵律两者有其密切的内在联系，节奏是构成韵律的基础，韵律是节奏基础上的内容与个性的体现。设计中的节奏之美感，是点、线、面之间连续性、运动性、高低转换形式中的呈现，而韵律美则是一种有规律的变化，在内容上注入了思想感情色彩，使节奏美的艺术深化。因此，节奏与韵律是相辅相成、不可分割的两个部分。建筑的韵律美表现在重复上：可以是间距不同、形状相同的重复，也可以是形状不同、间距相同的重复。这种重复的首要条件是单元的相似性，或间距的规律性，其次是节奏的合逻辑性。建筑艺术中，群体的高低错落、疏密聚散，建筑个体中的整体风格和具体建构，建筑体量大小的区分、空间虚实的交替、构件排列的疏密、长短的变化、曲柔刚直的穿插等等变化、规律的开窗和有序的柱列、空间的迂回曲折都有其"凝固的音乐"般独具特色的节奏韵律（见图1-7）。

图1-6　巴黎蓬皮杜文化艺术中心楼梯及各种设备管道等设置在室外，空出室内空间。大厦像被五颜六色的管道和钢筋缠绕的化工厂房，由28根圆形钢管柱支撑。它通过点、线、面的聚散起伏、转换更替、交错重叠等来引导观者的视线有起伏有节奏地移动。

图1-7　空间韵律有起伏变化的韵律，有连续变化的韵律，有渐次变化的韵律，有分割变化的韵律、旋转的韵律、交错的韵律、自由的韵律。各种构成因素有规律地变化、有节奏地递增或递减、相互之间反复和呼应，都能够产生韵律。蓬皮杜中心一反传统的建筑艺术，其电梯走廊空间表现出生动的韵律形式。

小知识

韵律是在各种不同方式变化中产生的。有意识地利用变化中的节奏，有所强调和控制并与整体融会和谐，自然会显示出韵律。有韵律的构成具有积极的生气，设计艺术中点的大与小、整与散、不同形式的排列能产生韵律，运用线条的曲与直、粗与细、起与伏也能产生节奏感，而具有方与圆、长与短、高与矮的不同的形和不同的面都可以形成视觉统一的整体。当大点与小点以聚或散的形式同时在一个面上出现时，大点有近的感觉，小点会给观者远距离的感受，"近大远小"产生出一种空间之感，在这个空间中线的曲与直、粗与细的排列组合，使人感受到设计艺术语言中所产生出的抑扬顿挫的旋律变化。

7. 比例。比例是部分与部分或部分与全体之间的数量关系，比例是和数相关的规律，属于严格的数学概念。它是一个总体中各个部分的数量占总体数量的比重，用于反映总体的构成或者结构。正比例是两种相关联的量，一种量变化，另一种量也随着变化，如果两种量中，相对应的两个数的比值一定，两种量就叫做正比例的量，它们的关系叫做正比例的关系。反比例是两种相关联的量，一种量变化，另一种量也随着变化，如果两种量中，相对应的两个数的积一定，这两种量就叫做反比例的量，它们的关系叫做反比例关系。

比例也是对美的秩序的量的规定，物本身内部各部分之间及其他事物之间的各要素的量的确定，应有恰当的比例关系，方能产生美感。恰当的比例则有一种谐调的美感，成为形式美法则的重要内容。

人们在长期的生产实践和生活活动中一直运用着比例关系，并以人体自身的尺度为中心，根据自身活动的方便总结出各种尺度标准，体现于衣食住行的器用和工具的制造中。如：建筑空间的比例是建筑物各部分相对尺寸，狭义地说指整体或局部的长、宽、高尺寸间关系，广义地看还包含实体与空间之间、虚与实之间、封闭与开敞之间、凹凸之间、高低之间、明暗之间、刚柔之间的关系。在空间造型艺术中，特定的比例关系或者标准的比例节奏会造成视觉的快感，在设计中，我们要灵活掌握和运用一些常见的、具有代表性的比例关系和数列。设计中常用的比例关系和数列如下：黄金分割比、费勃那齐数列、等差数列、等比数列等。

8. 尺度。尺度和比例是有机的相关体。人们从物理上、生理上接受和认识大小不同的形体时都会产生心理上的反映，只要它体现出尺寸的合理性并富有美感，就会引起人们心理上的愉悦，这已成为人们审美的共识。

尺度所研究的是空间整体或局部构件与人或人熟悉的物体之间的比例关系，及这种关系给人的感受。在空间设计中，常以人或与人体活动有关的一些不变元素如门、台阶、栏杆等作为比较标准，通过与它们的对比而获得一定的尺度感。

知识链接

一、黄金分割比——古希腊数学家、哲学家毕达哥拉斯的所谓最美的比例。把一条线段分割为两部分，使其中一部分与全长之比等于另一部分与这部分之比。其比值是一个无理数，取其小数点后前三位数字的近似值是0.618。由于按此比例设计的造型十分美丽，因此它被称为黄金分割比。黄金分割具有严格的比例性、艺术性、和谐性，蕴藏着丰富的美学价值。其数值的作用不仅仅体现在诸如绘画、雕塑、音乐、建筑等艺术领域，而且在管理、工程设计等方面也有着不可忽视的作用。

二、费勃那齐数列——一个近似黄金比的数列，是将黄金矩形的比值运用到连续排列的线群上，所得出的间隔构成。它是一个较为优美的比例造型。这种数理的秩序活泼，对比明显，构成的图形富于变化，运用较为广泛。该数列的生成原则是：相邻两数之和为后续之数，即1，2，3，5，8，13，21，34……

02

第二讲
空间设计形式与风格
的空间构成因素

第二讲
空间设计形式与风格的空间构成因素

空间设计形式与风格的空间构成因素是指空间形式与风格诸概念要素与各种空间基本构成因素的结合而形成的实际生活活动空间的诸因素。空间基本构成因素包括空间基本功能系统、空间基本结构方式、空间基本形态、空间造型手法与空间时空序列效应等。

第一节　空间设计形式与风格的基本功能系统设计

一、空间物理功能

空间设计形式与风格功能系统设计取决于具体使用者对实际空间功能的需要。建造空间的目的是为了使用，空间使用功能不同可以产生不同的空间形态，因此也就形成了各种各样的空间形式与风格表现方式设计。

空间功能分为物理功能与心理功能，也形成相应的物理空间与心理空间。物理功能是空间实用价值的体现，它是由满足人们活动需求的各种物理功能因素形成的空间物理功能系统，包括空间的面积、形状、体积、材质、颜色、交通、设施与物理因素等。

建立完善的空间功能系统首先要组织好空间功能的主次关系，按人们活动需求的特点把空间分为主体功能空间部分——人们直接生产、生活和工作使用的空间，及辅助功能空间部分——为保证基本使用目的而设置的辅助空间和设备空间等，还包括交通功能空间部分，这是联系主、辅功能空间及供人流与物流来往的空间。主体功能空间、辅助功能空间与交通功能空间需要完善的空间物理功能系统予以充实及相互配合才能发挥空间使用性能。

二、空间精神功能

在建构三大功能空间系统的同时，还得营造好相应的精神功能空间与心理空间。空间精神功能是在物质功能的基础上，从人的文化、心理需求出发，在空间形态的处理和空间形象的塑造上，使人们获得精神上的满足和美的享受。

图2-1　图中圆形空间为主体功能空间——会议室，内部还有控制室、主讲台、卫生间及观景台等辅助功能空间部分，外部还包括交通功能空间部分。
（设计者：王峰）

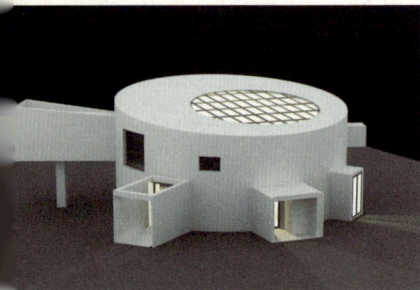

空间精神功能在空间形式上则表现为统一与变化、对比、微差、韵律、节奏、比例、尺度、均衡、重点、体量、质感、力度、方向、方位、光影、比拟、联想和意境等等。设计者要精心处理及协调空间物理功能与空间精神功能的关系，使二者共同围绕人们活动的需求形成高效能的功能空间。空间设计精神功能不论其内部或外部均可概括为空间形式美和空间意境美两个主要方面。

1. 空间形式美。其规律如平常所说的空间构图原则或构图规律，如统一与变化、对比、微差、韵律、节奏、比例、尺度、均衡、重点等等。

2. 空间意境美。就是要表现特定空间场合下的特殊性格，也可称为空间个性或空间性格。如太和殿的"威严"、朗香教堂的"神秘"、意大利佛罗伦萨大看台的"力量"、落水别墅的"幽雅"都表现出空间的性格特点，达到了具有强烈感染力的意境效果，是空间艺术表现的典范。

第二节　空间形式与风格的基本结构设计

空间形式与风格应用设计与实际空间结构方式相联系，满足人们活动需求的建筑与室内空间结构，由地面、墙面、顶面与柱梁四要素组成，它们在空间中起水平支撑、遮盖与立面围合作用。地面是建筑空间限定的基础要素，它以存在的周界限定出一个空间的场。人的主要活动及各种设备依靠地面支撑而得以展开。墙是横向扩展或连接，以垂直"围"的方式来界定空间的，室内采光、通风及室内外的空间分隔都依靠墙体进行。墙体给人一种边缘感，具有封闭性，构成了建筑完整的防护和隐蔽性能。顶面具有防晒、隔热、挡雨与采光功能。柱与梁是建筑空间虚拟的限定要素。它们之间存在的场构成了通透的平面，可以限定出立体的虚空间。柱是室内空间基本构件，其主要功能是支撑与联结地面、顶面、墙面。它以竖立的形态来界定空间，其空间特性是由下向上延展，具有视觉上的中心感。由于地面、顶面、墙面的支撑、分隔与围合构成形式不同而形成各种建筑空间结构方式，并造成不同空间形式效果。

第三节　空间形式与风格的基本形态设计

空间形式与风格构成因素设计表现于各种空间形态。空间形态是由地面、墙面、顶面与柱梁等建筑元素围合的状态及各种空间形式与风格形成的综合空间形体状态。由于空间功能性质与审美形式特点的差异性，不同的空间形式与风格呈现出各自的形态。

一、固定空间和活动空间。固定空间是用固定不变的界面围隔而成，活动空间是为了能适合不同使用功能的需要而改变其空间形式，因此常采用灵活可变的分隔方式。

二、静态空间和动态空间。静态空间常采用对称式和

一、框架结构。框架结构最大特点是把承重结构和围护结构分开，选择强度高的材料作为承重骨架，然后再覆以围护结构，这样，墙的设置便比较自由灵活。

二、壳体结构。壳体结构是由曲面形板与边缘构件（梁、拱或桁架）组成的空间结构。壳体结构具有很好的空间传力性能，能以较小的构件厚度形成承载能力高、刚度大的承重结构，能覆盖或围护大跨度的空间而不需中间支柱，能兼承重结构和围护结构的双重作用，从而节约结构材料，因而广泛应用于大跨度建筑物顶盖。

三、网架结构。网架结构是由多根杆件按网格形式通过节点连接而成的空间结构，具有空间受力均匀、重量轻、刚度大、抗震性能好等优点。网架结构广泛用作体育馆、展览馆、候车厅等的屋盖结构，具有工业化程度高、自重轻、稳定性好、外形美观的特点。

四、悬索结构。悬索结构是由柔性受拉索及其边缘构件所形成的承重结构。索的材料可以采用钢丝束、钢丝绳、钢铰线、链条、圆钢，以及其他受拉性能良好的线材。悬索结构可以做到跨度大、自重小、材料省、易施工。除用于大跨度桥梁工程外，还在体育馆、飞机库、展览馆、仓库等大跨度屋盖结构中应用。

图2-2　框架的连接点是一个几何不变体，框架结构的楼板大多采用现浇钢筋混凝土板。框架结构所用的钢筋混凝土或型钢有很好的抗压和抗弯能力，因此，可以加大建筑物的空间和高度。它可以减轻建筑物的重量，有较好的抗震能力及整体性。另外，框架结构布置灵活，具有较大的室内空间。（设计者：龙会平）

图2-3 壳体结构可做成各种形状,如大跨度建筑物顶盖、中小跨度屋面板与工程结构。工程结构中采用的壳体多由钢筋混凝土做成,也可用钢、木、石、砖或玻璃钢做成。图中壳体结构室内还采用框架结构做二层功能空间。(设计者:罗俊)

[左] 图2-4 图中建筑是相对固定的车间,建筑活动空间是相对开敞、明亮、可进行活动的结构部分。屋顶部分可移动,可用于采光、通风等活动空间需要。它可灵活地与户外空间沟通,具有开阔性、自由性空间特征。(设计者:王峰)
[右] 图2-5 图中上部为静态空间,具有限定性强的界面空间、内向的私密性与领域感很强的特点。下部为动态空间,其界面围合处于开敞与启闭形态,外向性强限定度弱,具有自然与环境交流的特点。(设计者:罗俊)

垂直水平界面处理。空间清晰明确也较封闭、单一,视觉常被引导在一个方位或落在一个点上。动态空间,或称为流动空间,往往具有空间的开敞性和视觉的导向性的特点,界面组织具有连续性和节奏性,空间构成形式富有变化性和多样性。空间的动态感在于空间形象的运动性上,如有动感的斜线、连续曲线、对比强烈的图案及空间形态的节律性。

三、开敞空间和封闭空间。开敞空间是流动的、渗透的。开敞空间灵活性较大,表现为开朗的、活跃的、收纳性的,更带公共性和社会性。它提供更多的室内外景观和扩大视野。封闭空间是用限定性比较高的围护实体包围起来的,对视觉、听觉及小气候等都有很强隔离性。具有很强的领域感,富于安全感与私密性。其性格是内向的、静止的,并提供了更多的墙面。为了打破封闭的沉闷感,可采用人造灯窗、景窗及镜面等来扩大空间感和增加空间的层次。

四、交错空间与共享空间。交错空间是垂直界面分离错位,不同空间交融渗透。交错空间形成的水平、垂直方向空间流通,具有扩大空间的效果。共享空间是一个具有运用多种空间处理手法并具有多功能空间属性的综合体系。它包含了多种多样的空间要素和设施,一般位于公共建筑的活动中心或交通枢纽。

五、虚拟空间与虚幻空间。虚拟空间是指通过空间要素的启示,获得心理上的空间范围,或通过界面的局部变化而再次限定的空间。虚幻空间是指通过室内镜面反映的虚像,把人们的视线带到镜面背后的虚幻空间去,于是产生空间扩大的视觉效果。狭小的空间,常利用镜面来扩大空间感,丰富室内景观。除镜面外,利用有景深的大幅画面,把人们的视线引向远方,造成空间深远的意象。

六、母子空间与过渡空间。母子空间是大空间中包含了小空间。它既满足了功能要求,又丰富了空间层次。过渡空间是前后空间、内外空间、主次空间之间的过渡、衔接体和转换点。利用各种形式的过渡空间可创造欲扬先抑、欲广先窄、欲高先低及欲明先暗等空间艺术效果。

第四节　空间形式与风格基本造型手法

创造理想的空间形式与风格需要应用各种空间形态造型手法。空间形态造型手法是采用空间的错位、穿插、切割、旋转、裂变、悬挑、扭曲、盘旋等对地面、墙面、顶面与柱梁等建筑元素进行空间的组合、分隔等,使空间形式构成得到充分的发展。空间形态造型手法包括:

一、空间的组合。空间的组合就是根据空

间的不同使用目的，对空间在垂直和水平方向进行各种各样的组合和联系，以满足不同种活动需要。进行空间的组合首先要考虑空间使用功能要求及空间形式与整体布局。然后在此基础上运用空间的组合与分隔等造型手法。空间组合的造型手法包括：

1．包容性空间组合：在一个大空间中包容另一个小空间。

2．邻接性空间组合：两个不同形态的空间以对接的方式进行组合。

3．穿插性空间组合：以交错嵌入的方式进行组合。

4．过渡性空间组合：以空间交融渗透的方式进行组合。

5．综合性空间组合：综合自然及内外空间要素，以灵活的流动性空间进行组合。

二、空间的分隔。空间的分隔就是根据空间的不同使用目的，对空间在垂直和水平方向进行各种各样的分隔和联系，以满足不同种活动需要。应处理好不同的空间关系和分隔的层次。体现内外结合及空间与自然的交融，空间的静止和流动的关系，空间过渡的关系等。空间分隔的造型手法包括：

1．空间绝对分隔。空间绝对分隔就是以限定度高与空间界限明确的实体界面如到顶的承重墙、轻体隔墙来分隔空间，它能够充分隔离视线、声音、温湿度等。

2．空间相对分隔。空间相对分隔就是以限定度低的局部界面如不到顶的隔墙、翼墙、屏风、较高的家具等分隔空间。其限定度的强弱因界面的大小、材质、形态而异，分隔出的空间界限不太明确。

3．空间意象分隔。空间意象分隔就是非实体界面分隔的空间。这是一种限定度很低的分隔方式。空间界面虚拟模糊，通过人的"视觉完形性"来联想感知，具有意象性的心理效应，其空间划分隔而不断，层次丰富，流动性极强。非实体界面是以栏杆、罩、花格、构架、玻璃等通透的隔断，以及家具、绿化、水体、色彩、材质、光影、高差、音响、气味、悬垂物等因素组成。

第五节　空间形式与风格的时空序列

空间形式与风格构成因素设计还表现于时空序列效应设计。人在各种空间形式中的活动都体现出一系列的时间与空间过程，人们活动的过程是在时空中由连续排列的时空效应与流线形式来体现的，人在这种时空中的移位、变换视点和角度，不断地感受到空间实体与虚形在造型、色彩、样式、尺度、比例等多方面信息的刺激，从而产生不同的空间体验。完美的时空序列设计像一部完整的乐章或

图2-6　图中小建筑开敞的室外空间提供极大外景观和扩大视野。由砖及玻璃围合的封闭房间空间是静止的、凝滞的，有利于隔绝外来的各种干扰。在使用上：开敞空间灵活性较大，便于经常改变布置；而封闭空间提供了更多的墙面，容易布置家具，但空间变化受到限制。同时，在心理效果上：开敞空间常表现为开朗的、活跃的；封闭空间常表现为严肃的、安静的或沉闷的，但富于安全感，具有私密性和个体性。（设计者：杜君健）

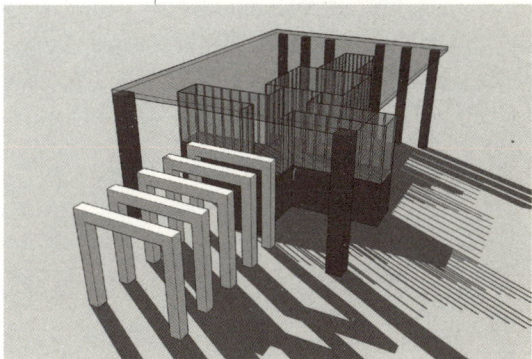

图2-7　图中支柱及棚顶包容着一组小空间，支架组合的走廊既是过渡性空间，又形成邻接空间效果，整体空间由此表现出灵活的流动性。（设计者：林炜劲）

室内空间原理作业
空间的分隔

↑ 意象分隔   相对分隔 ↑

绝对分隔 →

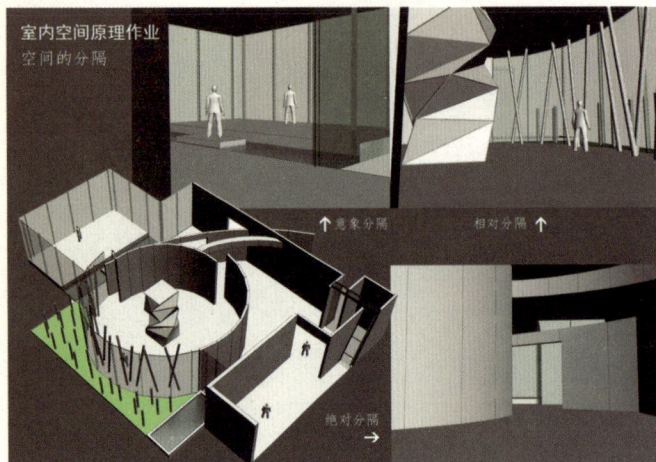

图2-8　图中建筑展示空间的分隔形式表现丰富，利用了各种空间分隔手段，根据空间展示功能的不同使用目的，对主展厅空间、辅展厅及过渡前厅等在垂直和水平方向进行各种各样的分隔和联系，以满足不同展示活动需要，对于具有多种复合空间的分隔应处理好不同的空间关系和分隔的层次。（设计者：徐文桓）

图2-9　人的每一种活动都是在时空中体现出一系列的过程，而空间序列设计把各个空间作为相互联系的整体来考虑，是建筑时间、空间形态作用于人的一种艺术手段，以便更全面地发挥建筑空间艺术对人心理、精神的影响。图中为休闲园林空间，四方形布局的小桥流水及环形的观鱼台在空间序列上采用循环式流线长时空序列形式，强调园林休闲、观赏效果。（设计者：罗俊）

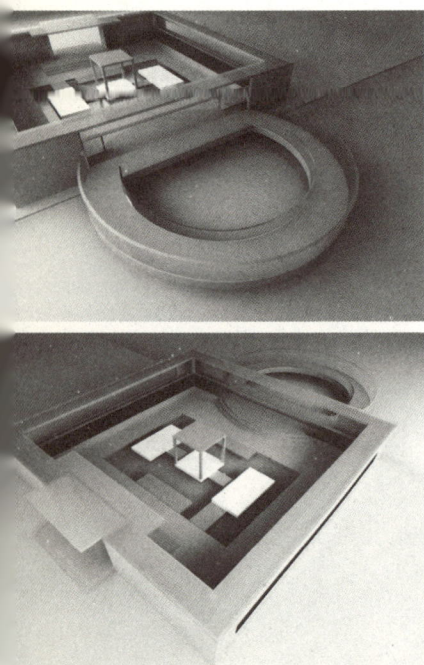

动人的诗篇，空间序列的不同阶段和乐曲一样有起、承、转、合，和写文章一样有主题、有起伏、有高潮、有结束。设计者应把各阶段时空序列作为彼此相互联系的整体来考虑，充分地发挥各时空阶段空间艺术对人心理、精神的影响。

一、起始时空。空间的起始阶段应设有短时间能发挥足够刺激与吸引力的空间形态。起始时空的各种信息应鼓动人们参与以后空间体验，其空间形态应具有激发人们对整体空间产生浓厚的兴趣及想象力的效果。

二、过渡时空。它既是起始时空后的延续阶段，又是出现核心时空前的空间铺垫，在时空与位置中，为核心时空的出现在空间上作各种引导、启示、酝酿的准备。

三、核心时空。核心时空是具有代表性的、反映该整体空间性质特征的主体空间，也是全时空布局的核心空间，其他各个阶段都是为核心空间的出现服务的，它是时空艺术设计的最高体现。多功能、综合性、规模较大的建筑空间具有多个核心时空。核心空间出现的快慢对人的行为与心理的影响极大。需要强调核心空间的精神功能时，核心空间位置可设在后部，通过较多层次的前部过渡空间进行渲染。对于讲时空效率的交通客站，核心空间位置应设在前，前部过渡空间的层次应尽量减少，时空距离尽量缩短。对于观赏游览性建筑空间，核心空间位置可设在中部，并设置几个辅助性核心空间分散布局，增多各个主次核心空间的过渡层次连接空间，让观赏游览者有充分时空进行观赏游览。

四、终结时空。终结时空是为核心时空服务的，核心时空的主题需要创造过渡时空与终结时空进行渲染与收尾。

五、时空序列流线形式。时空序列流线形式表现为整体空间功能形式的布局方式。时空序列流线布局形式可分为对称式、不对称式、规则式、自由式、循环式、立交式等等。

采取何种流线形式，决定于各类功能空间的性质、规模、地形环境等因素。强调庄重感、高贵感或讲求效率的空间多以对称式与规则式布局，如纪念堂、车站等。而强调休闲、观赏效果的园林、展览厅多采用自由式和循环式流线形式。空间规模较大的商场、办公楼常用循环式和立交式的流线形式以加强各功能区域间的联系。

03

第三讲
古埃及空间设计
形式与风格

第三讲
古埃及空间设计形式与风格

　　建筑技术是一项综合性技术，它能在很大程度上反映出一个社会的总的技术水平。在三四千年前使用石器和青铜器的条件下，古埃及人的金字塔、神庙和方尖碑的建造是人类历史的奇迹。古埃及建筑中的一些其他特色也对后世西方建筑产生了深远的影响，如金字塔体现了古埃及人在天文学、几何学、解剖学、医药学和手工业技术等方面的伟大成就及政治和宗教的意义。埃及人神庙中的柱子有一套完整的形制理论，比如柱头的造型、柱高和柱径的比、柱径和柱间距离的比等对后世希腊神庙的柱式有不小的启示。还有古埃及神庙抬高屋顶中央天花板由两侧透光的方式也为罗马人所承袭。

第一节　古埃及空间设计形式与风格的概念

一、古埃及空间设计形式与风格的概念

　　埃及由尼罗河造成两块地形,即以开罗为界分成南北两部:南部称上埃及,北部称下埃及。埃及的统治权分属于两位君王。约在公元前3000年左右，他们曾进行一次次权力竞争,上埃及国王美尼斯征服了下埃及，建立了统一专制的王朝。埃及成为统一的奴隶制帝国，形成了中央集权的皇帝专制制度。国王被尊为法老，既是人间的君主，又是太阳神的儿子，有很发达的宗教为这种政权服务，产生了强大的祭司阶层，统治者们利用宗教神秘的力量来统治国家。皇帝的宫殿、陵墓以及庙宇因此成了主要的建筑物，它们追求震慑人心的艺术力量。埃及文明是人类艺术史中最早形成"风格"的文明之一。

二、古埃及空间形式与风格的特征

　　埃及进入奴隶制社会后，法老王就是奴隶主阶级至高无上的首领，同时也是太阳神和尼罗河神的化身。埃及人的宗教观念是相信人死后灵魂只是离开躯体漂泊于宇宙间，如果回归肉体人可以复活。所以埃及人十分重视保护法老王和大奴隶主的尸体，不惜代价地创造了独特的埃及金字塔陵墓、神庙建筑及雕刻、绘画艺术的形式与风格。
　　古埃及的建筑空间形式与风格的六大特征：一是反映着原始的象征性拜物教；二是单纯而稳定、简约而雄浑的几何形式的规整性与纪念性造型；三是为宗教服务，力求神秘和威压气氛的神庙空间；四是以石材为主，追求材质美、工巧的手工业追求的目标；五是宗教王权

象征及造型的"程式法则"，创造了古埃及艺术高度程式化的装饰美感；六是模仿植物形态的古埃及柱式，如纸草花柱头，挺拔巍峨柱身，中间有线式凹槽、象形文字、浮雕，柱础盘古老而凝重。

第二节　古埃及空间形式与风格的代表作品之一
——埃及旧王朝时期的金字塔

旧王朝时期，公元前3000年，尼罗河两岸缺少良好的建筑木材，古埃及劳动者使用当地特有的棕榈木、芦苇、纸草、黏土和土坯建造房屋，古王国时期已会烧制砖头，并用砖砌筑拱券，因为缺乏燃料及木材来制作模架，所以砖和拱券结构没有重大发展。石头是埃及主要的自然资源，埃及人石头制造生产水平极高，劳动人民以异常精巧的手艺用石头制造金字塔、人面狮身石雕像、生产工具、日用家具、器皿，甚至极其细致的装饰品。

金字塔空间形式与风格三大特征：一是作为纪念性建筑物的金字塔反映着原始的拜物教，它是单纯而开阔的；二是金字塔建造的方位与几何形状都很精确，误差几乎等于零；三是起重运输技术极高，能在库夫金字塔大墓室的门口安置50多吨重的大石块。金字塔成为了旧王朝时期建筑空间的代表，历代法老王为了完美保存死后的世界，花费不可计量的人力与财力建造金字塔，而金字塔经过多次改良和重新设计渐趋完美。

一、金字塔的原型——玛斯塔巴（Mastaba）

在第三王朝前，约公元前28世纪，法老王的陵墓都是方形平顶造型，以日晒砖当作材料所盖成的，内部分成好几个墓室，埃及人称之为玛斯塔巴（Mastaba）。其形式源于对当时贵族的长方形平台式砖石住宅的模仿，内有厅堂，墓室在地下，上下有阶梯或斜坡甬道相连。陵墓模仿住宅和宫殿，是因为一方面人们只能根据日常生活来设想死后的生活，另一方面随着中央集权国家的巩固和强盛，原始的宗教不能满足皇帝专制制度的需要，这就必须把他们的陵墓发展为纪念性的建筑物，而不仅仅是死后的住所。皇帝的陵墓渐渐改变了形制，他们在平台上再加上几层以显示伟大，后来一直加上去就成了金字塔。如第一王朝皇帝乃伯特卡（Nedetka）在萨卡拉的陵墓，就在祭祀厅堂之上造了9层砖砌的台基，向高处发展的集中式纪念性构图萌芽了。

二、第一座石头金字塔——昭赛尔金字塔

萨卡拉的昭赛尔金字塔，大约建造于公元前3000年。它的基底东西长126米，南北长106米，高约60米。它是台阶形的，分为6层。周围有庙宇，整个建筑群占地约15万2066平方米。昭赛尔金字塔建筑群的入口在围墙东南角的甬道，走出狭长而黑暗的甬道才看到金字塔，光线的明暗和空间的强烈对比，渲染着皇帝的"神性"，其用意在造成从现世走到了冥界的假象，象征死后的皇帝仍然在冥界统治着。但是，昭赛尔金字塔的祭祀厅堂、围墙和其他附属建筑物还没有摆脱传统的束缚，它们依然模拟用木材和芦苇造的宫殿，用石材刻出那种宫殿建筑的种种细节。（见图3-1、图3-2）

图3-1　金字塔的形式经历了由小到大，由砖到巨石的演变。6层"阶梯形金字塔"是法老昭赛尔的陵墓。它是最早的石砌金字塔，是后来著名的吉萨金字塔的雏形。"昭赛尔金字塔"是昭赛尔的大臣兼首席建筑师伊姆霍捷普的杰作。由于杰出的建造，伊姆霍捷普被认为是埃及最有荣誉的贤人。

图3-2　昭赛尔金字塔周围有庙宇，它们的纤细华丽把金字塔映衬得更端重、单纯，纪念性更强。

图3-3　大金字塔是第四王朝第二个国王库夫的陵墓。塔原高146.4米，现为137米，底边各长230.6米，塔身斜度呈51°52′，表面原有一层磨光的石灰岩贴面，今已剥落，占地5.3万平方米，用230余万块平均每块约重2.5吨的石灰石块干砌而成。

图3-4　整个雕像除狮爪外，全部由一块天然岩石雕成。由于石质疏松，且经历了4000多年的岁月，整个雕像风化严重，面部严重破损。

三、大金字塔群

公元前30世纪中叶，第四王朝的国王，在三角洲的吉萨（Giza）造了三座大金字塔，是古埃及金字塔最成熟的代表，主要由大金字塔库夫（Khufu）、库夫的儿子哈夫拉（Khafra）国王金字塔、库夫的孙子孟考拉（Menkure）国王金字塔及大狮身人面像（Great Sphinx）组成，周围还有许多"玛斯塔巴"与小金字塔。

大金字塔是第四王朝第二个国王库夫的陵墓，它建于公元前2690年左右。库夫金字塔是大金字塔群中最大者（见图3-3），形体呈立方锥形，四面正向方位。大金字塔外观极为庞大厚重，线条简单，但内部却甚为狭小。金字塔的内部因实际需求，分为四个主要部分：祭祀厅，供祭祀之用；假门，死者灵魂可由此门出入，以享受祭祀；雕像厅，死者雕像放置之处；墓穴，摆放着盛有木乃伊的石棺，此一部分多在地层下。

四、人面狮身石雕像——斯芬克斯（Sphinx）

人面狮身石雕像（见图3-4）位于卡夫拉（Khafra）金字塔前方。在埃及斯芬克斯是一位尼罗河谷的守护神，她的面貌是依据卡夫拉国王的长像而雕成。人面狮身像的狮身为岩石切割堆成，整座雕像高20米，长度60米，脸有4米宽、眼睛有2米高，有些部分的五官已不清晰。人面代表智慧，狮身代表勇猛，可说表达了古埃及人对人类的期望。它作为一个守护神，守护着法老王的尸体不被侵害。

第三节　古埃及空间形式与风格的代表作品之二——埃及中王朝时期的石窟墓穴

中王朝时期的建筑大部分是用砖建造，因此有很多已经损毁了。自大金字塔时代后，历代法老逐渐放弃了那样铺张的陵墓，而是采取了沿着尼罗河两岸的山崖开凿石窟墓穴，在山谷中挖山成陵的办法。凿山为墓比兴建金字塔可省下更多的时间、人力与物力，而且可在墓穴外面兴建庙宇。在与卢克索城相对的尼罗河西岸的一条山谷中，集中了许多国王和王室成员的峡谷陵墓，埋葬着第十七王朝到第二十王朝期间的64位法老。尼罗河的东岸是太阳升起的地方，象征新生和力量，所以宫殿神庙都修在东

岸，而西岸是太阳落下的地方，象征休眠和死亡，所以帝王谷和皇后谷这样的墓葬群选择在西岸。

石窟墓穴空间形式与风格的三大特征：一是皇帝陵墓与金字塔的艺术构思完全不同而形成新的格局——祭祀的厅堂成了陵墓的主体，扩展为规模宏大的祀庙；二是它造在悬崖之前，按纵深系列布局，最后一进是凿在悬崖里的石窟，作为圣堂；三是整个悬崖被巧妙地组织到陵墓的外部形象中来，它们起着金字塔起过的作用。

如果说金字塔以其单纯的外部形态塑造纪念碑式震撼人心的效果，石窟墓穴则完全采用了与建筑实体相对的方式——"空间"，来谱写这一具有强烈节奏感的凝固乐章。石窟墓穴总体样式仍然是三个主要部分，即门廊、正厅及山内部的密室。外部利用比例和谐的柱廊，使空间与周围山岩融为一体，内部墙上都画了壁画，天花板上则用许多几何图案装饰，内部之石柱形状与以后的希腊多利安柱式石柱类似，是从山的侧面挖进去，很明显这样可以减少柱子的数量而保证厅的大小。显然，法老们希冀把金字塔传达的永恒不朽的理念通过山岩顽强的气势再次抒发出来，帝王的石窟陵墓仍然是王权与宗教的象征，依然是上下埃及统一、稳定的局面不可替代的标志。

一、哈齐普苏特墓

离国王谷不远，位于岩石山西方的是王后谷，有集中的王妃墓。墓的规模虽不及国王墓，但内部壁画表现得自由奔放，反映了当时埃及人的生活习俗。其中哈齐普苏特墓（见图3-5、图3-6）成为这一类陵墓的代表作。哈齐普苏特是第十八王朝法老图特摩斯一世的女儿，她是除克莉奥佩特拉以外另一位成为法老的女性，是埃及的第一位女王。

二、沙提一世之墓

第十九王朝沙提一世之墓（见图3-7、图3-8），从入口到最后的墓室，水平距离210米，垂直下降的距离是45米，巨大的岩石洞被挖成地下

图3-5 哈齐普苏特石窟墓穴包括门廊、正厅及山内部的密室，外部利用比例和谐的柱廊，使空间与周围山岩融为一体。

图3-6 哈齐普苏特石窟墓穴内部墙上都画了壁画。其中"埃及式"的人物造型，在同一个人物造型中脸画侧面，眼画正面，肩画正面，臀、腿、脚画侧面，即画最能表现特征的一面，创造了把立体形象改变为平面形象的"平面展开式"。

图3-7 安放第十九王朝沙提一世石棺的墓室

图3-8 安放沙提一世石棺的墓室内部墙壁和天花板布满装饰华丽的壁画。

宫殿，墙壁和天花板布满壁画，装饰华丽。墓穴入口往往开在半山腰，有细小通道通向墓穴深处，通道两壁的图案和象形文字至今仍十分清晰。从地面沿台阶向下走，经过前室，就到了安放石棺的墓室。

第四节　古埃及空间形式与风格代表作品之三——埃及新王朝时期的太阳神庙

　　第十八、十九、二十代王朝，古埃及的国力达到高峰，其领土一度东抵幼发拉底河，西至利比亚，因此得以接近当时爱琴海和近东的青铜文明。古埃及艺术最灿烂的时期是在新王朝时期。旧王朝时期的建筑特色是兴建金字塔，庙宇是附属于金字塔的建筑；中王朝时期从皇帝的石窟陵墓祀庙脱胎神庙的基本型；到了新王朝时期，祭祀殿及专门敬拜与供养神的神庙日渐扩大，综合庙宇与陵墓功能的陵庙开始出现。神庙成了这时期最重要的建筑物，它们力求神秘和威压的气氛。皇帝们经常把大量财富和奴隶送给神庙，祭司们成了最富有、最有势力的奴隶主贵族。神庙遍及全国，底比斯一带神庙络绎相望，其中规模最大的是卡纳克和鲁克索两处的阿蒙神庙。

　　神庙空间形式与风格的四大特征：一是具有双重的用途，神庙在死者生前是作为祭祀其信仰之神的场所，死后则是祭祀殿。二是建筑规模宏大，空间布局十分雄伟壮观，如卡纳克神庙是一片约25万平方米的巨大的综合建筑群，它由蒙特神庙、阿蒙大神庙和赖特神庙三组建筑物组成，整体规模为世界宗教建筑之最。三是建筑多用巨石建造，神殿门口矗立一对用整块石料凿成象征太阳的方尖碑。其中门楼、雕像、石柱所用石块重逾数吨，仅卡尔纳克神庙使用的石料总计就达数百万吨。四是精雕细刻、工艺精湛，建筑物的石块之间砌合得浑如一体。神庙的殿堂廊柱布满细致的彩绘浮雕。

　　太阳神庙逐渐代替陵墓成为皇帝崇拜的纪念性建筑物，占了最重要的地位。后世西方建筑中，追随金字塔和方尖碑脚步的极少，所以在建筑史上它们的地位只是奇观而已，真正对后世影响深远的是埃及的神庙。

一、卡纳克阿蒙神庙

　　卡纳克神庙是世界上最大的神庙群，供奉着多个神灵，其中阿蒙神庙，始建于公元前1870年，以后的1300年间曾不断增修扩建，是古埃及法老献给太阳神、自然神和月亮神的庙宇。在进神庙大门前，左右两侧阵列着两排羊头狮身的司芬克斯，诣在守卫卡纳克神庙。走到尽头是一个开放式的广场，叫做图忒摩斯广场。这里图忒摩斯一世竖起了两块方尖碑，现存只有一块，高19米，重310吨。

　　卡纳克阿蒙神庙形式特点：

　　1. 柱厅。主神殿是著名的君王阿盟获泰普三世、拉米希思一世、赛提一世、拉米希思二世留下的杰作，皇帝在主神殿内部接受少数人的朝拜。主神殿也是举行祭祀游行等盛大仪式的场所，进去之后最令人震撼的就是巨大的柱厅，柱厅的功能有实用性的，也有象征性的。其实用的功能是为了支撑由石头所做的屋顶。象征的意义是在埃及神话中，天国是由地上的柱子所支撑的，因此这些柱子就如同支撑天国的柱子一样，可被视为宇宙之柱。而出于安全的考虑和当时技术的限制，柱子之间的间隔最多就只有10米左右，这样，一个大厅就不得不需要许许多多的柱子（见图3-9）。

阿蒙神庙柱厅仅以中部与两旁屋面高差形成的高侧窗采光，光线透过主侧窗射向柱子，光影斑驳，其给人的粗犷、神秘、压抑感，形成了法老所需要的"王权神化"的神秘压抑的气氛。两面的墙上分别雕刻着赛提一世和拉米希思二世向神灵献礼的场景壁画。

埃及人不会构建一个宽阔的、没有柱子的大跨度屋顶的室内空间。而解决这个问题的过程，直接引发了西方建筑艺术的产生。

2. 石墙门道。卡纳克阿蒙神庙是在很长时间陆续建造起来的，总长336米，宽110米。神庙的入口并不单指现今还伫立在那边的巨大塔门，而是应该从位在尼罗河岸边的码头说起。除了码头之外，还有通往神庙入口的斯芬克斯大道，旁边的休息小站，巨大的入口——塔门，塔门前面的方尖碑与巨形雕像，以及界定出神庙范围的泥土围墙（见图3-10）。前后一共造了六道大门，而以第一道为最高大，它高43.5米，宽113米。群众性的宗教仪式在它前面举行，力求富丽堂皇，和宗教仪式的戏剧性相适应。门的样式是一对高大的梯形石墙夹着不大的门道，为了加强门道对石墙的体积的反衬作用，门道上檐部的高度比石墙上的大得多。石墙上满布着彩色的浮雕，圆雕也着彩色（见图3-11）。这大门空间的景象是喧闹的、热烈的，皇帝在这里被一套套仪式崇奉为"泽被万物的恩主"。这些巨大的形象震撼人心，精神在物质的重量下感到压抑，而这些压抑之感正是崇拜的起始点，这也就是卡纳克阿蒙神庙艺术构思的基点（见图3-12）。

3. 柱式。神庙都是用石头筑的，使用了方形的壁柱或突出的圆柱。柱是架式建筑的重要部分，一般是十分巨大的石块重叠而成的。柱顶有柱头、柱身、柱础，其样式繁多，装饰精美。由于大量使用柱子，因而形成了丰富多样的埃及柱式。公元前2650年的古王国时期，建筑师伊姆霍太普受到埃及人崇拜。他是一个颇富创造力和发明才能的"综合性人才"。伊姆霍太普的最大贡献是将当地建筑物中支撑泥墙的芦苇束转化为石头建筑中的基本要素——模仿植物形态的圆石柱。古埃及石柱的价值是它对建筑柱式的发展提供了极为重要的启迪，开创了以石料作为建筑梁柱等基本构件的建筑形式。

莲花蕾柱式：柱头像是一束象征吉祥、花蕾紧闭的莲花形状，各条茎干间插入的胚茎是刚萌发的花蕾（见图3-13）。

纸莎草蓓蕾柱式：它们形状酷似埃及低洼沼泽地中的纸莎草和芦苇,柱子顶端用来摆放支撑横梁的柱头则像伞状的纸莎草蓬头（见图3-14）。

图3-9　柱厅是神庙的大殿，是整个神庙建筑艺术的最高潮，密排134根柱子，其中中央的12根更是高21米、直径3.6米而间距却只有2.7米。阳光洒落在柱子墙面地板，一种幽深的神秘感和压抑感沁人骨髓，充满了变幻的艺术魅力。

[由左至右] 注：全书类似图序排列为自上而下或自左至右。

图3-10　阿蒙神庙入口以两堵高大的梯形石墙夹着一线窄窄的入口门道——从码头到神庙主要入口的引道。

图3-11　这些浮雕题材记录着法老生前的生活和事迹，尤以人物最有特色。人像都是正面的、端庄的静止状态，体现法老的凛然不可侵犯。不少是反映社会生活的，包括农业、园艺、手工作坊的各种劳动场面以及畜牧、狩猎、统治者日常生活、市集、运输等等。所有的浮雕，风格典雅，线条优美，内容丰富。埃及的浮雕多为薄浮雕，即图像低于背景平面的凹雕。

图3-12　阿蒙神庙入口两旁对称布置着两组法老的圆雕像。埃及雕刻多以石头、木材、象牙、铜、陶土为材料，巨型雕刻用花岗岩、闪绿石、玄武岩等做材料，一般的雕刻用石灰石、沙石筑成，小型雕塑取材木头或铜，有时部分采用镶嵌工艺完成。埃及是人类最早运用程式法则来创造装饰美的民族。法老的雕像都遵从着宗教王权象征及造型的"程式法则"，遵循相同的表现手段、相似的题材，甚至相同的姿态和类似的服饰。

图3-13 莲花柱式。采用埃及所特有的睡莲为主题。柱的上端用一束含苞未放的莲花作为装饰，柱身似用莲花四茎或六茎为一束，茎的上部用五条环带束缚着，在环带紧缚的茎与茎之间插细茎小花。

图3-14 纸莎草柱式。纸莎草是一种在埃及低洼的沼泽地带生长的植物。这种柱式用十六只纸莎草为一束，形式与莲花柱式较为相似。不同点在于，莲花柱式的茎是圆形，纸莎草柱式的茎都为菱形，在束带中插入的蕾扁而平。

图3-15 倒钟形柱式。柱头像倒放的钟形，石柱很粗，表现了神庙的森严、威武。

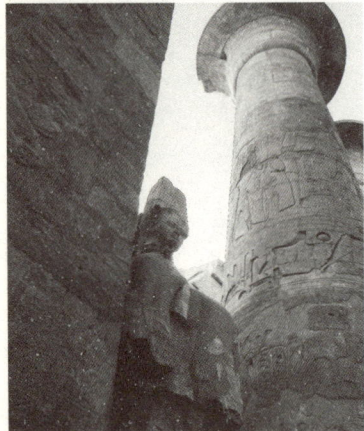

倒钟柱式：柱身上雕刻着象形文字，记载着几千年前君王的威严和丰功伟绩，传颂着古埃及人民的智慧与力量。石柱很粗，表现了神庙的森严、威武（见图3-15）。

棕榈柱式：由棕榈引发的灵感，这种柱式是一种模仿棕榈树的柱式。柱顶部是扁方顶板，柱头用八片棕榈叶合成一个圆形，叶的下端环绕五道环带，柱身特别长，下部有柱础。

兽头柱式、人头柱式：在古埃及柱头艺术中另两种形式为兽头式、人头式。当然也有混合式柱头。

柱式是古埃及建筑中的一个重要部分，它不仅担负着重量的支撑，也是艺术的装饰中心，有的在柱壁上雕刻象形文字、各类符号、人物、动物、工具、战车等等。柱子的外形的象征意义：棕榈叶、莲花象征尼罗河上游的上埃及，纸莎草花蕾象征下埃及。赋予柱子某种象征意义的做法对后世建筑师也有不小的启发。埃及柱式是欧洲柱式文化的先驱。埃及式建筑上反复使用的纸莎草柱式、莲花柱式和棕榈柱式，在后来的古代希腊建筑中的圆柱上都延续使用，希腊土生植物莨苕叶的形状也被引用到柱头上。

4. 方尖碑。 方尖碑是古埃及除金字塔以外的另一件杰作，也是古埃及文明最富有特色的象征。方尖碑是埃及帝国权威的强有力的象征。同时，古埃及人崇拜太阳神，凡是与太阳和光相联系的东西都有一定的美感和美的价值。方尖碑是埃及崇拜太阳之神的纪念碑，常成对地竖立在神庙的入口处，高度不等，已知最高者达50余米，一般修长比为10：1。方尖碑外形呈尖顶方柱状，由下而上逐渐缩小，顶端形似金字塔尖，以金、铜或金银合金包裹，当旭日东升照到碑尖时，它像耀眼的太阳一样闪闪发光。方尖碑一般以整块的花岗岩雕成，重达几百吨，它的四面均刻有象形文字，说明这种石碑的三种不同目的：宗教性（常用以奉献太阳神阿蒙）、纪念性（常用以纪念法老在位若干年）和装饰性（见图3-16）。

由于近代的文物掠夺，埃及只剩下5块方尖碑了，其他的方尖碑都散布在世界各地。世界上各处看到的方尖碑，都产自埃及。

图3-16 方尖碑、金字塔和神庙是这种石头建筑的三大标志。古埃及人相信，包镶着金属箔片的碑尖，能捕捉到黎明的第一缕阳光。而这道阳光正是太阳神赐给人世的"原始生命力"。这样，方尖碑既是太阳神庙整体建筑的一部分，更是太阳神将其恩泽撒播到人间的主要媒介。所有方尖碑的结构基本相同，分为底座、碑体和尖顶三部分。

作业与点评

古埃及形式风格小空间创意设计要求

1. 分析古埃及建筑与环境艺术设计的风格、形式特征,艺术设计特色。运用古埃及风格、形式主要元素并强调古埃及设计风格符号,如几何形状金字塔、仿植物形态的古埃及柱式、人面狮身石雕像、高而尖的方尖碑、石材料装饰浮雕。

2. 运用建筑空间构成要素(地面、墙面、顶面、柱梁)表现建筑与室内空间。

3. 运用空间造型元素(点、线、面、体)与空间形态(几何形,有机形,偶然形,实虚、动静、开合空间)表现建筑与室内空间个性。

4. 运用界面形状、比例、尺度和式样的变化,表现建筑与室内空间。

5. 本作业为建筑与室内风格,是概念性建筑与室内抽象性创意形态,重点表现空间要素、空间功能、建筑构件、空间结构、空间形态、空间形式、造型手法、创意方法,创造简约的、概括的、抽象的功能空间,避免太实际又琐碎的造型与装饰。

6. 利用一个10m×10m×10m的正立方空间与一个10m×6m×6m的长方空间进行空间形式风格概念构成创意设计。

图3-17 埃及风格展览馆空间设计 何有朋
这是埃及风格展览馆空间设计,它以埃及金字塔作展馆主体空间外形,入口也采用埃及柱廊及壁画形式。宽长的入口阶梯强化了整体空间的庄重与高贵感。

图3-18 埃及风格主题酒店入口 胡倩雨
这是埃及风格主题酒店入口空间,采用埃及柱廊金字塔作空间外形。

图3-19 埃及风格主题夜总会入口空间 李玲
这是埃及风格主题夜总会入口空间设计,它以古埃及阿蒙神庙入口作造型,以高大的梯形石墙夹着入口门道形成简洁高贵的气势。

图3-20 埃及风格办公楼 叶真金
这是埃及风格办公楼空间外形,以埃及金字塔作空间外形,简洁的一高一长埃及金字塔形状形成协调与对比的空间整体。

图3-21 埃及风格文化中心
彭福龙这是埃及风格文化中心空间创意设计,它以多个埃及金字塔形状组合构筑成协调而变化的空间。

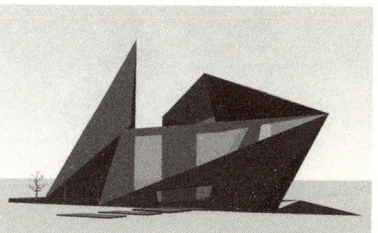

图3-22 埃及风格文化中心 许何展
这是埃及风格文化中心空间创意设计，入口前的引入通道设有埃及立柱，主体埃及金字塔侧放突出，几个小型金字塔呼应组合构筑成空间的趣味性。

图3-23 埃及风格办公楼 李平
这是埃及风格办公楼设计，整个办公楼由三座金字塔组成，中间倒置的金字塔突出而有动感。

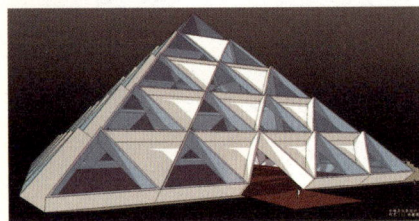

图3-24 埃及风格主题酒店入口空间 林堪德
埃及风格主题酒店入口空间，采用埃及金字塔作空间外形，外立面用钢架及玻璃造成透光效果。

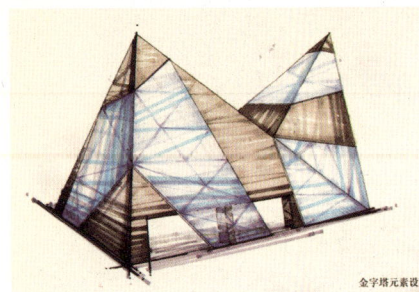

图3-25 埃及风格主题酒店入口空间 郑一梅
这是埃及风格主题酒店入口空间，用埃及金字塔作空间创意，侧边金字塔形略有些独立。

图3-26 埃及风格主题商业空间 郭佳林
这是埃及风格主题商业创意空间，正面与侧面入口作了不同造型，主体空间完整。

图3-27 埃及风格主题商业空间 冼超媛
这是埃及风格主题商业创意空间，两座金字塔形交互邻接形成整体。

第四讲
古希腊和古罗马空间设计形式与风格

04

第四讲
古希腊和古罗马空间
设计形式与风格

古希腊和古罗马这两大文明是西方文明的摇篮，是世界文化史上两座永恒的丰碑。古希腊和古罗马给人类留下了不朽的建筑艺术经典之作，对后世的西方建筑有着深远的影响，其建筑语汇深深地影响着后人的建筑风格，它的梁柱结构、建筑构件的组合方式及艺术修饰手法，深深地影响欧洲建筑达两千年之久。无论是文艺复兴风格、巴洛克风格、洛可可风格、还是当代建筑风格都可见到古希腊和古罗马建筑语汇的再现。

第一节　古希腊空间设计形式与风格的概念

一、古希腊空间设计形式与风格的社会背景

希腊是由本土半岛和一些散落在爱琴海和地中海的一些小岛组成的。它三面环海，只有北面与陆地相接，且多丘陵少平原，属于温和的海洋性气候。正是因为这样的地理条件使得它的农业难以发展，为了生存，希腊人学会了和其他地区进行农产品的交换，并逐渐形成了地中海地区繁荣的贸易往来。克里特的征服者、特洛伊城的毁灭者——迈锡尼人，是希腊最早的居民之一，后来沦为北方蛮族的奴隶，并逐渐分流为多立克人和爱奥尼亚人。他们都有共同的信仰和语言，他们被称为希腊人。希腊人具有创造精神，个性活泼开放，喜欢追求自由自在，崇尚运动，而且富于民主思想，并在城邦内部实行民主政治，因此在艺术表现上呈现出健康、自然、乐观、优雅的特质，而有别于近东艺术那种超自然的、宗教的神秘感。希腊人在民主自由和激烈竞争的环境中不仅发现、孕育和创造了美，而且也创造了神。在希腊人的心目中最完美的人就是神。神和人是同形同性，因此希腊人将诸神人格化。他们创造了丘比特、维纳斯、阿波罗等许多著名的神话人物，他们的神话故事经常被当成艺术创作的题材，并对后来西方艺术的发展产生深远的影响。希腊人相信希腊神话中以宙斯为中心，居住在奥林匹斯山中的众神是一群具有人格的神祇，需要建造建筑空间物来保护他们，于是选择了麦锡尼文化所留下的方形屋子作为建筑空间样本。因此在古典时期，希腊主要的建筑空间都是神殿，主要的艺术成就表现在神与人合一的雕刻和神殿建筑空间，其神殿建筑空间主要特点是无所不包的和谐与规律性，还有庄严与静穆。它的梁柱结构，它的建筑构件特定的组合方式及艺术修饰手法，深深地影响欧洲建筑达两千年之久。

二、古希腊空间设计形式与风格的发展历程

1. 古风时期。公元前8世纪—前6世纪，希腊建筑空间逐步形成相对稳定的形式。爱

奥尼亚人城邦形成了爱奥尼亚式建筑空间，风格端庄秀雅；多立安人城邦形成了多立克式
建筑空间，风格雄健有力。到公元前6世纪，这两种建筑空间都有了系统的做法，称为"柱
式"。柱式体系是古希腊人在建筑空间艺术上的创造。

2. 古典时期。公元前5世纪—前4世纪，是古希腊繁荣兴盛时期，创造了很多建筑空间
珍品，主要建筑空间类型有卫城、神庙、露天剧场、柱廊、广场等。不仅在一组建筑空间群
中同时存在上述两种柱式的建筑物，就是在同一单体建筑空间中也往往运用两种柱式。雅典
卫城建筑空间群和该卫城的帕提农神庙是古典时期的著名实例。古典时期在伯罗奔尼撒半岛
的科林斯城形成一种新的建筑柱式——科林斯柱式，风格华美富丽，到罗马时代广泛流行。

3. 希腊化时期。公元前4世纪后期到公元前1世纪，是古希腊历史的后期，马其顿王亚
历山大远征，把希腊文化传播到西亚和北非，称为希腊化时期。希腊建筑风格向东方扩展，
同时受到当地原有建筑风格的影响，形成了不同的地方特点。

三、古希腊空间设计形式与风格的特征

1. 古希腊建筑空间的结构。古希腊建筑空间的结构属梁柱体系，主要建筑都用石料。
限于材料性能，石梁跨度一般是四五米，最大不过七八米。石柱以鼓状砌块垒叠而成，砌块
之间有榫卯或金属销子连接。墙体也用石砌块垒成，砌块平整精细，砌缝严密，不用胶结材
料。平面构成为1:1.618或1:2的矩形，中央是殿堂，周围是柱子，可统称为环柱式建筑。古
希腊的建筑从公元前7世纪末，除屋架之外，均采用石材建造。由于石材的力学特性是抗压
不抗拉，造成其结构特点是密柱短跨，柱子、额枋和檐部的艺术处理基本上决定了神庙的外
立面形式。

2. 古希腊建筑的柱式。柱式是指一整套古典建筑立面形式生成的原则。基本原理就是
以柱径为一个单位，按照一定的比例原则，计算出包括柱础、柱身和柱头的整个柱子的尺
寸，更进一步计算出包括基座的建筑各部分尺寸。古希腊建筑风格的特点主要是和谐、完
美、崇高，而这些风格特点集中体现在 "柱式"上，即神庙建筑的檐部（包括额枋、檐壁、
檐口）及柱子（柱础、柱身、柱头）的严格和谐的比例和以人为尺度的造型格式。希腊人的
创新就是将这些组成部分按事先规定的一般规则组合起来，古希腊建筑艺术的种种改进，也
都集中在这些构件的形式、比例和相互组合上。公元前6世纪，这些形式已经相当稳定，有
了成套定型组合规则。在古希腊的建筑中，柱式以及以柱式为构图原则的单体神庙建筑，生
动、鲜明地表现了古希腊建筑和谐、完美、崇高的风格。柱式形式包括：多利克柱式、爱奥
尼亚柱式、科林斯柱式和女神列柱。

多利克柱式：盛行于希腊本土及西西里岛，是希腊古典三柱式中最早出现者。多利克柱
式特色是造型朴实无华、雄浑粗壮，给人以深厚刚毅的感觉，力透男性体态的刚劲、雄阳、
刚健之美。没有柱础，柱子直接安置在台基上，由下而上逐渐缩小，雄壮的柱身从台面上拔
地而起，柱高为柱径的4至6倍，柱身有20条凹圆槽，槽背成棱角，柱头比较简单，没有装饰
由方块和圆盘组成，檐部高度约为整个柱子的1/4，柱间距约为柱高的1.2至1.5倍。著名的雅
典卫城的帕提农神庙即采用的是多立克柱式。

爱奥尼亚柱式：希腊建筑的第二个系统，发明于公元前6世纪，盛行于爱琴海岛上以及
小亚细亚之海岸线地区。爱奥尼亚柱式比较精致，形体纤细秀美，比例修长，代表的是理想
的女性阴柔之美的形体。柱子高度为底径的9至10倍，柱身刻有24条凹圆槽，槽背呈带状。
凹槽并非像多利克柱式那样尖锐。它的柱头的正面和背面各有一对向下的涡卷装饰，婉如

满盛卷草的花篮尽展女性体态的清秀柔和之美。有多层的柱础，檐部高度与柱高的比例为1:5，柱间距为柱径的2倍。雅典娜胜利女神神庙与艾瑞克提恩神庙是著名的爱奥尼亚柱式的神庙。

科林斯柱式：希腊古典建筑的第三个系统，公元前5世纪由建筑师卡利漫裘斯发明于科林斯。它基本上是爱奥尼亚柱式的一种变体，二者的差别在于对圆柱基，特别是对柱顶的处理上。在科林斯柱顶上，爱奥尼亚柱式的涡旋形饰仍然出现，并且四个侧面都有，但这时它已成为较次要的组成部分。爱奥尼亚式柱头原先只是为了正面而设计，并没有考虑要从任何方向来观看；然而科林斯柱式却以围绕茛苕叶的方式来表现柱头，两排叶形饰像一簇巨大的、颇具装饰性的叶子出现在高高的柱顶的上端，使它能够从各个方向被欣赏。

女神列柱：艾瑞克提恩神庙位于巴特农神庙的北边，建于公元前421年—前405年。神庙供奉着雅典娜女神，它的东立面由6根爱奥尼亚柱构成入口柱廊，除了运用爱奥尼亚柱式设计外，还建了一个著名的"处女的门廊"，用6个女神雕像来支撑屋顶，这种女神列柱设计使艾瑞克提恩神庙更具阴柔的特色。由于女像柱的作者出色地解决了雕像与柱子的关系，使它们既能承担建筑屋顶的重荷，又具有艺术装饰效果。透过女像雅致的服装以及衣褶下垂的线条，让人觉察出人体的优美形态和量感。

3. 古希腊建筑的山形墙。建筑的双面坡屋顶形成了建筑前后的山花墙，其作用是将屋顶之重量放于直立之石柱上。它的形状是个等边三角形，并且以下面的那条水平飞檐、上面两条倾斜檐口为框，中间部分多饰以浮雕。一个在正面，另一个在背面。最初的山形墙没有装饰，但是很快希腊人开始用石雕来装饰山形墙。山形墙上多半刻有叙事性的浮雕，再涂以鲜艳的金色、蓝色的颜料。巴特农神庙一边绘的是雅典娜诞生的故事，另一边绘的是雅典娜和波塞东为争当雅典守护神而进行争斗的故事。

4. 古希腊建筑崇尚人体美与数的和谐。古希腊人崇尚人体美，无论是在雕刻作品还是建筑中，他们都认为人体的比例是最完美的。大建筑师维特鲁威转述古希腊人的理论："建筑物……必须按照人体各部分的式样制定严格比例。" 所以，古希腊建筑的比例与规范，其柱式的外在形体的风格，都以人为尺度，以人体美为其风格的根本依据，是人体比例、结构规律的形象体现。它们的造型是人的风度、形态、容颜、举止美的艺术显现，这些柱式的崇高美表现了人作为万物之灵的自豪与高贵。

5. 古希腊建筑装饰的雕刻化。希腊的建筑与希腊雕刻是紧紧结合在一起的。可以说，希腊建筑就是用石材雕刻出来的艺术品。从爱奥尼克柱式柱头上的旋涡，科林斯柱式柱头上由忍冬草叶片组成的花篮，到女神雕像柱上神态自如的少女，各神庙山墙檐口上的浮雕，都是精美的雕刻艺术。雕刻是古希腊建筑的一个重要的组成部分，是雕刻创造了完美的古希腊建筑艺术，也正是因为雕刻，希腊建筑显得更加神秘、高贵、完美、和谐。

四、古希腊空间设计形式与风格的代表作品

1. 雅典卫城。雅典卫城达到了古希腊圣地建筑群、庙宇、柱式和雕刻的最高水平。希腊人用自己的才华，创造出一个崭新的建筑艺术空间世界。卫城原是防御外敌入侵的城堡，山顶四周筑有围墙，后变成城邦保护神雅典娜的圣地，它是古希腊人进行祭神活动的地方。菲地亚斯和著名建筑师伊克提诺斯共同制订了在旧卫城的地基上，利用自然地形，因地制宜地建设一个与周围环境相协调的宏大建筑群的方案。卫城位于雅典城西南的一个陡峭的山岗上，由一系列神庙构成。雅典卫城包括山门、胜利女神庙、巴特农神庙、伊瑞克提翁神庙和

高约11米的作为雅典保护神的雅典娜的铜像。这些建筑和雕像分布在东西长约280米、南北最宽处约130米的山顶上，仅西面有一通道盘旋而上。卫城的中心是雅典城的保护神雅典娜的铜像，主要建筑是膜拜雅典娜的巴特农神庙，它位于卫城最高点，体量最大，造型庄重，其他大小不同、形态各异、高低错落的建筑则处于陪衬地位。卫城南坡是平民的群众活动中心，有露天剧场和敞廊。以神庙为主体的建筑群体，以宏伟的构图，表现了古希腊建筑和谐、完美而又崇高的风格特点。最有代表性的建筑群体，非雅典卫城莫属了，它是古希腊最著名的建筑群遗迹。

2. 巴特农神殿。神殿为一个城邦的重要活动中心，神殿建筑由早期的 "前廊式"、"前后廊式"演变为 "围柱式"。神殿里面有一个长方形的大厅，即内殿或正殿，其四周均有圆柱环绕，这就是祭神的圣所。内殿均甚为狭小，仅有祭司及领袖方能进入屋内，其余参加群众均在神庙前设有祭坛之广场举行敬拜仪式。神庙内没有任何窗子，所以内部十分阴暗，完全依靠从面向东方的门口所引进的光线照明，以达到制造神秘气氛的效果。希腊神殿建筑总的风格是庄重典雅，具有和谐、壮丽、崇高的美。

巴特农神殿采用的是多立克柱式。它建造于公元前447年至公元前432年之间，历时15年之久，至今已有2000多年的历史。建筑师为艾士提罗与加利克提士，雕刻的主要设计者为非迪亚士。建造此庙的目的是供奉希腊女神雅典娜。雅典娜为战神，但亦为智慧之神及航海者与雅典的保护神，故建造之费用系由全雅典市民所捐献。每四年举行一盛大祭祀仪式，庆祝雅典娜的诞生。

巴特农神庙为长方形，整个建筑长约长70米，宽30米，总面积达2170平方米。立柱采用雄浑、刚健的46根多立克柱式环列圆柱构成的柱廊直挺向天，柱廊的东西面各有8根柱，南北面各有17根。这些主柱都用名贵的铁纹白色大理石凿制而成，圆柱的基座直径1.9米，高10.44米，每根圆柱都由10至12块上面刻有20道竖直浅槽的大理石相叠而成。它有方形柱顶石、倒圆锥形柱头、额枋，檐口等处有镀金青铜盾牌和各种纹饰，还有珍禽异花装饰雕塑。

整个神庙分成两大部分，即正殿及后室，两者都没有窗子。在正殿末端正中的位置，原本供奉着菲迪亚斯雕刻的雅典娜神像，神像高12米，以木为胎，黄金、象牙制成，生动地表现出肌肤的质感，眼睛的瞳孔也由宝石镶成。后室部分称之为巴特农，作为贮藏祭祀器皿的地方。神庙外部有很多雕刻，内部就没有任何装饰性的雕刻。神庙正面的山花是由雕刻家菲底亚斯所作的《雅典娜的诞生》，生动传神。整个神庙的造型建立在严格的比例关系上，体现了以追求和谐为目的的形式美。整个神庙尺度合宜，饱满挺拔，各部分比例匀称，风格开朗，并有大量的精美雕刻相衬托。由92块白色大理石饰板组成的中楣饰带上，有描述希腊神话内容的连环浮雕。东西端山花中的雕刻是圆雕，东面表现雅典娜的诞生，西面表现她与海神波塞冬争夺雅典统治权的斗争。

3. 德狄奥尼索斯剧场。希腊建筑艺术的另一个杰出的创造就是剧场。希腊人创造了许多伟大的的悲剧和喜剧，为了演出这些戏剧作品，就需要一个与之相适应的场所。他们选择一个开阔的山坡，剧场依山坡而建，似凝结了天地大美之气。在这里凿出一排排整齐的半圆形阶梯座位，它们面对着一个供合唱队表演和歌唱用的中心区，即合唱队席。有一个石台幕布紧挨着它。这种剧场结构简单，完全是实用性的。由于希腊戏剧都是在白天演出，所以从观众席上能看到乡村的壮丽景象。罗马人的圆形剧场，也是渊源于此的，但是，希腊剧场面向自然，布局实用，剧场不仅是娱乐场所，也是自由民集会的地方，因此规模巨大。如建于公元前6世纪的德狄奥尼索斯剧场，是最古老的露天剧场。

第二节 古罗马空间设计形式与风格的概念

一、古罗马空间设计形式与风格的社会背景

　　古罗马的环境和古希腊类似，它地处今意大利半岛，是一个多丘陵、多沼泽的地区，因此农业也不十分发达。但罗马解决这一问题的方法并不是像希腊一样通过自由贸易，物物交换，它使用的是一种血腥的方式——侵略和扩张。为了满足罗马帝国日渐庞大的粮食、财富的需求，罗马人选择了不断地侵略。依靠着强大的军队与武器，罗马从一个小城一跃成为统治着近518万平方千米的帝国的中心。早期罗马人的精力都集中在战争和武力上，随着军事的征服，罗马受到了来自异域的文化特别是希腊文化的深刻影响。罗马统治者对外来文化兼容并蓄的宽容态度，使得整个罗马世界的文化事业呈现颇为繁荣的景象。公元前2世纪罗马人征服希腊之后，发现希腊艺术之美，于是向被征服者学习。无论建筑、雕刻或绘画，似乎只有模仿希腊，才能充实罗马人的新知识，才能培养罗马人的新教养。于是希腊风格的工匠云集罗马城，希腊的建筑形式也就跟随着传入了罗马，古罗马的建筑艺术是古希腊建筑艺术的继承和发展。古罗马建筑更加倾向于现实主义，她从古希腊对神的崇拜走向对英雄的崇拜和对功名的追求，正是欧洲文明走向理性的标志。古罗马建筑达到了世界奴隶制时代建筑的最高峰。

二、古罗马空间设计形式与风格的发展历程

　　罗马本是意大利半岛中部西岸的一个小城邦国家，公元前5世纪起实行自由民主的共和政体。公元前3世纪，罗马征服了全意大利，再向外扩张，到公元前1世纪末，统治了东起小亚细亚和叙利亚，西到西班牙和不列颠的广阔地区。北面包括高卢（相当于现在的法国、瑞士的大部以及德国和比利时的一部分），南面包括埃及和北非。公元前30年起，罗马成了帝国。公元1—3世纪是古罗马建筑最繁荣的时期，重大的建筑活动遍及帝国各地，最重要的集中在罗马本城。

　　古罗马的建筑按其历史发展可分为三个时期：

　　1. 伊特鲁里亚时期（公元前8世纪—前2世纪）。伊特鲁里亚曾是意大利半岛中部的强国。其建筑在石工、陶瓷构件与拱券结构方面有突出成就。罗马王国与共和初期的建筑就是在这个基础上发展起来的。

　　2. 罗马共和国盛期（公元前2世纪—前30年）。罗马在统一半岛与对外侵略中聚集了大量劳动力、财富与自然资源，有可能在公路、桥梁、城市街道与运输水道方面进行大规模的建设。公元前146年对希腊的征服，又使它承袭了大量的希腊与小亚细亚文化和生活方式。于是除了神庙之外，公共建筑，如剧场、竞技场、浴场、巴西利卡等十分活跃，并发展了罗马角斗场。同时希腊建筑在建筑技艺上的精益求精与古典柱式也强烈地影响着罗马。

　　3. 罗马帝国时期（公元前30年—公元476年）。公元前30年罗马共和国执政官奥古斯都称帝。从帝国成立到公元后180年左右是帝国的兴盛时期，这时，歌颂权力、炫耀财富、表彰功绩成为建筑的重要任务，建造了不少雄伟壮丽的凯旋门、纪功柱和以皇帝名字命名的广场、神庙等等。此外，剧场、圆形剧场与浴场等亦趋于规模宏大与豪华富丽。3世纪起帝国经济衰退，建筑活动也逐渐没落。以后随着帝国首都东迁拜占庭，帝国分裂为东、西罗马帝国，建筑活动仍长期不振，直至476年，西罗马帝国灭亡为止，古罗马书写了长达近十三个世纪的历史。

三、古罗马空间设计形式与风格的特征

罗马的一切建筑形式是继承希腊建筑式样而来的，由于罗马民族爱好华丽，经常在建筑上将希腊式的装饰上又加了罗马式的装饰，使建筑变得更为华丽。不过，到了罗马真正强盛之后，就开始发挥他们自己的民族个性，在建筑形制、技术和艺术方面广泛创新。

1. 继承与发展古希腊的柱式。古希腊时代的多利克、爱奥尼亚、科林斯三种式样都为罗马所继承，其中最富装饰性的科林斯式被运用得最多。除此之外，罗马人也改良出两种新的柱式。罗马多利克柱式，这是罗马人改造多利克式，在柱底加上一个柱基后的成品。复合柱式，这是把爱奥尼亚柱式柱头上的卷涡造型加在科林斯式茛苕叶柱头上得到的复合式柱头柱式。新柱式发展了古希腊柱式的构图，使之更有适应性。

2. 创新的空间结构技术。在结构方面，罗马人在伊特鲁里亚和希腊的基础上，把古希腊时期没被重视的拱券技术发扬光大，使拱券结构成为古罗马建筑中最重要的组成部分。这与古希腊的柱梁体系区分开来，发展了柱与拱券结合的体系，创造出柱式同拱券的组合。如券柱式和连续券，既作结构，又作装饰。帝国时期各地的凯旋门大多是券柱式构图，并出现了由各种弧线组成平面、采用拱券结构的集中式建筑物。又运用拱门与拱顶于各式建筑屋顶造型，正是这种"穹拱"屋顶，成为了古罗马建筑与古希腊建筑最明显的区别。因此，拱券技术成为罗马建筑最大的特色，梁柱结构不可能创造出宽阔的内部空间，而大跨度的拱顶和穹顶则可以覆盖很大的面积，如万神殿就采用了穹顶覆盖的集中制形式。这种以圆为主的穹拱屋顶形成宽阔的建筑内部空间，以至人们的许多活动可以从室外移到室内进行。另外，十字拱和拱券平衡体系的成熟，把罗马建筑又推进了一步。十字拱只需要四角有支柱，而不必要有连续的承重墙，从而使建筑内部空间得到解放，实际上是为了摆脱承重墙的束缚。罗马帝国的皇家浴场卡拉卡拉浴场就是其中代表作之一。卡拉卡拉浴场的面积是1344.78平方米，它的核心温水浴大厅就是横向三间十字拱，其重量集中在8个墩子上，墩子外侧有一道横墙抵御侧推力，横墙之间跨上筒形拱，既增强了整体性，又加大了大厅。把几个十字拱与筒形拱、穹窿组合起来，能够覆盖复杂的内部空间。由于采用天然火山灰水泥做成的混凝土构件代替石材，并和拱券技术结合，因此相比古希腊，古罗马建筑更加高大、稳固，建筑内部更加通透。拱券和墙体成为主要承重结构，各种柱式大多采用壁柱的形式，成为建筑中的装饰。柱与拱券结合的结构技术成为了古罗马建筑与古希腊建筑最明显的区别，是典型的古罗马建筑的特点。

3. 注重空间功能与形式。建筑师维特鲁威写出了系统的建筑学理论著作《建筑十书》，首先提出了具有深远影响的建筑空间功能与形式三要素：实用、坚固、美观。古罗马建筑空间功能与形式类型很多，有罗马万神殿、维纳斯和罗马殿，以及巴尔贝克太阳神殿等宗教建筑，也有皇宫、剧场角斗场、浴场以及广场和巴西利卡等公共建筑。居住建筑有内庭式住宅、内庭式与围柱式院相结合的住宅，还有四五层公寓式住宅。从古罗马庞贝城也可看到罗马建筑与城市空间功能与形式的特征。古罗马庞贝城是一千多年前火山爆发前，瞬间被火山灰凝固的一座古城，一切都保持良好，考古学家重现了罗马庞贝城。庞贝城里"井"字的纵横街道，把全城分成9个地区，街道都是由石块铺成，上面还有马车留下的车辙，墙上还有广告和标语，建筑类型有大剧院、竞技场、体育场、酒店、赌场、妓院和公共浴池。

罗马人在空间创造方面，重视空间的层次、形体与组合，并使之达到宏伟的富于纪念性的效果。拱券覆盖下的内部空间，有庄严的万神庙的单一空间，有层次多、变化大的皇家浴场的序列式组合空间，还有巴西利卡的单向纵深空间。空间功能的实用性如：斗兽场每层有

80个开口，底层为敞廊入口，上两层为窗洞；看台逐层后退，形成阶梯式坡度；喇叭形拱里安排楼梯，分别通向各区的看台；观众购票之后，以纵过道为主，进入各自的看区，然后以横过道为辅，进入自己的座位，井然有序，不会混乱。空间功能的系统性如皇家浴场卡拉卡拉浴场功能已远远超出沐浴的范围，它已成为罗马人社交、谈生意、运动、健身、休闲、政治博弈的场所。它的主体空间功能包括有冷水浴大厅、温水浴大厅、蒸气浴大厅、热水浴室、温水浴室等，除此，还有花园、多功能室、图书室、讲堂、健身室、小店铺等。完善的公共空间功能的系统令人赞叹。另外，强调空间形式的美观性，如万神殿注重内部装修，地板是装饰性的大理石板或墙壁覆盖各种花样镶嵌的大理石组成几何图形。有的墙壁和天花板上有灰泥，上面画着各种图画；有的覆盖着精美的色彩协调的灰泥浮雕，雕像进一步增加了建筑的装饰色彩。维特鲁威在其《建筑十书》中指出，建筑的基本原则应当是"须讲求规律、配置、匀称、均衡、合宜以及经济"。这可以说是对古罗马建筑特点及其艺术风格的一种理论总结。

4. 运用火山灰混凝土。在建筑材料上，除了砖、木、石外，还有运用地方特产火山灰制成的天然混凝土。天然混凝土大大促进了古罗马拱券结构的发展。混凝土迅速发展的条件：一是它原料的开采和运输都比石材廉价方便；二是它可以以碎石作骨料，既可以减轻结构的重量又可节约石材；三是除了少数熟练工匠外，它可以大量使用没有技术的奴隶，而用石块砌筑拱券需要专门的工匠。因而，很少见到一座古罗马建筑物完全按照希腊式样用白色大理石建造起来，通常只有部分结构，例如圆柱是完全用白色或彩色大理石建造。古罗马混凝土所用的活性材料是一种天然火山灰，它相当于当今的水泥，水和拌匀之后再凝固起来，耐压的强度很高。这种混凝土中加入不同的骨料，可以制成不同强度的混凝土，以便用于不同的位置。浇注混凝土需要模板，拱券和穹顶用木板做模板，墙体则用砖石做模板，而且事后并不拆掉，所以使得墙体很厚。大角斗场的一圈观众席也是用混凝土做基本材料的，空间拱柱结构选用了坚硬的火山石为骨料的混凝土，拱顶混凝土的石料则用浮石，而墙是用凝灰岩和灰华石做的，整个结构结实有力。因为火山灰混凝土强度高、施工方便、价格便宜，约在公元前2世纪，这种混凝土成为独立的建筑材料，到公元前1世纪，几乎完全代替石材，用于建筑拱券，也用于筑墙。

四、古罗马空间设计形式与风格的代表作品

1. 万神殿。万神殿是古代罗马城中心供奉众神的神殿，最初建于公元前27年，是由奥古斯都的密友和副手——著名政治家阿格利帕主持的。后因遭雷击而被破坏。公元118年—128年彻底重建，由于结构与材料等方面的突破，用10年时间就完成了万神殿建造工程。万神殿是祭祀众神的圣殿，因供神较多，神殿的形制为集中式单一空间，有穹窿圆顶。3世纪初，塞维鲁王朝第一代皇帝塞维鲁又在圆形神殿前建了一座长方形神殿，并将它与圆形神殿重新组合，以长方形神殿作为整个神庙的入口，形成了罗马圆形神殿与希腊长方形神殿于一体的综合体（见图4-1）。

万神殿最大的特色是它的圆形穹顶，当时，穹顶象征天宇。穹顶直径达43.3米，正中有一个直径8.92米的圆洞，从穹顶照下来的光洒在殿堂内，象征着神和人的世界的联系。穹顶和柱廊原来都是用镀金铜瓦覆盖的，公元663年，东罗马帝国的皇帝下令揭下运往拜占廷，后覆盖铅瓦。万神殿的基础、墙和穹顶都是用火山灰制成的混凝土浇筑而成，非常牢固。万神殿的基础部分底部宽7.3米，墙和穹顶底部厚达6米，穹顶顶部厚1.5米。为了减轻穹顶的

重量，建筑师巧妙地在穹顶内表面做了28个凹格，分成5排。大厅壁面开有7个凹室作为祭龛，供奉着天主教圣人，厅中有许多祭台、陵墓，左右墙上有耶稣的壁画和浮雕等。壁面及石柱均为大理石，有带蓝色和紫色纹路的白色大理石，有橘黄色大理石，还有斑岩等。整个大殿的空间正好嵌得下一个直径为43.43米的大圆球，而它的内部墙面两层分割也接近于黄金分割，整个大殿用几何形式构图表现出和谐统一的空间效果（见图4-2）。

2．圆形竞技场。它建于古罗马共和国末期的佛拉维奥皇朝时代，所以其正式名称是"佛拉维奥竞技场"。它们专为野蛮的奴隶主和游氓们观看角斗和斗兽以及其他游戏而建造，故称"大角斗兽场"。又因它的外观呈椭圆形，故又称"大圆剧场"。从功能、规模、技术和艺术风格各方面看，它是古罗马建筑的代表作之一。公元72年，在尼禄自杀后，韦斯帕西恩坐上了皇位。他决定填平尼禄宫殿的人工湖，将其变成公共娱乐场所。大角斗场由韦斯帕西恩皇帝开始修建，使用了10万平方米石料和300吨铁材，强迫8万犹太俘虏修建，只花了五六年时间便完工。公元80年由韦斯帕西恩之子蒂托斯皇帝隆重揭幕，圆形大剧场举行了100天比赛作为开幕典礼。庆祝峻工的揭幕之日，驱使3000名由奴隶、战俘、罪犯及受迫害的基督教徒充当角斗士相互厮杀决斗，还逼迫他们与5000头狮、虎、猎豹、狗熊等猛兽作生死搏斗。这空前绝后的血腥表演持续百日之久，直到所有野兽和角斗士自相残杀殆尽。

大角斗场整个建筑极像一个现代的圆形剧场或圆形运动场，占地2万平方米，围墙周长527米，长轴188米，短轴156米，墙高57米，相当于一座19层的现代楼房的高度（见图4-3）。每两根半露圆柱之间是一座长方形拱门，一、二、三层合计有拱门80座，使整个建筑显得宏伟而又秀巧、凝重、空灵。第四层外墙由长方形窗户和长方形半露方柱构成，并建有梁托，悬挂天蓬遮阳。中央是一个椭圆形的角斗用的舞台，长约86米，最宽处63米，是斗兽、竞技、赛马、歌舞、阅兵与进行模拟战争的场所，也可引湖水进场灌水成池，供观赏水战之用。为了安全，舞台四周还专门建有护墙，使之与观众座席隔开。竞技场专门建有四座大型拱门，供拥挤的观众分散进出之用（见图4-4）。通过80个街道标准的拱形入口，另有160个出口遍布于每一层的各级座位，被称为吐口，观众可以通过它们涌进和涌出，混乱和失控的人群因

图4-1 万神殿的正面有一个长方形的柱廊，宽约34米，深达15.5米，有16根科林斯式柱，前排8根，中、后排各排立4根。这些柱子都是用花岗岩加工而成，柱身高12.5米，柱的底部直径为1.43米，柱头和柱的底部是用白色大理石加工的。神殿的形制为集中式单一空间，有的穹隆圆顶。万神殿的基础、墙和穹顶都是用火山灰制成的混凝土浇制而成，非常牢固。

图4-2 罗马万神殿对承重问题的解决方法是减轻屋顶重量，穹顶内墙开很多小窗格，让屋顶实际上很薄，正中施加推力最大的地方是空的，这样让穹顶更稳定。大厅壁面开有7个凹室作为祭龛，供奉着天主教圣人，壁面及石柱均为大理石。穹顶正中有一个直径8.9米圆形大洞，这是神殿唯一的采光来源，好像上天的眼睛发出的神圣光芒，营造出殿堂与神灵相通的神韵。

图4-3 《古罗马竞技场》，整座建筑用巨石和红砖砌成，围墙分四层砌成，每一层的拱门都被四分之三不同的圆柱形式所支撑，如第一层为多利克柱式，第二层为爱奥尼亚柱式，第三层为科林斯柱式，最顶端则为科林斯半露柱壁。李泰山，纸本水墨，69cmX70cm，2008年。

图4-4 竞技场专门建有四座大型拱门，供拥挤的观众分散进出之用。

图4-5 有160个出口遍布于每一层的各级座位，被称为吐口，观众可以通过它们涌进和涌出，混乱和失控的人群因此能够被快速地疏散。

此能够被快速地疏散（见图4-5）。观众席大约有60排座位，逐排升起，分为五区。前面一区是荣誉席，最后两区是下层群众的席位，中间是骑士等地位比较高的公民坐的，皇帝的包厢和执政官、元老们的贵宾座，则用整块大理石雕琢而成。场内可容5万观众。早上有猎取野生动物节目，正午执行死刑，下午格斗比赛。竞技场中心的地下部分用来放装动物的笼子和比赛的工具。这座建筑物的结构、功能和形式三者和谐统一、形制完善，在体育建筑中一直尚用至今。

3. 君士坦丁凯旋门。君士坦丁凯旋门距离圆形竞技场很近，是罗马城现存的三座凯旋门中年代最晚的一座。它是为庆祝君士坦丁大帝于公元312年彻底战胜他的强敌马克森提，并统一帝国而建的。这是一座三个拱门的凯旋门，高21米，面宽25.7米，进深7.4米。由于它调整了高与宽的比例，横跨在道路中央，因此显得形体巨大（见图4-6）。凯旋门的各种浮雕气派很大，但缺乏统一感，有的构件是从过去的纪念性建筑拆除过来的，如图拉真广场建筑上的横饰带、哈德良广场上一系列盾形浮雕以及马克·奥莱略皇帝纪念碑上的八块镶板。尽管如此，它仍不失为一座宏伟壮观的凯旋门。君士坦丁凯旋门的构图形式以后长期被模仿，尤其是它上面所保存的罗马帝国各个重要时期的雕刻，是一部生动的罗马雕刻史。

五、对历史遗产的保护

罗马从帝国时期就形成了对历史遗产的保护意识，并制定了严格的法规。1500多年前的皇帝利奥一世胡约瑞安曾下过一道保护古罗马城的命令。皇帝首先列举了当时罗马破坏历史文物的种种现象，接着发布了严厉的命令："任何人都不得毁损或者破坏任何建筑物——我们祖先所建造的神庙和纪念建筑物——这些建筑物是给公众使用，或者是为了给公众娱乐才建造的。"对那些破坏文物的人，"要惩以笞刑，还要断其双手，以惩罚他们用双手亵渎了祖先所造的建筑"。今天，罗马的古城保护法仍规定，古城历史建筑物的外部结构属于政府，任何房屋开发商和商店经营者、居民所购买的只是房子内部的使用权，个人并不拥有对建筑进行整体改造的权利，房子的维修按国家制定的法律进行，不允许擅自改变其结构、形式和色彩。

公元4世纪下半叶起，古罗马建筑渐趋衰落。15世纪后，经过文艺复兴、古典主义、古典复兴以及19世纪初期法国的"帝国风格"的提倡，古罗马建筑在欧洲重新成为学习的范例，这种现象一直持续到20世纪二三十年代。

图4-6 君士坦丁凯旋门主体是由几根分开的圆柱及刻有铭文的顶楼所构成。而拱门的下半部则被认为是建筑师参考更古老的纪念碑来设计的。

古希腊、古罗马形式与风格小空间创意设计要求

1. 分析古希腊、古罗马建筑与环境艺术设计的风格、形式特征，设计特色。运用古希腊、古罗马风格、形式主要元素并强调古希腊、古罗马设计风格符号，如古希腊、古罗马风格柱式、山墙、穹顶、火山灰混凝土材料。
2. 运用建筑空间构成要素（地面、墙面、顶面、柱梁）表现建筑与室内空间。
3. 运用空间造型元素（点、线、面、体）与空间形态（几何形，有机形，偶然形，实虚、动静、开合空间）表现建筑与室内空间个性。
4. 运用界面形状、比例、尺度和式样的变化，表现建筑与室内空间。
5. 本创意设计是概念性建筑与室内抽象性创意形态，重点表现空间要素、空间功能、建筑构件、空间结构、空间形态、空间形式、造型手法、创意方法，创造简约的、概括的、具抽象功能的空间。避免太实际又琐碎的造型与装饰。
6. 利用一个10m×10m×10m的正立方空间与一个10m×6m×6m的长方空间进行空间形式风格概念构成创意设计。

图4-7 古希腊、古罗马风格门庭 易明慧
这是座古希腊、古罗马风格门庭。设计师利用古希腊、古罗马风格柱式及檐口元素，作了简化处理。并用对称形式使左右两部分形成对应的关系，左右两边大小、形状、排列在外观上完全一致，空间效果庄重。古希腊风格多利克柱身结合人头像柱头富有创意感。

图4-8 古希腊、古罗马风格亭子 钟正
这是座古希腊、古罗马风格室外亭子。简化的古希腊多利克柱式、山墙及檐口使空间形态单纯也方便制作，对称形式表现出大方稳重的美感。

图4-9 古希腊、古罗马风格休闲亭 吴堪信
这是座古希腊、古罗马风格室外休闲亭。爱奥尼亚柱式、罗马穹顶、拱形栏椅及檐口表现出古罗马风格特征。檐顶的不锈钢圆管环装饰使休闲亭点缀出新意，对称形式表现出休闲亭的大方稳重。

图4-10 古希腊、古罗马风格候车亭 杨俊雄
这是座古希腊、古罗马风格候车亭，爱奥尼亚柱式及山墙屋顶为对称形式。但作为候车亭可加上候车椅及车站指示牌，山墙屋顶略显厚重。

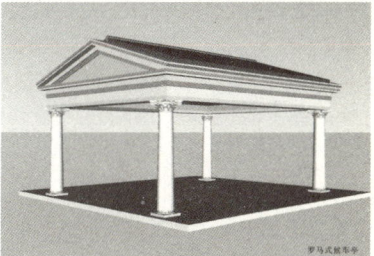

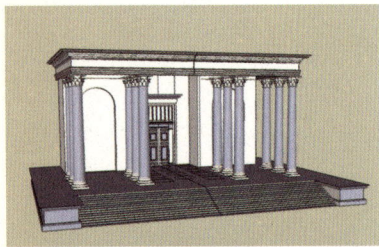

图4-11　古希腊、古罗马风格酒店入口　鐘敏飚
这是座古希腊、古罗马风格酒店入口，爱奥尼亚柱式及屋檐为对称形式。柱廊的柱子太抢眼，可减掉中间一排以减少视觉压力并使交通更通畅。

图4-12　古希腊、古罗马风格别墅花园围栏入口　陈巍
这是座古希腊、古罗马风格别墅花园围栏入口。设计者对各种古希腊、古罗马风格元素都作了较好的简化及重新组合装饰，大门对称形式表现出大方稳重，但围栏顶部圆盘花坛及水池边圆球装饰使空间过于繁杂，可取消。

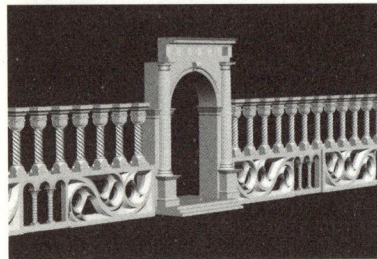

图4-13　古希腊、古罗马风格别墅花园围栏入口　陈国锋
花园围栏中间入口为典型古希腊、古罗马风格柱式及拱门。设计者把对称的两边围栏的古希腊、古罗马风格柱式、拱券及花纹元素作了较大的扭曲变形，充满后期巴洛克意味。

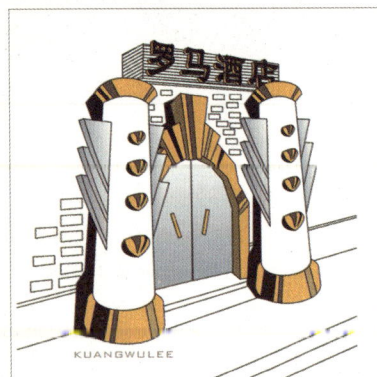

图4-14　古希腊、古罗马风格酒店入口　李广宇
这是座古希腊、古罗马风格酒店入口。设计者把对称的两边古希腊、古罗马风格柱式及中间拱券大门作了较大的扭曲变形，充满后期巴洛克意味。但大门太矮，与两边立柱不协调，出入时在视觉上拘束有压力。

05

第五讲
哥特式教堂空间设计
形式与风格

第五讲
哥特式教堂空间设计形式与风格

哥特式建筑的特点是尖塔高耸，在设计中利用十字拱、飞券、修长的立柱，以及新的框架结构以增加支撑顶部的力量。由于采用了尖券、尖拱和飞扶壁，教堂的内部高旷、单纯、统一。整个建筑以直升线条、雄伟外观和教堂内空阔空间，再结合镶着彩色玻璃的长窗，产生一种浓厚的宗教气氛。装饰细部如华盖、壁龛等也都用尖券作主题，建筑风格与结构手法形成一个有机的整体。

第一节　哥特式教堂空间设计形式与风格的概念

一、哥特式空间形式与风格的概念

仿罗马式艺术设计发展了两百多年之后，到了12世纪，在法国又逐渐发展成哥特式艺术设计，而后扩展至全欧洲，并且一直延续到15世纪。仿罗马式艺术设计综合了各种艺术风格，如近东、罗马、拜占庭等风格，并非古代罗马艺术设计的复苏。一般来说，它被认为是歌特式的前身。如果说罗马式以其坚厚、敦实、不可动摇的形体来显示教会的权威，形式上带有复古继承传统的意味，那么哥特式则以蛮族的粗犷奔放、灵巧、上升的力量体现教会的神圣精神。"哥特"原是参加覆灭罗马奴隶制的日耳曼"蛮族"之一，15世纪，文艺复兴运动反对封建神权，提倡复活古罗马文化，乃把当时的建筑风格称为"哥特"，以表示对它的否定。

二、哥特式空间形式与风格的特征

哥特建筑以尖券，尖形肋骨拱顶，坡度很大的两坡屋面和教堂中的钟楼、扶壁、束柱、花空棂等为特点。从审美的层面看，罗马式建筑较宽大雄浑，但显得闭关自守，哥特建筑风格完全脱离了古罗马的影响，表现出一种人的意念的冲动。教堂结构变化造成一种火焰式的冲力，使人们的视觉和情绪随着向上升华的尖塔，有一种接近上帝和天堂的感觉，把人们的意念带向"天国"，成功地体现了宗教观念。由于哥特时期的石造建筑技术十分发达，并且将很多象征圣像的图案体系融入到教堂设计，因此哥特式大教堂又被称为"石造的《圣经》"或"石造的百科全书"。

哥特式教堂建筑风格有三大特征：尖拱（pointed arch）、拱肋（vault rib）和飞扶壁（flying buttress）。这三者其实都不是哥特时期的发明，就连彩色玻璃窗也不是。但是经过长时间的经验累积，哥特式样建筑师正好把这三项技术结合成一体，将以往罗马式建筑的厚重、结实风格，转变为强调垂直向上、轻盈修长的独特形式。再加上彩色玻璃窗户，将光线在宗教上的神秘感表达出来，因此人们身处在哥特式建筑之内，会感受到一股神秘壮丽、恍如身置天堂的气氛。

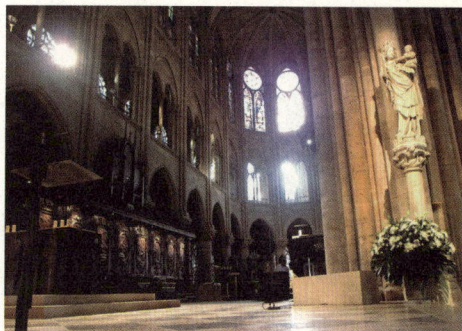

图5-1 巴黎圣母院建筑外观。从外面仰望教堂，那高峻的形体加上顶部耸立的钟塔和尖塔，使人感到一种向蓝天升腾的雄姿。它全是用石材建成的，文学家雨果说，那可敬的建筑物的每一块石头，"都不仅是我们国家历史的一页，并且也是科学和文化史上的一页"。

图5-2 巴黎圣母院室内。院内的大厅宽为48米，深为130米，可容万人，厅的高度达35米。进入教堂的内部，无数的垂直线条引人仰望，数十米高的拱顶在幽暗的光线下隐约闪烁，加上宗教的遐想，似乎上面就是天堂。人在其中仰视，真好像是到了天国。你会感到自我是多么渺小，这就是宗教建筑的魅力了。

第二节 哥特式空间形式与风格的代表作品——石造的《圣经》·巴黎圣母院

1160年被选任为巴黎主教的苏利（Maurice de Sully）决定在巴黎城中塞纳河下游的西岱岛上建造一座宏伟教堂。苏利运用从国王、神职人员、贵族，以及贫穷百姓处索取而来的庞大资金，促使教堂开建于1163年，随后的100年陆续加建，完成于1250年，历时182年。巴黎圣母院建筑表现了哥特式建筑的独特精神，他们所采用的是与过去教堂不同的彩色玻璃大窗户、巨大宽敞的内部及高高耸立的尖塔等。教堂完成之后，使中世纪的人们大为震惊，并成为全法国宗教建筑的楷模，对于整个欧洲起了极大的影响（见图5-1、图5-2）。

一、巴黎圣母院空间的形式特点

巴黎圣母院入口西向，前面广场是市民的市集与节日活动中心。圣母院占地面积5500平方米，两侧支撑物面积800多平方米。整个建筑为石砌，教堂院内进深130米，宽48米，高35米。有一对高60余米的塔楼，当中高达90米的尖塔，正中的玫瑰窗直径13米，可容近万人。教堂是柱墩承重结构，柱墩之间可以全部开窗，西侧的尖券形窗，到处可见的垂直线条，小尖塔装饰、尖券、拱顶及飞扶壁等都是哥特建筑的特色。它突破了以往教堂建筑外形笨拙、呆板，内部昏暗、窄小的束缚，扩大了内在空间，增加了外观艺术装饰，建筑形式和向往天国的神秘气氛结合得十分完美，它被誉为"中世纪建筑中最完美的花"。大作家雨果在小说《巴黎圣母院》中，将它形容为"石头的交响乐"。哥特式教堂开了一代建筑新风，以后，欧美建筑的哥特式建筑都带有巴黎圣母院的痕迹。

二、巴黎圣母院空间的艺术设计特色

1. 尖拱、拱肋和飞扶壁。哥特式教堂的结构体系由石头的骨架券（见图5-3）和飞扶壁（见图5-4）组成。骨架券基本单元是在一个正方形或矩形平面四角的柱子上做双圆心骨架尖券，四边和对角线上各一道拱

图5-3 巴黎圣母院。哥特时期出现的骨架券是在一个正方形或矩形平面四角的四个柱子上做双圆心尖券，四条边和两条对角线上各做一道尖拱。屋顶的石板架在这六道券上。采用这种方式，可以在不同跨度上做出矢高相同的券，拱顶重量轻，减少了券脚的推力，也简化了施工。

图5-4 在哥特建筑中纵长方向的力由每一拱顶与其相临的拱顶抵住，但横向的外侧推力则需一种结构来抵住，这种结构升至侧廊上部并不阻挡光线射到高侧窗内，坚固的飞扶壁应运而生。飞扶壁由侧厅外面的柱墩发券，平衡中厅拱脚的侧推力，增加教堂稳定性。是为了平衡拱券对外墙的推力，而在外墙上附加的墙或其他结构。中间的拱对墙有向外的推力，而扶壁是将墙向内推。

图5-5 巴黎圣母院哥特式教堂结构变化，造成一种火焰式的冲力，把人们的意念带向"天国"，成功地体现了宗教观念，人们的视觉和情绪随着向上升华的尖塔，有一种接近上帝和天堂的感觉。当中尖塔高达90米。

图5-6 巴黎圣母院形体向上的动势十分强烈，轻灵的垂直线直贯全身。不论是墙和塔都是越往上分划越细，装饰越多，也越玲珑，而且顶上都有锋利的、直刺苍穹的小尖顶。不仅所有的券是尖的，而且建筑局部和细节的上端也都是尖的，整个教堂处处充满向上的冲力。这种以高、直、尖和强烈向上动势为特征的造型风格是教会的弃绝尘寰的宗教思想的体现，所有的券是尖的，而且建筑局部和细节的上端也都是尖的，整个教堂处处充满向上的冲力。

肋，屋面石板架在券上，形成拱顶。采用这种方式，可以在不同跨度上做出矢高相同的券，拱顶重量轻，交线分明，减少了券脚的推力，简化了施工。尖拱拱顶有一个很大的优点：它结实，有弹性，而且轻巧，因为拱帆的重量会被疏导到拱肋上，然后再传到四个支撑重量的柱子上。但是，只有尖顶肋骨交错拱顶，建筑还是不够平稳，因为它是弯角颇大的弓形，垂直度又高，所以会产生强大的侧推力，这时就需要加上飞扶壁来纾解这压力。飞扶壁由侧厅外面的柱墩发券，平衡中厅拱脚的侧推力。为了增加稳定性，常在柱墩上砌尖塔。由于采用了尖券、尖拱和飞扶壁，哥特式教堂的内部空间高旷、单纯、统一，装饰细部如华盖、壁龛等也都用尖券作主题，建筑风格与结构手法形成一个有机的整体。

2. 高而尖的空间造型。巴黎圣母院教堂首先在体量和高度上创造了新纪录，塔楼高60余米，当中尖塔高达90米（见图5-5）。其次是形体向上的动势十分强烈，轻灵的垂直线直贯全身。奇突的空间推移，透过彩色玻璃窗的色彩斑斓的光线和各式各样轻巧玲珑的雕刻的装饰，综合地造成一个"非人间"的境界，给人以神秘感。不论是墙和塔都是越往上分划越细，装饰越多，也越玲珑，而且顶上都有锋利的、直刺苍穹的小尖顶。不仅所有的券是尖的，而且建筑局部和细节的上端也都是尖的，整个教堂处处充满向上的冲力（见图5-6）。这种高、直、尖和强烈向上的动势，造成一种火焰式的冲力，人们的视觉和情绪随着向上升华的尖塔，有一种接近上帝和天堂的感觉。成功地体现出教会的弃绝尘寰的宗教思想，也是城市强大向上蓬勃生机的精神反映。有人说罗马建筑是地上的宫殿，哥特建筑则是天堂里的神宫。

3. 精细神秘的《圣经》石雕。教堂里有《圣经》，但大多数人读不懂、不会读，所以神圣的教义只能通过绘画和石头来讲述——把它雕刻在教堂的墙壁和柱子上。于是圣人的形象和《圣经》的内容，寓言和布道场景都装饰到了教堂上，那里便成了大家都能读懂的"石头圣经"。哥特式雕刻首先出现于法国的圣德尼教堂，在法国大革命期间，这些雕刻几乎完全被毁坏，但是这种雕刻风格却散播到其他教堂上。哥特式教堂的建筑重视外部装饰，雕刻的人物和装饰花纹布满了教堂内外，大量的雕刻正是体现了这个阶段造型艺术的突进。尤其是雕刻家在作品中追求世俗情感的表现，开始突破了传统模式的约束，使雕刻技艺提高了一大步。哥特式雕刻和建筑的关系已不同于罗马式教堂与装饰雕刻的关系。罗马式教堂中的装饰雕刻完全服从于墙的平面，使人物的表现受到很大的局限；哥特式的装饰雕刻则跳出了墙的平面，创造了许多半圆雕和高浮雕。它的人物形象保持独立的空间地位，追求三度空间的立体造型，力求符合真实的形象，追求自然生动的塑造，使人体丰满起来，衣褶也随之有了结构的变化，使人感到衣服里面是实在的人体。从其形式来看，人物形象是超越现实人世的，表情显得呆板僵化，神态上有一种静穆的神秘感，表现出一种远离尘世的圣者气息。实际上人物雕刻成了解释教义的一种精神符号，众多的这类形象布置在教堂内外，从四面八方造成一种令人震慑的非人间的世界。

巴黎圣母院最美的是它的西立面，即正面。正面呈立方形，庄严和谐，布满了雕像。这些享有盛誉的浮雕故事是专为当时那些不识字的信徒们雕刻的，从上而下共分三层。最下面一层是并排凹进去的三个尖形拱门，巨大的门四周布满了雕像，共有千余人物，非常细致。门上刻有表现《圣经》故事的浮雕。每座门一层接着一层，石像越往里层越小，尖圆拱券逐渐缩小。左侧"圣母门"的中柱雕有圣母圣婴像（见图5-7），拱肩画面为《圣母和圣婴的故事》，表现圣母的经历。右侧"圣安娜门"（圣安娜为圣母之母）中柱雕有5世纪巴黎主教圣马富尔肖像，拱肩画面为《圣母与圣安娜的生活》，表现圣母和两天使。中间"审判门"表现耶稣在世界末日进行最后的审判。中柱雕有天主耶稣在"世界末日"宣判每个人命运的严峻场面，一边是"灵魂得救"后升入天堂的景象，一边是"不得超度"而被打入地狱罪人的惨景。

在三个拱门上面是一长条壁龛，有一排群雕像，也称"国王长廊"。横向的水平线上，排列着耶稣基督先祖及28位法国历代君主的雕像。所谓的"国王廊"，上有分别代表以色列和犹太国历代国王的28尊雕塑。1793年，大革命中的巴黎人民将其误认作他们痛恨的法国国王的形象而将其捣毁。但是后来，雕像又重新被复原并放回原位。周围的栏杆上也分别饰有不同形象的魔鬼雕像，状似奇禽异兽，据说这就是著名的"希魅尔"。1864年对这座教堂进行修复，总工程师是哥特式建筑复兴主义者和建筑师勒·杜克，上述的塔顶怪兽就是他的作品（见图5-8）。

中间一层是三扇窗子。两侧为两个巨大的石质中棂窗子分别雕有亚当、夏娃的塑像。中间是一扇圆形大花窗，称"玫瑰门"，直径约10米，由37块玻璃组成，是700年前的原物。中央供奉着圣母圣婴，两边立着天使的塑像。

最上面一层是由许多美丽的白色雕花栏杆组成的一条走廊，连接南北两座各高69米的巨型钟楼。两座钟楼之间是一个宽阔的平台，平台的外沿是漂亮的雕花栏杆，全是由白色大理石制成的，看上去既精致又牢固。在雨果的小说中，这里是卡西莫多最重要的表演舞台——为了给艾斯美拉达报仇，他将那个道貌岸然却心怀鬼胎、极度自私的副主教从这里扔了下去。

4. 玫瑰花窗。就地理上而言，法国是仿罗马式艺术风格最盛行的地区，也是哥特式艺术风格的发源地。12世纪初，巴黎近郊的圣德尼修道院的院长苏杰，从教堂宝库中闪烁的珠宝与当时广泛被使用的彩色玻璃中得到了一个灵感。他认为借着注视华丽的材料或许能够将一般人的精神提升到更能完全注视上帝的高度。他借由这种观点，后来将低矮、黑暗、厚重、照明不清的仿罗马式教堂彻底地改变了。罗马式教堂为了支持石头屋顶的圆拱，需要很宽厚的墙壁，因而不能开太大的窗户。而苏杰却把圆拱

图5-7　巴黎圣母院正面左侧"圣母门"的中柱，雕有圣母圣婴像，圣母的手中怀抱着上帝。此座雕像的经典处在于圣母门从左至右的"夏娃诞生一罪恶起源一上帝"的惩罚组雕塑群。人物形象保持独立的空间地位，追求三度空间的立体造型。每件雕像是独立的，每个人都有它自己的性格。盛期哥特式雕刻，在构图布局上、人物动作上都表现出成熟的技巧，表现出对揭示精神世界的兴趣，这清楚表明世俗性质雕塑的出现。

图5-8　"希魅尔"周围的栏杆上也分别饰有不同形象的魔鬼雕像，状似奇禽异兽，据说这就是著名的"希魅尔"。哥特式教堂的建筑重视外部装饰，雕刻的人物、动物和装饰花纹布满了教堂内外。哥特式雕刻和建筑的关系已不同于罗马式教堂与装饰雕刻的关系。罗马式教堂中的装饰雕刻完全服从于墙的平面，使人物的表现受到很大的局限；哥特式的装饰雕刻则跳出了墙的平面，创造了许多半圆雕和高浮雕。

拉成尖拱，用扶壁、飞扶壁来加强柱子的支撑力。于是，解放了墙壁的大量空间，可以用来开辟色彩绚烂、高大透光的窗户。

巴黎圣母院教堂的这种透光玻璃窗在白天的阳光和夜晚的烛光下摇曳闪耀不定，画上的圣像和五彩装饰图案，在光的照射下令人目眩神迷，这一切更增加了教堂内部的光怪陆离和神秘恐怖，达到了基督教征服人心的目的。当时的人能识文断字的极少，《圣经》的许多故事需要图画来演绎，这种优美的彩色玻璃窗画就成为不识字信徒们的《圣经》，也起到了宗教世俗化的作用。今天我们身处哥特式教堂仍能感受当时人们的震惊，彩色玻璃五光十色，让人联想到天堂的存在。哥德式教堂内部的彩色玻璃可以分为三类：

第一类是位于进门口上部的玫瑰花窗，经常以复杂的圆形构图加以装饰，如巴黎圣母院北面进门口上面的玫瑰花窗（见图5-9、图5-10）。

第二类是位于高窗上，以圣母或使徒等人的大型独身像为彩色玻璃的图像。因为高窗与站在地面的信徒有一段距离，唯有大型人像才能被看到与认识（见图5-11）。

第三类是位于地面楼层墙壁上的彩色玻璃，多装饰以《圣经》故事为题材的图像。这类彩色玻璃因为位于地面楼层，人物的尺寸大小不需要像高窗上的人像刻意被放大才看得见，因此可以用人物很多的《圣经》故事作为装饰题材（见图5-12）。

5. 窄长而极高的内部空间。巴黎圣母院内部空间严谨肃穆，院内进深130米，宽48米，高35米。内部东西向排着两长列直通屋顶的高达24米的柱子，形成了一个极其窄长而又极高的空间（见图5-13）。

教堂内部空间平面呈横翼较短的"十"字形，整个建筑庄严和谐。大厅可容纳9000人，其中1500人可坐在讲台上。祭台中央有天使、圣女围绕殉难耶稣的大理石雕塑，侧祭台有29个。教堂回廊、墙壁、门窗布满以《圣经》为内容的雕塑与绘画。厅内的大管风琴共有6000根音管，音色

图5-9 教堂北立面进门口上面的玫瑰花窗外观。哥特式教堂几乎没有墙面，而窗子很大，占满整个开间，是最适宜装饰的地方。当时还只能生产含有各种杂质的彩色玻璃。受到拜占庭教堂的玻璃马赛克的启发，工匠们用彩色玻璃在整个窗户上镶嵌一幅幅的图画。先用铁梗把窗子格子化，再用"工"字形截面的铅条在格子里盘成图画，彩色玻璃就镶在铅条之间。
图5-10 正门上方的大圆形窗，内呈放射状，镶嵌着彩绘玻璃，因为玫瑰花形而得名。玫瑰窗为教堂中彩色玻璃窗的一种，由于它的位置而成为装饰的重点。教堂立面进门口上面的玫瑰花窗内观，在阳光照耀时，把教堂内部渲染得五彩缤纷、炫神夺目。玫瑰窗忽明忽暗，斑驳陆离。
图5-11 高窗彩色玻璃上圣母或使徒的大型独身像。
图5-12 地面楼层墙壁上的彩色玻璃，多装饰以《圣经》故事为题材的图像，每个窗都有不同的故事。

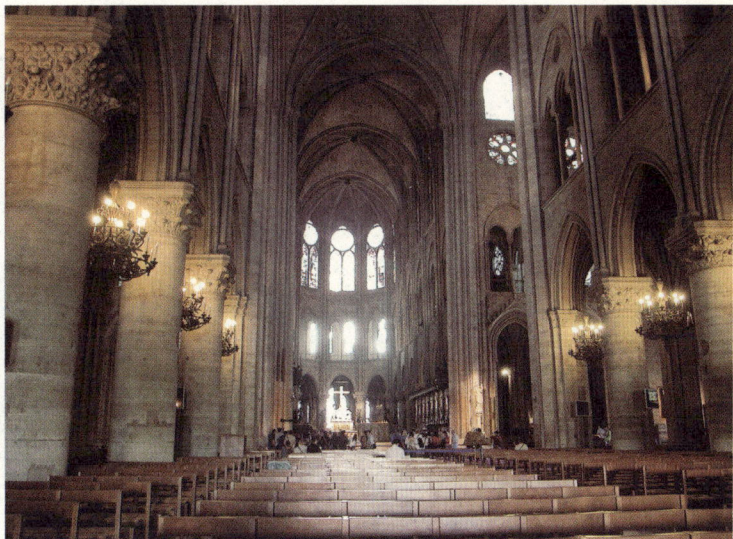

图5-13　大厅高达24米的柱子，形成了一个极其窄长而又极高的空间。
图5-14　圣母院后殿高低脚拱到肋状构架充满动感。

浑厚响亮，特别适合奏圣歌和悲壮的乐曲。几排直径5米的大圆柱将内部分为5个殿，在十字交叉耳堂和唱诗堂周围还有两个回廊环绕。主殿翼部的两端有玫瑰花状圆窗，刻有13世纪时制作的富丽堂皇的彩绘玻璃画，把五彩斑斓的光线射向室内。曾经有许多重大的典礼在这里举行，例如宣读1945年第二次世界大战胜利的赞美诗，又如1970年法国总统戴高乐将军的葬礼等。

6. 动感的后殿。 圣母院后殿始建于1370年，它不但是整组建筑的终端，而且它本身还创造了一种动感影响到每一部位，从高低脚拱到肋状构架，都体现了这种动感。高低脚拱半径达15米左右。别具一格的后殿建筑不愧为哥特建筑的杰出之作（见图5-14）。

第三节　其他哥特式教堂空间简述

一、兰斯主教堂。 1211年—1290年建，它是哥特式建筑中和巴黎圣母院齐名的精品，哥特式的各种特点在这里得到了表达。教堂长138.5米，高38米。教堂内外布满了以《圣经》故事为主题的2302尊雕塑。公元498年圣诞节，圣雷米主教在兰斯主持了法兰克第一个国王克罗维的受洗仪式。以后这里成为历代国王加冕、证明法国王室合法权力的圣地，先后有25位国王在此加冕。唯一例外的是，自封为皇帝的拿破仑在巴黎圣母院加冕（见图5-15、图5-16）。

二、科隆主教堂。 科隆主教堂是在未完工的中世纪教堂基础上扩建而成的。当时德国人将兴建宏伟的纪念性建筑视为宗教、民族与艺术统一的象征。科隆主教堂坐落在莱茵河畔，始建于1248年，直到1880年才建成，前后历时630多年。大教堂占地8000平方米，内有10个礼拜堂。整座建筑东西长144米，南北宽86米。中央大礼堂穹顶高达43.35米，175米高的双座尖塔被四周无数小尖塔簇拥，显出整座教堂的清奇和冷峻。建筑本

图5-15　兰斯主教堂外观
图5-16　兰斯主教堂大厅

图5-17　科隆主教堂外观
图5-18　科隆主教堂大厅

图5-19　米兰大教堂外观
图5-20　米兰大教堂大厅

身全部由磨岩的石块砌成，整座教堂用去40万吨白色大理石。由于年代的久远，表面已呈黑色，更显庄严古朴。教堂内外有大量以圣母玛利亚和耶稣的故事为题材的石刻浮雕，做工精细，人像逼真，极为珍贵。教堂四壁上方共1万多平方米的窗户上，全部绘有《圣经》人物，在阳光反射下，多彩多姿。音乐家舒曼受此感染而写下著名的《莱茵交响曲》（见图5-17、5-18）。

三、意大利米兰大教堂（1387年—1858年）。教堂内部宽达49米，中厅高约45米，横翼与中厅交叉处，高至65米多，上面是一个八角形采光亭。教堂内部由四排巨柱隔开，中厅高出侧厅很少，侧高窗很小。内部比较幽暗，建筑的外部全由光彩夺目的白大理石筑成。高高的花窗、直立的扶壁以及135座尖塔，都表现出向上的动势，塔顶上的雕像仿佛正要飞升。西边正面是意大利"人"字山墙，也装饰着很多哥特式尖券尖塔，但它的门窗已经带有文艺复兴晚期的风格（见图5-19、5-20）。

第四节　哥特式教堂建筑艺术形式尾声

到15世纪西欧各国社会发生明显阶级分化，法、英等国的王权已统一全国，新兴资产阶级同教会的神学教条斗争。在教堂建筑中有更多世俗化表现，宫廷文化扩大了影响，逐渐走向烦琐，影响了哥特式教堂建筑艺术的统一。哥特式教堂艺术形式产生了新变化。

一、英国垂直式哥特教堂——格洛斯特大教堂（Gloucester Cathedral，1337—1350）。哥特式教堂在往后的时期，开始由法国向外扩展到每一个有基督教信仰的地区，不过因为用途及地区民情不同，而发展出其他具有特色的风貌。如在英国就发展出以细格子构成的垂直式彩色玻璃，以及具有装饰性的扇状拱顶为特色的哥德式教堂。格洛斯特大教堂即是这种风格的教堂。垂直式风格强调门窗上的垂直线条，因此，窗户的竖框就一直直伸展至穹隆，同时也将这种原本装饰于窗户的线条用来装饰各个墙面，结果就制造出强烈的垂直性效果。由于灯光也同样能加强这种效果，于是窗户就越开越大，窗户之间的墙壁则越来越小，以引入

更多的光线。

二、法国火焰式哥特教堂——圣马克劳大教堂（St. Maclou's Church，1500—1514 ）。13世纪末，法国哥特式建筑发展出一种以装饰目的为主的火焰式风格，这种风格的教堂在石工上雕了很多花饰，有如火焰一般。从建筑外观来看，似乎有一种火焰式的向上冲力，使人们的视觉和情绪随着向上的尖塔，而有更接近上帝和天堂的感觉。

三、英国哥特装饰式——英国埃克塞特大教堂（Exeter Cathedral，1328—1348）。它以簇叶式雕刻线为基础的雕饰为主要特征。英国不盛产石材，但木材与造船业发达，创造了一系列模仿石头的木制穹顶，比法国石制穹顶更易于制作装饰各种雕饰，如英国皇家学院礼拜堂与埃克塞特大教堂中庭为扇形穹顶控制带有很多放射性的肋，具有戏剧性空间表达效果（见图5-21）。

14世纪至16世纪，随着工场手工艺业和商品经济的发展，资本主义关系已在欧洲封建制度内部逐渐形成。在政治上，封建割据已引起普遍不满，民族意识开始觉醒，欧洲各国人民表现了要求民族统一的强烈愿望，从而在文化艺术上也开始出现了反映新兴资产阶级利益和要求的新时期。这种相对富裕和活跃的气氛最终导致了文艺复兴时代的到来。另外，建筑师们基于对中世纪神权至上的批判和对人道主义的肯定，认为哥特式建筑是神权统治的象征，在结构上缺乏稳定感。人们希望有一种更适合人们居住、体现为人服务的建筑，建筑师希望借助古典的比例来重新塑造理想中古典社会的协调秩序。这样，简洁和谐的文艺复兴风格逐渐压倒了装饰繁琐的哥特式风格。

图5-21　剑桥大学皇家学院礼拜堂，大厅为扇形穹顶，有很多放射形装饰，具有戏剧性空间表达效果。

哥特式空间形式与风格小空间创意设计要求

1. 分析哥特建筑与环境艺术设计的风格、形式特征、设计特色。运用哥特风格、形式主要元素并强调哥特设计风格符号，如尖拱、拱肋和飞扶壁结构特色、高而尖的空间造型形式、玫瑰花窗材料装饰工艺。

2. 运用建筑空间构成要素（地面、墙面、顶面、柱梁）表现建筑与室内空间。

3. 运用空间造型元素（点、线、面、体）与空间形态（几何形，有机形，偶然形，实虚、动静、开合空间）表现建筑与室内空间个性。

4. 运用界面形状、比例、尺度和式样的变化，表现建筑与室内空间。

5. 本作业为建筑与室内风格，是概念性建筑与室内抽象性创意形态，重点表现空间要素、空间功能、建筑构件、空间结构、空间形态、空间形式、造型手法、创意方法，创造简约的、概括的、具抽象功能的空间。避免太实际又琐碎的造型与装饰。

6. 利用一个10m×10m×10m的正立方空间与一个10m×6m×6m的长方空间进行空间形式风格概念构成创意设计。

图5-22　哥特风格亭子　黄酌
本创意设计作品是一住宅小区室外休闲亭，设计采用了哥特建筑尖券、尖形肋骨拱顶与束柱作造型元素，表现出明显的哥特风格特征。同时，亭棚顶修出的小平台上雕作了葫芦形尖顶，丰富了亭棚空间层次与趣味。亭的四根粗大的主圆支柱有力地撑起亭棚，两边各五根小柱与尖券连成有韵律的相对分隔面。小柱底部不高的围基把亭底与棚梁及大小柱优美地连接成既整体又有变化的亭立面造型。

图5-23　哥特风格休息亭　陈国锋
本创意设计作品是一酒店室外休闲亭，设计采用了哥特建筑大坡度四坡屋顶面、尖形券拱、三角花空棂、方柱等作造型元素。亭棚顶面尖、高、大坡度，也简洁，它与三角花空棂柱头之间的一段空隙使亭棚本身显得轻巧。这段由多根小方条撑开的空隙位形成了顶与柱的和谐过渡空间。亭的六根方支柱与尖形券拱、三角花空棂结合的亭立面与尖坡屋顶面显出优美的哥特风格特征。

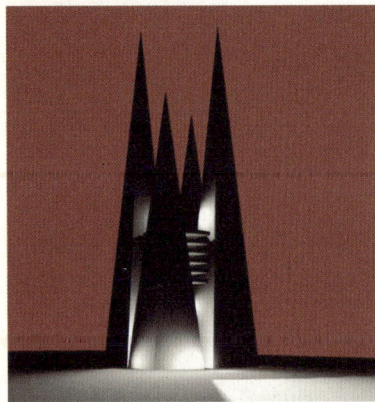

图5-24　哥特风格建筑空间　冯盛
本创意设计作品是一小型后现代哥特教堂建筑，设计把哥特建筑大坡度四坡屋顶面作了极大夸张表现，四个超长的方椎体集合成一整体建筑空间。四个方椎体中部由六层平板连接成很抽象的哥特风格概念，设计图面没有显现尖券及花空棂等哥特造型，但尖券及花空棂等元素将作为进一步深入细部造型表现出来。这种抽象的哥特风格概念设计也恰好是此设计创意的特点。

图5-25　哥特风格建筑空间　彭福龙
本创意设计作品是一小型后现代哥特教堂建筑，主体建筑上部为长方体造型，方体中间的凹槽及窗的凸边丰富了主体的层次，同时，建筑上部四面墙各有一扇尖券拱长窗极具哥特形式特征。建筑下部为四方平椎体大厅，其四方平椎体墙中间凸出的小方体，正面为入口，两边为采光落地窗。此设计的功能与形式统一协调，哥特风格意念强，方体中带造型尖券拱长窗形成了设计作品的个性特色。

图5-26 哥特风格建筑空间 冯显铟

本创意设计作品是一后现代哥特教堂群组建筑，主体建筑上部为长条椎体屋顶，中部为长方筒体造型顶窗，下部为长方体大厅，主体建筑两边各为一长方形小厅。教堂三个独立空间既丰富了功能系统分区，建筑庞大群组空间又创造出了气势。墙面的十字架、玫瑰花窗与尖券拱长窗等细部造型均突出了哥特形式特征。

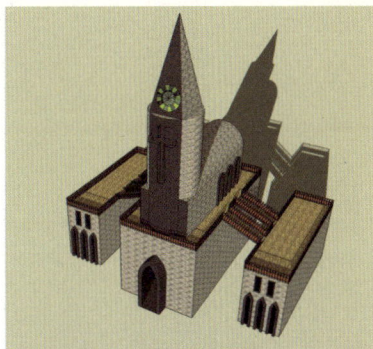

图5-27 哥特风格建筑空间 冯盛

本创意设计作品是一后现代哥特酒店建筑，主体建筑分别为两座长条曲面椎体造型。这是哥特风格意念设计，主要特点是高尖的外形，墙面的白色衬托出褐色的尖券拱长窗，其他细节隐现于长条曲面椎体建筑造型中。外墙的浅色与修长的形态让人觉得建筑轻盈，像一对亭亭玉立的美妙少女感动人心。

图5-28 哥特风格建筑空间 罗文

本创意设计作品是一后现代哥特钟楼组合建筑，建筑由五座结构与形态相似的高尖四方体组合形成。其间超大体量的为主体建筑，围绕主体四角布局而形体较矮者为辅体建筑。钟楼建筑以哥特大坡度尖顶屋面、教堂钟楼、飞扶壁等哥特建筑构件元素为特点。其中，四条飞扶壁精巧地从辅体建筑顶部与中间主体建筑相连，四条飞扶壁横向连接辅体建筑。飞扶壁造型连接方式是本设计的创意重点。

图5-29 哥特风格建筑空间 冼超媛

本创意设计作品是一酒店室外三角休闲亭，设计采用了哥特建筑大坡度屋顶面、肋骨拱顶、空棂、小圆柱等作造型元素。亭棚顶部三角花空棂的彩色玻璃装饰明显表现出哥特建筑特征，亭棚天花面三个装饰性肋骨拱顶造型精致的组合在三角天花中，整个亭棚顶部把哥特建筑精巧细致的特点表露无疑。

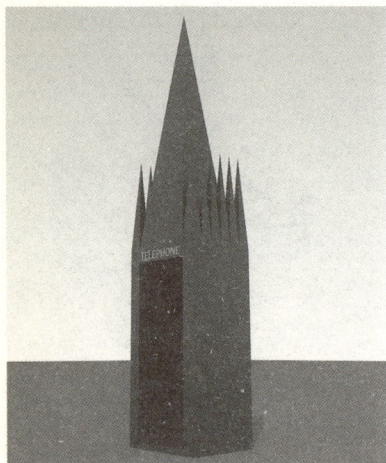

图5-30 哥特风格建筑空间 冯显锢
这是一后现代哥特式公用电话亭，建筑造型为高尖四方体。设计采用了哥特建筑大坡度尖屋顶作造型元素，电话亭形态简洁又不失细节，电话亭顶面两边重复装饰的小尖锥体明显表现出哥特建筑特征。

图5-31 哥特式候车亭 梁佩艺
这是一后现代哥特式汽车停靠站，停靠站为金属支架结构。支架上的几条飞扶壁起着支撑及装饰作用。停靠站的顶棚采用透明工程塑料，棚架上的拱券装饰着华丽的彩色图案表现出强烈的哥特风格特征。

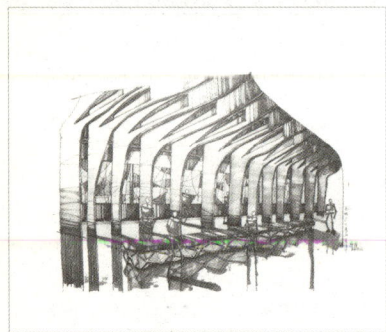

图5-32 哥特式展览馆一角 郑均
这是一后现代哥特展览馆一角，设计者运用哥特式飞扶壁连排柱式的形、色、线、轮廓等的反复对比与呼应，以及构图或形象特征的动态化表现来显示其节奏，钢筋水泥哥特式飞扶壁连排柱式也加强了空间视觉感。休息长凳采用哥特式彩色玻璃作了变形创意。

图5-33 哥特式空间入口 郑龙军
这是一座典型的哥特式空间入口，哥特式尖拱和飞扶壁结构特色、高而尖的空间造型形式、玫瑰花窗材料装饰工艺都作了简洁处理，但空间入口的功能倾向性不明确。

第六讲
文艺复兴空间设计形式与风格

06

第六讲
文艺复兴空间设计
形式与风格

文艺复兴建筑是15—19世纪流行于欧洲的建筑风格，起源于意大利佛罗伦萨。在理论上以文艺复兴思潮为基础，在造型上排斥象征神权至上的哥特建筑风格，提倡复兴古罗马时期的建筑形式，特别是古典柱式比例、半圆形拱券、以穹隆为中心的建筑形体等。在文艺复兴时期，建筑类型、建筑形制、建筑形式都比以前增多了。建筑师在创作中既体现统一的时代风格，又十分重视表现自己的艺术个性。出现了布鲁涅内斯基、布拉曼帖、帕拉第奥、阿伯提等诸多出色的建筑师，文艺复兴建筑呈现空前繁荣的景象，是世界建筑史上一个大发展和大提高的时期，对以后几百年的欧洲及其他许多地区的建筑风格都产生了广泛持久的影响。

第一节　文艺复兴时期空间设计形式与风格的概念

一、文艺复兴时期社会背景

文艺复兴是欧洲文化和思想发展的一个时期，从14世纪的西欧开始，随着工场手工艺业和商品经济的发展，新兴资产阶级在宗教、政治、思想、文化各个领域进行激烈抗争。在政治上，封建割据已引起普遍不满，民族意识开始觉醒，欧洲各国人民表现了要求民族统一的强烈愿望。他们击倒了大封建领主，建立了中央集权的民族国家。在自然科学方面：哥白尼的日心学说、哥伦布和麦哲伦等人在地理方面的发现，为地圆说提供了有力的证据；伽利略在数学物理学方面的创造发明，使人对宇宙有了新的认识，生产技术和自然科学有了重大进步。在文学上，集中体现了人文主义思想：反对中世纪的禁欲主义和宗教观，摆脱教会对人们思想的束缚，打倒作为神学和经院哲学基础的一切权威和传统教条。其中，代表性作品有但丁的《神曲》、薄伽丘的《十日谈》、拉伯雷的《巨人传》等。文艺复兴时代的人们学习古典，从中领悟到现实主义的方法和古典社会的民主思想。文艺复兴以反对宗教禁欲主义，重视世俗的现实生活，反对神学权威和封建特权，强调人性崇高与身心的全面完美的人文主义思想为宗旨，借复兴古希腊人文精神，把人从神的世界拉回到现实的人的世界。这是一场包括宗教改革在内的文化革命。"文艺复兴"一词，源出意大利语"rinas-cita"，意为再生或复兴。14世纪时，新兴资产阶级视中世纪文化为黑暗倒退的文化，视希腊、罗马古典文化则是光明发达的典范，力图复兴古典文化，遂产生"文艺复兴"一词，作为新文化的美称。从意大利的佛罗伦萨开始萌发，到16世纪结束时，持续约200年，它的影响蔓延到整个意大利半岛。

二、文艺复兴时期空间设计形式与风格的概念

文艺复兴之前，哥特式建筑在欧洲许多地区占统治地位，主要表现为修建的教堂是尖拱顶、尖拱门、尖拱券，外墙有许多垂直的线条和镶嵌着彩色玻璃的花窗，造成一种"仰望天国"的神秘感。它在结构上缺乏稳定感。基于对中世纪神权至上的批判和对人道主义的肯定，文艺复兴建筑最明显的特征是扬弃了中世纪时期的哥特式建筑风格。人们希望有一种更适合人们居住、体现为人服务的建筑，而文艺复兴建筑的基本特征是追求整体的和谐、稳定，力求对称，建筑师希望借助古典的比例来重新塑造理想中古典社会的协调秩序，因而文艺复兴的建筑讲究秩序和比例，强调建筑的比例如同人的比例一样，反映了宇宙的和谐与规律。这样，简洁和谐的文艺复兴风格逐渐压倒了装饰繁琐的哥特式风格。

三、文艺复兴时期空间设计形式与风格的特征

1. 崇尚人文精神，崇古和创新并呈。中世纪的核心是上帝而文艺复兴的核心是人，虽然，文艺复兴主要的建筑师们是为贵族阶层服务的，带有强劲的复古思想，但却表现出对人性与自由的肯定，充满了感性色彩和无拘无束的创作激情。人文精神的复苏带动了艺术和科学的发展，扬弃了中世纪时期象征基督教神权统治的哥特式建筑风格。建筑师们以恢复古典建筑传统为首任，艺术家的个性、个人才能与风格特色得到承认。建筑师在创作中既体现统一的时代风格，又十分重视表现自己的艺术个性。文艺复兴建筑表现出崇古和创新的特点并呈现空前繁荣的景象，佛罗伦萨、罗马、威尼斯成为文艺复兴艺术的中心。

2. 建立建筑美感理性法则与经典理论。古希腊和古罗马艺术中普遍应用的艺术形式在湮没1000年后，重新被采用，新的设计手法纷纷出现，多种建筑理论著作相继问世，奠定了西方近代建筑延续数百年的典范形制。15世纪晚期的建筑师阿尔伯蒂写的《论建筑》是继《建筑十书》之后第二本对后世影响深远的建筑学著作。在书中，他不仅重新整理了维特鲁威的三种柱式，而且还从考古遗迹中发现了罗马人没有注意到的另两种柱式——塔什干式和混合式。前者比多立克式还原始，连柱子表面的凹道也没有；后者则混合了三种主要柱式的特点。他整理的五种柱式分别是爱奥尼亚式、多利克式、科林斯式、塔什干式、混合式。

3. 奠定经典建筑营造模式。希腊人的建筑法则，经过罗马人的改进，罗马建筑的基础不再是石料，而代之以混凝土，柱式仅仅用于建筑物正面的装饰。文艺复兴的建筑师重新继承了一整套古典的柱式，并且以此为基准奠定了经典建筑营造模式与规则，这些规则不排斥合理的改进。在宗教和世俗建筑上建筑师们重新采用古希腊罗马时期的柱式构图要素，重新采用古罗马人创造的圆顶。窗户和门为方形或半圆拱，不再是尖拱形。同时，恢复古代艺术的图案，如裸体小孩像，带罗马皇帝侧面像的圆形浮雕、花叶、瓶罐以及古代的武器和战车图案等。空间不再用装饰性图案和镶边塞满，而是让它空着。柱式不再被用于确定建筑物的结构，而退化为一种单纯装饰类型的应用，文艺复兴时期的建筑师在固定的范围内将细部不断地仔细整理，创造了各种的表面处理方式。通常在建筑三层宫室的最底层，是以粗大的石工建造，越往上越平滑细致。以后又在整个的比例上讲求由低而宽的比例演变到高而窄的比例，把细致的方柱介入两窗之间以增加正立面的节奏变化。虽然文艺复兴建筑在雕刻美上推陈出新，而在空间的变化上并无新创见。

4. 世俗建筑类型增加。建筑类型、建筑形制、建筑形式都比以前增多了，并且大胆创新、灵活变通，甚至将各个地区的建筑风格同古典柱式融合在一起。在结构、施工技术和设

计方面有许多创新，使文艺复兴建筑呈现出崭新的面貌。意大利的世俗性建筑得到很大的发展，城市广场和园林方面也取得成就；世俗建筑的成就集中表现在府邸建筑上，如世俗建筑一般围绕院子布置，有整齐庄严的临街立面。外部造型在古典建筑的基础上，发展出灵活多样的处理方法，如立面分层，粗石与细石墙面的处理，叠柱的应用，券柱式、双柱、拱廊、粉刷、隅石、装饰、山花的变化等。建筑技术上采用梁柱系统与拱券结构混合应用；大型建筑外墙用石材，内部用砖，或者下层用石，上层用砖砌筑；在方形平面上加鼓形座和圆顶；穹窿顶采用内外壳和肋骨。这些，都反映出结构和施工技术达到了新的水平。

5. 运用科学技术上的成果。建筑艺术家们运用新产生的透视技法、尺规制图和数学计算的法则，将设计与美感效果建立在数学和透视学的基础之上。建筑整体形式以圆形和正方形为主，追求绝对的对称性，给人以朴实大方、简洁和谐的感觉。建筑艺术家们还将文艺复兴时期的许多科学技术上的成果，如力学上的成就、新的施工机具等，运用到建筑创作实践中去。

总之，文艺复兴建筑，是世界建筑史上一个大发展和大提高的时期，对以后几百年的欧洲及其他许多地区的建筑风格都产生了广泛持久的影响。

第二节　文艺复兴时期空间设计形式与风格的代表作品

一、佛罗伦萨大教堂的穹窿

1. 佛罗伦萨大教堂穹窿的设计历程

佛罗伦萨大教堂亦称"花城圣母玛利亚大教堂"，位于佛罗伦萨市的杜阿莫广场和相邻的圣·日奥瓦妮广场上。1296年由阿诺尔福开始设计兴建，后来乔托、布鲁涅内斯基等人亦陆续参加设计和施工。佛罗伦萨大教堂其实是一组建筑群，由大教堂、钟塔和洗礼堂组成。大教堂是整个建筑群的主休部分，教堂平面呈拉丁十字形状，本堂宽阔，长达82.3米，由4个18.3米见方的间跨组成。在外观上均有5个边，在室内也有5个小祭室。圣坛位于交叉八角处，并且和中殿、翼殿和歌坛连成一个大空间。整个佛罗伦萨大教堂建筑群中最引入注目的是歌堂中央穹顶，歌堂是复杂的八角形建筑墙壁，有42米宽的巨大开口，必须用一个圆顶来覆盖，墙高超过50米。建造这个大空间上之穹顶困难很大，搭手脚架都是一项巨大工程，且这种跨度以传统的木料是很难办到的。布鲁涅内斯基是行会工匠出身，精通机械、铸工，是杰出的雕刻家、画家、工艺家和学者，在透视学和数学等方面都有过建树，也设计过一些建筑物。他正是文艺复兴时代所特有的那种多才多艺的巨人。为了设计穹顶，在当时向古典文化学习的潮流中，他到罗马逗留几年，潜心钻研古代的拱券技术。回到佛罗伦萨后，做了穹顶和脚手架的模型，制订了详细的结构和施工方案，还设计了几种垂直运输机械。他不仅考虑了穹顶的排除雨水、采光和设置小楼梯等问题，还考虑了风力、暴风雨和地震，提出了相应的措施。1419 年评审团采纳了布鲁涅内斯基的穹顶设计方案，1420年动工，1470年完工。由于尺度巨大，整个大拱顶的工程自基部之鼓环、屋面到拱顶顶部总共花了将近50年。

2. 佛罗伦萨大教堂穹窿的设计特色

(1)佛罗伦萨大教堂穹窿设计和建造标志着文艺复兴建筑史的开始。当时，天主教会把集中式平面和穹顶看作异教庙宇的形制，大教堂穹窿设计和建造突破了教会的精神专制。

(2)以独创精神强调古罗马穹顶形式。穹顶的规模超过了古罗马的穹顶和拜占庭的穹顶，如在穹顶直径达42.2米的八角形平面基部上加砌了12米高、4.9米厚的鼓座，巨大的穹顶放置在鼓座上既突出又独创。连采光亭在内，总高107米，把穹顶全部表现成为整个城市轮廓线的中心。

(3)它是结构技术空前的成就。穹顶使用轻巧牢固的骨架券结构通过设计双层圆顶，减少了重量。内部由8根主肋和16根间肋组成，构造合理，受力均匀。每一层拱顶均由8块曲面板所构成，垂直肋筋之间再由9道平券把主副券连成整体。夹在两层拱顶之间的楼梯不仅提供了上拱顶的路径，也有强化两层拱顶结构的作用。同时，穹顶使用多种力学方式组合。拱顶底部有一道铁链，1/3高度加有一圆木箍，以减弱侧推力。外再加铁件以防拱顶爆裂，两层拱顶之间并且还有横肋相连，作用就好像是内拱顶之飞扶壁一样，将力传达到外壳再传至角落。顶部由一个八边形环收束，环上压采光亭（见图6-1、图6-2）。

二、圣彼得大教堂

1．圣彼得大教堂设计历程

意大利文艺复兴最伟大的纪念碑是罗马圣彼得大教堂。圣彼得大教堂是梵蒂冈的教廷教堂，位于意大利首都罗马西北郊的梵蒂冈城，又名圣百多禄大教堂。它是21任教皇坚持不懈的世纪工程，共经历了12位文艺复兴与巴洛克时期建筑大师之手，参与壁画、雕塑等创作的艺术大师更是不计其数，许多艺术家贡献了毕生的心血。如布拉曼特、拉斐尔、伯鲁兹、桑加罗、米开朗琪罗、维哥诺拉、戴拉波特、丰塔纳、马丹纳，他们都乐于为自己所信仰的宗教奉献心血凝就的作品。整个教堂占地2.3万平方米，由教堂、梯形广场和圣彼得广场组成，成为规模极其宏伟的建筑群体。它体现了意大利文艺复兴建筑、结构和施工的最高成就。

梵蒂冈是天主教最神圣的地方之一。15世纪中叶，文艺复兴浪潮激荡着意大利，教皇尼古拉五世在1452年决意重造圣彼得大教堂，1504年教皇朱利叶斯二世要求该教堂的规模超过一切异教庙宇。他选中布拉曼特设计，可还没有设计完，教皇和设计家都先后去世了。拉斐尔接手后改变了布拉曼特的希腊式设计，将教堂正面延伸出120米长的长方形空间，按自己的审美观改成拉丁式，这将削弱大穹顶的重要地位。1520年，拉斐尔还没来得及实施设计方案就英年早逝，时年37岁。1546年72岁的米开朗琪罗毫不留情地拆除了拉斐尔的改建工程，恢复了布拉曼特的希腊式的布局及圆顶，并设计了高达30米的巨大壁柱，使穹顶更加气势恢弘。这成为文艺复兴时期建筑艺术最为辉煌的巅峰之作。米开朗琪罗1564年以89岁高龄去世，随后工程停工了24年，1580年继任者完成了穹顶。又过了36年，陆续由Povta、Domenico、Fontana等优异的建筑家们，忠实地继承米开朗琪罗的设计建造，整个建筑才告完工。但教皇保罗五世需要长长的教徒列队突出威仪，命令建筑师Manderna将大教堂入口加了三跨的巴西利卡式大厅，形成巨大的门廊，穹顶又被无情地遮掩了。1626年11月18日，教皇乌尔班八世举行了盛大的教堂落成典礼仪式。接着是长达40年的内部装修。直到贝尔尼尼完成内部装潢及圣彼得广场的设计与建

图6-1　佛罗伦萨主教堂的穹顶标志着意大利文艺复兴建筑史的开始，它的设计和建造过程、技术成就和艺术特色，都体现着新时代的进取精神。它的结构和构造的精致远远超过了古罗马的教堂和拜占庭的教堂。结构的规模也远远超过了中世纪的教堂，它是结构技术空前的成就。

图6-2　佛罗伦萨主教堂穹顶巧用材料组合，穹顶下部是石材，上部是砖材，石块之间有铁扒钉、插销等。布鲁涅内斯基利用平衡锤和滑轮组创造了一种垂直运输机械，手脚架简洁省料。完工之后，这个拱顶成了城市轮廓线的中心，是佛罗伦萨的一个象征，具有独创精神。

图6-3 圣彼得大教堂鸟瞰图

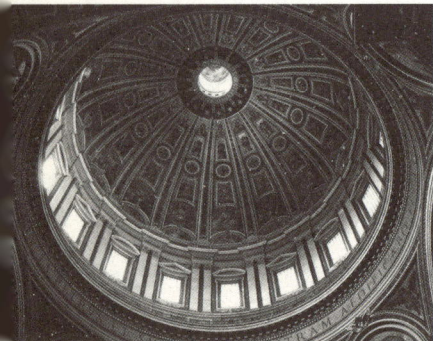

图6-4 中央的圆顶是由米开朗琪罗设计的，两重结构，内部很明亮。整个殿堂的内部呈十字架的形状，在十字架交叉点处是教堂的中心，中心点的地下是圣彼得的陵墓，地上是教皇的祭坛，祭坛上方是金碧辉煌的华盖，华盖的上方是教堂顶部的圆穹，其直径42米，离地面123.4米，圆穹的周围及整个殿堂的顶部布满图案和浮雕。

造，才算建完交付使用。巴洛克大师贝尔尼尼最为辉煌的是设计了教堂正面的椭圆形柱廊广场，柱廊由4层共280根15米高的柱林组成。到了20世纪，墨索里尼以再造古罗马辉煌的雄心和野心，延着教堂正门广场方向拓出一条大道，营造出一个罗马城市轴线。总之圣彼得大教堂大约花了100年的时间来建造。实际上，从计划订立之后到完工，大约经过了200年的漫长岁月，所以教堂的建筑，是文艺复兴式和巴洛克式的混合建筑（见图6-3）。

圣彼得大教堂是现在世界上最大的教堂，总面积2.3万平方米，最多可容纳近6万人同时祈祷，大教堂正前的露天广场就是贝尔尼尼设计的圣彼得广场。

2．圣彼得大教堂空间设计形式与风格特征

（1）圆顶穹窿与长条空间结合的形制。圣彼得大教堂的建筑风格具有明显的文艺复兴时期提倡的古典主义形式，建筑师们首先按他们理想的圆形与方形建造教堂，而不考虑宗教效果。1502年由布拉曼德设计的以大穹顶为中心的集中式结构的教堂，标志着盛期文艺复兴的开始。但后来的教会和建筑师们追求建筑物的雄伟，把原本希腊十字的设计式样又改成拉丁十字的长条形，以致在近处看不到完整的穹窿顶，反而消弱了教堂的宏伟感受。完成的圆顶穹窿屋顶由米开朗琪罗设计，于1590年竣工。穹顶为双重结构，圆顶的内部有537级楼梯，穹顶下室内净高为123.4米，几乎是万神庙的三倍。在外部，穹顶上十字架尖端高达137.8米，这在当时堪称工程技术的伟大成就，成为罗马城最高建筑物。为使直径42米的穹窿顶更加牢靠，底部加上了8道铁链。1564年维尼奥拉设计了大穹顶四角上的小穹顶，从而显得极为丰富又不失统一。那圆穹实现了超过古代罗马希腊建筑的愿望，它是人类最伟大的工程之一（见图6-4）。

（2）教堂建筑外形宏伟。米开朗琪罗在教堂建筑正立面设计了九开间的柱廊，强化了建筑的纪念性与雄伟感、立体感。可惜，后来教皇下令在它前面加建了三开间的大厅和一个很深的门厅，以致破坏了大教堂构图的完整性。但教堂外体大胆地运用双柱廊结构装饰，提升了教堂建筑的立体感和透视度。大教堂的外观正面宽115米，高45米，以中线为轴两边对称，8根圆柱对称立在中间，4根方壁柱排在两侧，外墙面用灰华石装饰。两侧是钟楼，各有一座钟，右边是格林威治标准时间，左边是罗马时间。柱间有5扇导入大门，大殿还有5扇门，中央的大青铜门上有Fivarete花了十三年完成的浮雕作品，右端的大门称为"神圣的入口"，其他三门分别是"圣事门"、"善恶门"和"死门"。每25年的圣诞之夜，圣门打开后由教皇领头走入圣堂，意为走入天堂。2层楼上有3个阳台，宗教节日时教皇会在祝福阳台上为教徒祝福。平顶女儿墙上站立着耶稣与12个门徒的雕像。教堂入口大阶梯的左右两侧各有一5.7米高雕像，左为圣彼得，右边为圣保罗（见图6-5）。教堂建筑外形宏伟，具有纪念性与雄伟感。

（3）辉煌的教堂内部。现在，大教堂总长213.4米，整个教堂的内部呈拉丁十字架的形状，内部长183米，两翼宽137米，立面总高51米，面积1.5万平方米，能容纳6万人。圣彼得大教堂主体工程完工后，贝尔尼尼又花了20多年时间进行内外装饰。贝尔尼尼是巴洛克艺术风格的主要推动者，他所主持的装饰工程自然给教堂增添了浓厚的巴洛克艺术色彩，使其显得更为奢华、壮丽。教堂为石质拱券结构，内部用各色大理石、镀金等装饰墙壁与天花板。有高大的石柱和墙壁、拱形的殿顶，到处是色彩艳丽的图案、精美细致的浮雕、丰富的镶嵌画、壁画作装饰，彩色大理石铺地面。其中包括有11个小礼拜堂、45个祭坛、104尊大理石雕像和90尊石膏像，还有珍宝馆和地下墓。每个小礼拜堂都装饰着壁画、浮雕和雕像，最著名的是米开朗琪罗的圣母哀痛雕像和一座圣彼得的青铜塑像。大教堂走廊里浅纹白色大理石柱子上雕有精美的花纹，走廊的拱顶上有很多人物雕像，顶面布满立体花纹和图案。教堂中心点的地下是圣彼得陵墓，地上是教皇覆有华盖的祭坛，华盖的上方是教堂顶部的圆穹，教堂内殿的大进深给人以神圣之感（见图6-6、图6-7）。

　　（4）巴洛克风格的开端。圣彼得大教堂的建设贯穿了欧洲的几个重要的风格阶段。在建造过程中曾多次修改建筑计划，有10位不同的建筑师参与教堂的设计，他们每个人都对教堂的外观风格有所改动。如布拉曼特、拉斐尔、伯鲁兹、桑加罗、米开朗琪罗、维哥诺拉、戴拉波特、丰塔纳、马丹纳。参与壁画、雕塑等创作的艺术大师更是不计其数。不能简单地把它归于纯粹的文艺复兴产物。教堂融入了巴洛克时期的佳作，如贝尔尼尼设计的广场、青铜华盖等，巴洛克的创造与手法的矛盾，是畸变的美与幻觉。

第三节　文艺复兴其他空间设计形式与风格的特点

一、公共建筑代表作品

　　文艺复兴时期意大利一些中部和北部城市的市政厅、学校、市场、育婴堂之类的公共建筑物成为城市中心广场上的主要建筑物。市政厅底层有

图6-5　大教堂的外观宏伟壮丽，正面宽115米，高45米，以中线为轴两边对称，8根圆柱对称立在中间，4根方柱排在两侧，柱间有5扇大门，2层楼上有3个阳台。教堂前面是能容纳30万人的圣彼得广场，广场长340米、宽240米，被两个半圆形的长廊环绕，广场中间耸立着一座41米高的埃及方尖碑。

图6-6　圣彼得大教堂是一座长方形的教堂，整栋建筑呈现出一个十字架的结构，造型是非常传统而神圣的，是全世界最大的一座教堂。殿堂长183米，总面积1.5万平方米，能容纳6万人。有高大的石柱和墙壁、拱形的殿顶，到处是色彩艳丽的图案、栩栩如生的塑像、精美细致的浮雕和彩色大理石铺成的地面。大殿的左右两边是一个接一个的小的殿堂，每个小殿内都装饰着壁画和雕像。

图6-7　圣彼得教堂内部是一座艺术宝库，屋顶和四壁都饰有以《圣经》为题材的绘画，大殿内有很多巨大的雕像和浮雕，保存有欧洲文艺复兴时期许多艺术家如米开朗琪罗、拉斐尔等的壁画与雕刻。

券廊，供市民集会用，等候办事的市民可以在这里休息。每逢集市，商人们和小手工业者在这里摆设摊子。这类建筑物明朗、轻快、亲切，构图活泼，采用新柱式，但还不严谨。它们保留着中世纪市民建筑的一些特色，只强调沿街立面。

1. 维罗那市政厅。 维罗那市政厅底层是敞廊，科林斯式连续券，二层大片墙面，山花窗（见图6—8）。建筑入口前厅是古希腊山墙及科林斯柱廊，整体造型简洁，有新古典主义特征。意大利的威尼斯在中世纪是商人共和国，教会势力弱，人民思想少拘束，各种文化并存。人们对古典的、哥特的、拜占庭的以至阿拉伯的建筑手法都愉快地吸收。1476年Fra–Giocondo设计建造的威尼斯附近的维罗那镇是莎士比亚笔下罗密欧和朱丽叶的故乡。

2. 圣马可图书馆。 1536年珊索维诺在威尼斯圣马可广场设计了圣马可图书馆。它是一座两层建筑物，在总督府对面。建筑全长83.8米，首层是敞廊，作广场的公共活动空间，二层是个305平方米的阅览室。为了与对面的总督府协调，图书馆立面是上下两层21间连续券柱式，开敞壮丽。檐壁宽度接近壁柱高的1/2，装饰有浮雕和通气孔，拱廊的肩部也装饰有人物浮雕。屋顶上的石栏杆顶部有人物立像，檐口花栏杆上的雕塑与小方尖碑与天空形成华丽的虚实过度带，整个形体单纯、体积感强（见图6—9）。

3. 奥林匹克剧场。 维琴查（Vicenza）是一个极具欧洲风情的意大利小镇，主要以帕拉第奥式建筑而闻名。帕拉第奥的奥林匹克剧场设计于1580年—1585年，它是奥林匹克学院建筑物之一，约有1000个座位。特点是把形制类似古罗马的露天剧场转变为演出古希腊悲剧的室内剧场。观众席架在木桁架上逐排升起，舞台运用透视法则设计为雄伟的建筑立面。剧场保持了古代剧场的3个基本组成部分——观众席、圆场和装饰构架型建筑，但主要表演区移到了台前部。正面檐口结构分割成三层装饰墙，最下层开有3个门洞，门洞里置有表现理想城的街景。该剧场舞台结构的形制特点，是古代剧场和镜框舞台剧场之间的过渡形式。

二、广场建筑群代表作品

意大利文艺复兴的建筑物逐渐摆脱了中世纪孤立的单体建筑设计，开始恢复古希腊、古罗马传统，对建筑群作完整的控制设计。

1. 安农齐阿广场建筑群。 佛罗伦萨的安农齐阿广场长73米，宽60米，是一个方整对称的、统一完整的广场。广场左侧布鲁涅内斯基设计的育婴堂是一座四合院，立面是轻快的券廊与科林斯式柱

图6-8 维罗那市政厅外墙竖立粗大的科林斯柱廊，建筑入口前厅是古希腊山墙及科林斯柱廊。

图6-9 圣马可图书馆位于意大利的威尼斯圣马可广场，为16世纪的建筑，采用了和总府邸一样的双层拱廊结构。古典式柱子的长长的拱廊，如今成了遮阴休闲的公共场所。

子，比例匀称，虚实对比强。巴齐礼拜堂也是布鲁涅内斯基设计，礼拜堂
的形制借鉴了拜占庭的风格，正中一个直径10.9米的穹顶。它的造型同环
境和谐，它的形体由多种几何形组成，对比鲜明统率广场全局。明朗平易
的风格与育婴堂的廊子相似，代表着早期的文艺复兴建筑。安农齐阿教堂
在广场一端，阿伯提把教堂立面改成与育婴堂立面相同的券廊与科林斯式
柱子，这样广场取得单纯完整的建筑形式。圣洛兰佐教堂的立面是佛罗伦
萨教堂的普遍风格，但比圣母之花大教堂粗陋简化很多（见图6-10）。

2. 圣马可广场建筑群。圣马可广场是威尼斯的中心广场，广场是梯
形，长175米，东宽90米，西宽56米。东端是11世纪拜占庭式的圣马可
主教堂，北侧是旧市政大楼。1584年，斯卡莫齐设计南侧新市政大厦同
旧市政大厦相配。西端1807年用圣马可图书馆式样建筑连接新旧市政大
厦，形成协调的广场建筑群。与大广场垂直的是总督府和圣马可图书馆之
间的小广场，也是梯形，南端向运河敞开，正对河中的修道院成为对景。
总督府和圣马可图书馆与新旧市政大厦均以拱券为母题，都作水平划分，
形成单纯协调形式。教堂与钟塔既气度非凡又活泼艳丽。意大利人把广场
作为节日庆会与亲友约会的露天客厅（见图6-11）。

3. 罗马市政广场建筑群。广场在卡比多山上，深79米，前宽40米，
后宽60米。呈对称的梯形，前沿完全敞开，这种形制是独创的。正面元
老院与左面档案馆为旧建筑。1540年米开朗琪罗造右面博物馆，与左面
档案馆对称，形成形式的统一。广场正中，立一尊古罗马皇帝骑马铜像，
使广场产生视觉中心。建筑与雕塑配合协调，由地面的几何图案把它统一
在建筑群的构图中。广场前沿栏杆上放三对古代石像，造成富有层次的景
色。元老院前的大台阶也有雕刻装饰。罗马市政广场是建筑和雕刻的综合
体，是罗马最美的广场之一。

三、城市府邸代表作品

佛罗伦萨的城市府邸多是临街三层的四合院，平面整齐，去掉了中世
纪防御性角楼。正立面是矩形，上下左右平正，通常采用三段式构图，第
一层用粗糙巨大的石块，檐口挑出，窗子排列整齐、大小一致。

1. 利卡第大厦。15世纪中期，佛罗伦萨最有势力的麦迪奇家族委托
建筑师米开洛左建造都市住宅型的利卡第大厦。这栋都市型大厦有21米
高。线脚层将建筑分成三层楼，越往上面，层楼的高度越小，层楼的表面

图6-10 圣洛兰佐教堂采用圆形穹顶，正面墙石粗糙凸出，圆拱门有一正圆窗，两边装饰简洁。

图6-11 圣马可广场一直是威尼斯的政治、宗教和传统节日的公共活动中心。广场四周的建筑都是文艺复兴时期的精美建筑。

也越平整。这栋建筑的地面层和大门具有要塞似的外观，充满了乡村风味。顶楼上方是厚实的飞檐，其中细节是模仿古典的装饰线条，用竖框围绕窗户两旁并以科林斯柱式的方柱加以装饰。

2. 鲁奇拉大厦。阿伯提设计的佛罗伦萨鲁奇拉大厦则成为15世纪中盛行的都市住宅大厦范例之一，除了有如同古典一样之分割楼层水平线脚外，垂直之壁柱分割线已经加诸于窗户与窗户之间以强调柱间。阿伯提以一种所谓窗户的建筑概念为鲁奇拉大厦提供了一个理性的外表。这种建筑概念从外表来看是含有希腊罗马风格的古典元素，却并不提供实质上支撑楼层的柱子。这栋大厦的每一层楼都有同样的高度，并且用平坦半露的方柱配合古典柱式的柱顶。根据古罗马圆形竞技场的柱式安排，最低层采用托斯卡尼柱式，第二层楼是用阿伯提自己发明的柱式，到了最高楼层则采取柯林斯柱式。

四、庄园府邸代表作品

文艺复兴土地贵族化，庄园府邸的建设盛行。其主要特点是：把建筑物立面依上下和左右分为几段，以中间一段为主，加以强调。平面结构多为长方或正方。一层是杂务用房。二层划分左、中、右部分，中为大厅和客房，左右为卧室与起居室。外形简洁的几何体，一层设计为基座层。二层设大台阶正门，中央用巨柱式壁柱，或冠戴山花的列柱装饰。

圆厅别墅。帕拉第奥（Palladio，1508年—1580年）的代表作是在意大利Vicenza的圆厅别墅，它是庄园府邸中最著名的。它在一庄园高地上，外形是单纯的几何体，平面正方，四面有相同的六根柱子，托着山花。从平面图来看，围绕中央圆形大厅周围的房间是对称的，甚至希腊"十"字形四臂端部的入口门厅也一模一样。二层为主体圆厅，四周房间对称布置，形体完整统一，有较强光影效果，建筑与自然环境融为一体，但内部功能屈从于外部形式。虽然有人批评他故意将四面的入口建成一样，是万神庙和希腊神庙的复合体，是为了形式而形式，对于实际的居住并没有好处，但是从中我们可以理解他对古典风格的崇拜（见图6-12）。

第四节　文艺复兴伟大的建筑师

一、建筑师行业诞生

中世纪后期的繁荣迅速造就了环地中海的一些富裕贸易城市，在这些贸易城市中，商业资本的庞大力量使得罗马帝国以后世俗力量和宗教力量的对比首次向世俗方向倾斜。市政厅、交易所以至于为商业贵族们营造的别墅等世俗建筑大量出现，而反映在建筑上就是社会中诞生了建筑师这个行业。建筑师们不再是木匠或者石匠，而是知识阶层的一员。建筑师拥有了主要的决策权——对于柱式和建筑物造型的选择。而雕

图6-12　圆厅别墅。帕拉第奥从古希腊、古罗马建筑，引出古典美的建筑比例关系，发现了和谐的尺度，布局采用集中式，正方形平面，中央是一个圆形大厅，四周空间完全对称。建筑前后四个立面相同，门口门廊用六根爱奥尼柱托着山花。建筑简洁大方，各部分比例均称，构图严谨。

塑家、装饰家、画家和釉匠的任务只是执行建筑师的命令。建筑物的设计和施工掌握在建筑师手中，因此他们需具备的能力除了技术，还必须包括人文主义的思想以及在历史和理论方面的修养。建筑师们仍然是为上层阶级服务，主要设计建造的是壮观的教堂或富丽的宫殿。随着技术积累，日益进步的技术趋于专门化，美第奇设立了美术学院（Medici Academy of Fine Arts）。美第奇美术学院将绘画、雕刻、建筑分别开来，使学生能专注于某类工作，推动文艺复兴走入成熟发展的阶段。建筑师对每个建筑物的决定性占有更强的分量，表达个人意念的建筑创作时代开始。文艺复兴时代的特质本是个人主义的抬头，不论在宗教上、哲学上、艺术上，个人独立思想均与过去的《圣经》脱钩，建筑师致力发展个人式样与对各种问题的特殊解决之道。产生了布鲁涅内斯基、阿伯提、米开洛左、布拉曼帖、米开朗琪罗及帕拉第奥等文艺复兴伟大的建筑师。

二、伟大的建筑师

1. 布鲁涅内斯基（Filippo Brunelleschi, 1377—1446）。布鲁涅内斯基是意大利早期文艺复兴建筑之先锋。他善于吸收古罗马、拜占廷、哥特式建筑的优点，结合佛罗伦萨当地的具体情况，通过对佛罗伦萨大教堂圆顶和育婴堂等建筑的建造，第一个创造了文艺复兴的建筑新风格。他是个建筑师、数学家、几何专家、画家、金匠、雕刻家与发明家。在21岁时，他已经成为丝绸工会的一位金匠。他很善用他当金匠时于钟表上利用平衡锤启动多齿轮的原理，设计了许多营建时所需的机械设备，他也设计了不少军事、水利及船舶上的设备，同时也参与了剧场表演道具及乐器的设计。1401年布鲁涅内斯基参加佛罗伦萨洗礼堂青铜大门的雕塑竞赛，不过却输给了吉伯第（Lorenzo Ghiberti），这个打击使他转向建筑与科学，并跑到罗马去考查古罗马的露天剧场、引水渠、万神庙、斗兽场、凯旋门、图拉真圆柱等，同时做了许多测绘工作。这些残存的古迹引起人们的思考和模仿，如学习如何区别简朴的多立克柱式、秀丽的爱奥尼亚柱式和华丽的科林斯柱式。1418年他参照万神庙圆顶的结构，解决了当时修建佛罗伦萨大教堂的圆顶的技术难题。历时50年，这个圆顶建成之后，引起极大的轰动，后来人们把这个教堂的建成作为文艺复兴建筑开始的标志。

2. 阿伯提（Leon Battista Alberti）。阿伯提是佛罗伦萨的代表人物，是一位古典学者、剧作家、艺术评论家，并拥有广博的建筑知识。他将文艺复兴建筑的营造提高到理论高度。1452年，他以拉丁文写了一本《建筑十书》，并且呈现给教皇尼古拉五世，从理论上给文艺复兴以支持。这本书后来成为西方世界最重要的建筑理论著作之一。他不仅重新整理了维特鲁威的三种柱式，而且还从考古遗迹中发现了罗马人没有注意到的另两种柱式——塔什干式和混合式。1485年他又出版了《论建筑》，他在书里面主要讨论了建筑与数的关系，提出应该根据欧几里德的数学原理，在圆形、方形等基本集合体制上进行合乎比例的重新组合以找到建筑中美的黄金分割，是一本对后世影响深远的建筑学著作。阿伯提设计代表作是佛罗伦萨福音圣母教堂（Santa Maria Novella）。阿伯提喜欢简单的比例像 1:1、1:2、1:3、2:3 等。这座教堂西向立面之高度和宽度是一样的大方形，整个立面可以容纳在一个圆中，并还可以再将之细分而得到更细微的比例关系（见图6-13）。

知识链接

布鲁涅内斯基设计的建筑还有圣洛兰佐教堂和帕齐小教堂等。布鲁涅内斯基发现利用"古典"及"科学"两项原则来执业建筑是非常有效的，认为建筑不论大小，它的每一项构成元素均有一定比例，每一个构件也都趋向于标准化，施工时所需的每一部分细部尺寸均要详述在设计图中。

图6-13　佛罗伦萨福音圣母教堂。此教堂之内部为中世纪所建，正面下半部也有部分中世纪式样，但阿伯提却以巨大之柱作为边框有力地撑起上部之阁楼。教堂整个构成中是存在着一种细密的比例关系。

图6-14　蒙托利欧圣彼得小教堂外观

3．米开洛左（Michelozzo di Bartolommeo）。 米开洛左是一位雕刻家、建筑师和金匠。他长期跟着唐那太罗（Donatello）和吉伯第（Lorenzo Ghiberti）工作。15世纪中期，美第奇家族委托建筑师米开洛左建造都市住宅型的利卡第大厦。

4．布拉曼帖（Bramante，1445—1514）。 布拉曼帖的代表作是位于罗马的蒙托利欧圣彼得修道院的小教堂。它是一座意大利文艺复兴时期标准原型之圆顶宗教建筑，独立坐落在修道院的庭院当中。外观上，这座建筑刻意模仿古罗马的灶神庙，一层层阶梯上升至一个圆形基座，其形式是一个由多立克列柱围绕的鼓形环，以一圈栏杆饰边，鼓形环上面冠了一个圆顶。布拉曼帖把文艺复兴追求完美无缺的向心式圆形空间表现得淋漓尽致。布拉曼帖是将唯理主义古代精神推向极致的人，他竭尽所能地推敲每一个建筑比例，从蒙托利欧圣彼得小教堂中你可以看到这种被推敲到近乎完美的比例。而往后的很多公共、宗教建筑，比如梵蒂冈圣彼得教堂、巴黎万神庙，甚至白宫都有布拉曼帖的影子（见图6-14）。

蒙托利欧圣彼得修道院的小教堂造型比例非常和谐，设计概念极具弹性，所以这栋建筑在全球各地被成功地复制，如梵蒂冈圣彼得大教堂的圆顶、伦敦的圣保罗大教堂的圆顶，巴黎的圣贞妮薇耶芙教堂的圆顶，甚至还有华盛顿的国会大厦的圆顶。

5．帕拉第奥（Andrea Palladio, 1508—1580）。 帕拉第奥是意大利文艺复兴接近晚期，在威尼斯最重要的一位建筑师，他的贡献主要是他1570年发表了对西方建筑发展影响深远之《建筑四书》。这是一部与阿伯提《建筑十书》具有同样影响力的巨著。在这部著作中，他收录了各种古典柱式。其中有许多样式是取材自古典罗马。他比前人更准确地描绘了五种柱式。书中也包括了他自己作品的平面图、立面图与剖面图，并附有尺寸与说明，我们现在理解的柱式就是他阐释的。帕拉第奥是一个严肃的古典主义者，体现了文艺复兴建筑的数学美感的精确性和那种对于平面的控制力。帕拉第奥将古典神庙之门面与教堂之圆顶应用至一般建筑上，成为一种帕拉第奥风格（Palladianism），至今仍可看见许多这种风格的建筑。当1549年他受命在一所哥特式大厅的外面加上一圈围廊的时候，他创造了新的拱与柱的结合方式，这是自古罗马人创造"角斗场母题"和"凯旋门母题"之后首次有人这么做，后人称之为"帕拉第奥母题"。他的代表作品是圣马嘉烈教堂、意大利Vicenza的圆厅别墅（见图6-15）。

6．米开朗琪罗（Michelangelo Buonarroti, 1475—1564）。 米开朗琪罗的天才是一个奇迹，他是那种敢于嘲笑希腊人的人，因为他太了解那些巨人了，因为他自己就是一个巨人，他的建筑风格是在完全掌握了经

图6-15　圣马嘉烈教堂（San Giorgio Maggiore），位于圣马可广场横过运河之对岸，始建于1565年，一直到1610才竣工，此时帕拉底欧已经过世三十年。圣马嘉烈教堂的室内空间为拉丁十字形，墙面运用各种古典柱头、柱身、柱基，室内光线非常充足。

典理论之后创造的自己的经典。米开朗琪罗并不是一个专业的建筑师，而是一个伟大的雕塑家，而正因为这一点，他避免了他的同代人过分纠缠于比例之中的弊端而从一个雕塑家独特的三维视角来提炼建筑。他利用各种手法，比如破坏均衡，或者是利用狭长的走道或者柱廊，来达到一种感动人心的建筑效果，而对于是否符合严格的古典比例却不是很在意。其中用于圣彼得大教堂的巨柱式便是他将普通柱式拔高几倍而得到的，而这种对于古典母题的创造性应用将文艺复兴引入了后期的手法主义。代表作品有罗马圣彼得大教堂拱顶、佛罗伦萨的美第奇罗伦佐图书馆（见图6-16）、罗马康比托利欧广场。

佛罗伦萨的美第奇罗伦佐图书馆阶梯及墙面门窗造型精致，向雕塑般富有立体感。

米开朗琪罗的一个经典是"巨柱式"。16世纪末教皇重建罗马的市政广场时，他设计的档案馆上科林斯式巨柱贯穿了两层楼，而每层楼都还保留着属于自己的柱子。柱式的对比在这里既产生惊奇又带来了新的和谐，在以前是没人敢在一栋建筑里安排两种柱式的。他的另一个经典是1524年美第奇（Medici）家族的家庙中壁龛的设计。你简直找不到一处可以用希腊－罗马规范来描述它的地方，但整体的感觉奇怪地和谐一致。他著名的雕塑《昼》《夜》就存放在这里。

米开朗琪罗很善于运用各种元素，将一个室内空间雕刻成如他的雕像或绘画般富有张力。他在建筑、雕刻和绘画三者上之风格是一致的，这种一致性是来自于他对人体的认识和了解，就如同他曾说"建筑结构的元素必须要遵循人体之结构法则，如果此人不是人体构造的大师，他绝对不会了解建筑之原则"，他的灵感可以说是来自于人的灵魂及人体美。米开朗琪罗设计的建筑物，层次丰富，立体感很强，光影变化剧烈，风格刚劲有力，洋溢着英雄主义精神，同他的雕刻和绘画风格一致。他也善于把雕刻同建筑结合起来，常常不顾建筑的结构逻辑，有意破坏承重构件的理性形式，如把圆柱子嵌在墙内，用薄薄的"牛腿"承托柱子，额枋和山花凹凸断折等，表现出一种激动的、不安的情绪。

矫饰主义：16世纪以后，矫饰主义之风格已开始展露在米开朗琪罗作品中，静态的平衡逐渐被各种夸张的表现所取代。在建筑之中，米开朗琪罗也表现出一如雕刻中的力感。因此，他是矫饰主义的开创者，米开朗琪罗开创的"矫饰主义"（Mannerism）风格，表现出从需要达到的目的出发进行设计，不太在乎是否合乎标准。巴洛克建筑的建筑师们也把他奉为导师之一。

手法主义：手法主义是16世纪晚期欧洲的一种艺术风格，其主要特点是追求怪异和不寻常的效果，如以变形和不协调的方式表现空间，以夸张的细长比例表现人物等。手法主义的发展产生了两种潮流，一种是刻意求奇，不惜破坏柱式的结构逻辑来创造新的建筑形象，如螺旋式柱身、断折的额枋、不均匀的开间、成组的柱子等。这种潮流被17世纪的巴洛克建筑继承。另一种是刻意求同，给五种柱式以规范，消除古罗马时期普遍存在

图6-16　美第奇罗伦佐图书馆

图6-17 法尔尼斯府邸

的变体，作出苛细的量的规定。这种教条化的潮流被17世纪的古典主义建筑继承。17—18世纪在意大利文艺复兴建筑基础上发展起来的巴洛克建筑和装饰风格打破了对古罗马建筑理论家维特鲁威的盲目崇拜，也冲破了文艺复兴晚期古典主义者制定的种种清规戒律，反映了向往自由的世俗思想。建筑空间外形自由，追求动态，平面空间多为圆形、椭圆形、梅花形、圆瓣十字形等，在造型上常用穿插的曲面和椭圆形空间，室内空间大量采用富丽镀金雕塑、大理石花纹装饰品、大规模天花板壁画、强烈的色彩。典型实例有罗马的圣卡罗教堂，是波洛米尼设计的。它的殿堂平面近似橄榄形，周围有一些不规则的小祈祷室。此外还有生活庭院。殿堂平面与天花装饰强调曲线动态，立面山花断开，檐部水平弯曲，墙面凹凸度很大，装饰丰富，有强烈的光影效果。

手法主义大师小桑加洛（Sangallo）设计的罗马的法尔尼斯府邸（1515年，见图6-17），三层楼就用了三种完全不同的装饰。手法主义不光在意大利盛行，还传到了英、法等国，在英国它被称为"伊丽莎白式"。事情到了这一步，新风格的出现已经是迟早的事了。所以当我们看到所谓"第一个巴洛克建筑"是出自一位手法主义建筑师之手的时候，一点都不应惊讶。

法尔尼斯府邸，三层石结构。第一层采用"尼尔林万式窗户"——米开朗琪罗创造的一种样式，二层窗檐分别交替三角形与弧形，科林斯式立柱使每扇窗户看起来都像是罗马时期建筑的大门。米开朗琪罗为这座建筑加上了气派的崖檐，改变了内部的结构，重新设计的入口处加上了一个观礼台、厚重的立面和庄严的入口。

作业与点评

文艺复兴形式与风格小空间创意设计要求

1. 分析文艺复兴建筑与环境艺术设计的风格、形式特征、设计特色。运用文艺复兴风格、形式主要元素并强调文艺复兴设计风格符号，如：文艺复兴风格单纯装饰的柱式，叠柱的应用，券柱式、双柱、拱廊；各种立面分层为粗石与细石墙面的处理，大型建筑外墙用石材，内部用砖，或者下层用石，上层用砖砌筑；窄的比例，细致的方柱介入两窗之间以增加正立面的节奏变化；建筑技术上采用梁柱系统与拱券结构混合应用的方式；在方形平面上加鼓形座和圆顶。

2. 运用建筑空间构成要素（地面、墙面、顶面、柱梁）表现建筑与室内空间。

3. 运用空间造型元素（点、线、面、体）与空间形态（几何形，有机形，偶然形，实虚、动静、开合空间）表现建筑与室内空间个性。

4. 运用界面形状、比例、尺度和式样的变化，表现建筑与室内空间。

5. 本创意设计是概念性建筑与室内抽象性创意形态，重点表现空间要素、空间功能、建筑构件、空间结构、空间形态、空间形式、造型手法、创意方法，创造简约的、概括的、抽象功能的空间，避免太实际又锁碎的造型与装饰。

6. 利用一个10m×10m×10m的正立方空间与一个10m×6m×6m的长方空间进行空间形式风格概念构成创意设计。

图6-18　文艺复兴风格过道亭子　方林辉

这是文艺复兴风格室外过道亭子设计。亭子立柱、檐口、护栏及立面采用
文艺复兴时期风格式样人物雕塑、拱券及花纹。设计较好地表现了文艺复
兴风格特征，如采用单纯装饰的柱式和叠柱的应用。设计者采用对比形式
把走道阶梯与亭子区分组合，走道阶梯简洁，亭子各种装饰丰富。亭子立
柱是典型文艺复兴风格人物雕塑组合柱，柱立面有粗石与细石面的处理。
檐口与地面有金黄色石材，它与立柱及护栏形成对比关系。

图6-19　文艺复兴风格观景塔　陈巍

这是文艺复兴风格室外观景塔设计。观景塔分上下两层，下层墙用石材，
上层用砖砌。立柱、檐口、护栏及立面采用文艺复兴时期风格式样拱券及
花纹。设计者采用对比形式把下层用玻璃窗封闭便于防风雨，上层开敞便
于观景，形成形态的封闭与开敞、虚实、轻重、动静及色彩的对比，但整
体空间又统一于四方桶形。

图6-20　文艺复兴风格亭子　李嘉玲

这是文艺复兴风格亭子。设计师在面采用文艺复兴时期风格式样叠柱、券
柱式及檐口，另外，亭顶运用稍矮的穹顶，空间简洁而较完整地表现了文
艺复兴风格特征。空间利用六边形对称布局形式，给人厚实、稳重的空间
形态感。

图6-21　文艺复兴风格亭子　吴堪信

这是文艺复兴风格亭子，立柱、檐口采用文艺复兴时期风格式样立柱、拱
券及穹顶，空间简洁而较完整地表现出文艺复兴风格特征。

图6-22　手法主义背景墙立面　陈国锋
这是手法主义背景墙立面设计。设计者努力按手法主义的特征表现墙立面，如螺旋式柱身、不均匀的开间等。手法主义是16世纪晚期欧洲文艺复兴时期的一种艺术风格，其主要特点是以变形和不协调的方式表现空间，刻意求奇，如螺旋式柱身、断折的额枋、不均匀的开间、成组的柱子等。这种潮流被17世纪的巴洛克建筑继承。空间外形自由，追求动态，平面空间多为圆形、椭圆形、梅花形、圆瓣十字形等，在造型上常用穿插的曲面和椭圆形空间，室内空间大量采用富丽镀金雕塑、大理石花纹装饰品、大规模天花板壁画、强烈的色彩等。

图6-23　手法主义园区入口　吴堪信
这是手法主义园区入口设计，设计者按手法主义的手法把入口上部表现为断折的额枋、追求空间外形自由、动态。

图6-24　巴洛克露天广场　莫书婷
这是巴洛克露天广场设计。设计者刻意按圣彼得大教堂巴洛克大师贝尔尼尼设计的圣彼得广场作创意设计。这个露天广场平面空间按圆形形式布置密集的柱廊，有强烈的分量感与力动感，中间竖立的埃及方尖碑形成广场的对称中心。

图6-25　巴洛克茶几　钟正
这是巴洛克茶几设计。设计师把罗马柱式压缩成矮柱，并把罗马柱表面用红色夸张表达，有机玻璃台面配合茶几红色罗马柱桌脚，在古典中显得华丽刺激。

第七讲
古典主义空间设计形式与风格

07

作业与点评

建议课时　4 课时

第七讲
古典主义空间设计
形式与风格

古典主义出现于17世纪下半叶，是对古希腊和罗马文学、艺术和建筑学的倾慕和模仿。古典主义艺术作品的特征是合理、单纯、适度、制约、明确、简洁和平衡。新古典主义艺术风格兴起于18世纪的中期，其精神是针对巴洛克与洛可可艺术风格所进行的一种强烈的反叛，力求恢复古希腊罗马所强烈追求的"庄重与宁静感"之题材与形式，并融入理性主义美学。

第一节　古典主义空间设计形式与风格的概念

一、古典主义空间设计形式与风格的概念

继意大利文艺复兴之后，法国在17世纪到18世纪初的路易十三和路易十四专制王权极盛时期，商业资本高度发达。代表大资产阶级和新贵族利益的国王，为了推行重商政策，必须从教皇和旧贵族手中夺取政权，压制地方贵族的分裂活动，实行集中控制。当时的资产阶级正处于上升时期，需要依附王权来发展资本主义，又不甘心于政治上的附庸地位，提出了限制王权的要求。因此，资产阶级与封建贵族之间暂时形成相互牵制，相互斗争的局面，形成中央集权的君王专制政体。为了巩固君王专制，鼓吹绝对君权和唯理主义。当时启蒙运动的思想影响很大，人们崇尚古希腊、古罗马文化，古希腊、古罗马建筑艺术珍品大量考古出土，也为这种思想的实现提供了良好的条件。在建筑方面，国王倡导以古希腊、古罗马建筑为典范，古罗马的广场、凯旋门和记功柱等纪念性建筑成为被效法的榜样。因为它在理论和创作实践上以古希腊、罗马文学为典范，所以被称为"古典主义"，并为君主制国家所推崇。路易十四是绝对君权达到最高峰时期的代表，号称"太阳王"，在世间代表上帝，为建宫殿，把城市建设停下来，大事修建了卢浮宫、枫丹白露宫、凡尔赛宫。以至法国整个宫廷文化都对欧洲产生了巨大影响，各国纷纷效法法国典章、仪节、文学、艺术以至生活习尚、言语风雅、走路姿势。凡尔赛宫不仅创立了宫殿的新形制而且在规划设计和造园艺术上都为当时欧洲各国所效法，法国的古典主义建筑也成了欧洲建筑发展的主流。

意大利文艺复兴时期的建筑师，重新使用罗马柱式作为基本的建筑造型手段，追求风格的纯正。文艺复兴盛期和晚期，米开朗琪罗自由变化的柱式建筑形成挣脱柱式教条求新奇的手法主义，他们刻意求奇，不惜破坏柱式的结构逻辑来创造新的建筑形象，如螺旋式柱身、断折的额枋、不均匀的开间、成组的柱子等。17世纪由意大利人发展为巴洛克风格。帕拉

第奥规范化的柱式建筑形成了把柱式教条化的古典主义建筑风格，随着古典主义建筑风格的流行，1671年设立巴黎建筑学院，形成了崇尚古典形式的学院派。学院派建筑和教育体系一直延续到19世纪，学院派有关建筑设计的职业技巧和建筑构图艺术等观念，统治西欧的建筑事业达200多年。19世纪末和20世纪初，随着社会条件的变化，古典主义终于为其他的建筑潮流所替代。但是古典主义建筑作为一项重要的建筑文化遗产，至今仍然用于现代建筑之中。

二、古典主义空间形式与风格的特征

1. 具有古希腊、古罗马建筑，意大利文艺复兴建筑，巴洛克建筑特点。采用古典柱式并以古典柱式为构图基础，立面运用三段式构图手法，追求外形端庄与完整统一的稳定、庄严、肃穆的感觉，排除民族传统与地方特色。

2. 具有强烈的理性色彩和逻辑美感。核心是量度与尺度，数学和几何结构；突出轴线，强调对称，讲究主从关系，突出中心与规则的几何形体；强调建筑的美在于局部和整体之间以及局部相互之间的比例关系，把比例看作建筑造型中的决定性因素；内部空间与装饰上常有巴洛克风格，极尽豪华，充满装饰性。

3. 代表作规模巨大。古典主义建筑空间代表作包括造型雄伟的宫廷建筑，纪念性的广场建筑群，国会、法院、银行、交易所、博物馆、剧院等公共建筑和一些纪念性建筑。

第二节　古典主义空间形式与风格代表作品

一、卢浮宫

1. 卢浮宫空间设计历程

　　卢浮宫是世界上著名的博物馆，位于法国巴黎市中心的塞纳河北岸（右岸），始建于1204年，历经800多年扩建、重修，整体建筑呈"U"形，全长680米。12世纪菲利浦·奥古斯都统治时期，在卢浮宫的所在地围建了一座坚强的防御性城堡，14世纪查理五世将城堡改建为皇宫，建后四百年间经过历代法国国王的不断整修、营造、扩建——特别是亨利四世，他决心要把巴黎建成文化及政治中心，把卢浮宫建成"皇家之城"，邀请了大批建筑师和艺术家，沿着塞纳河兴建了宏伟富丽的"陈列廊"，把卢浮宫和杜勒丽宫连为整体——17世纪后半期建成东正面，完成了古典主义新建筑宫殿群落（见图7-1）。密特朗总统执政时期（1981—1995），法国政府对卢浮宫进行了大规模的改造，将博物馆所有的配套服务设施都建在地下，展厅面积达到了15万多平方米。1985年建筑师贝聿铭还把地下设施的出入口设计成一座大型的玻璃金字塔，既节省了空间，也解决了博物馆的采光难题，成为了卢浮宫的新标志（见图7-2）。卢浮宫现有古东方文物展馆，伊斯兰艺术展馆，古埃及文物展馆，古希腊、古罗马文物展馆，

图7-1　雷斯科所设计的卢浮宫。这栋建筑看不到过渡时期的不安定感，且不受意大利的先例束缚，因为它在理论和创作实践上以古希腊、古罗马文学为典范，故被称为"古典主义"。

图7-2 美籍华裔建筑师贝聿铭还把卢浮宫地下设施的出入口设计成一座大型的玻璃金字塔，既节省了空间，也解决了博物馆的采光难题。金字塔下方是卢浮宫购物商场，有许多商店和纪念品、服饰店。

图7-3 卢浮宫古希腊、古罗马文物展馆室内粗大的古希腊、古罗马石柱凸出于墙面，天顶的圆拱与柱相连。

图7-4 卢浮宫的东立面构图采用横三段纵三段的手法，建筑以严谨的古典柱式为构图基础，突出轴线，强调对称，体现了典型的古典主义设计。

图7-5 拿破仑曾经居住在卢浮宫装饰奢华的杜勒丽宫，宫内刻意保存了拿破仑三世居所。1810拿破仑在皇宫迎娶第二位皇后的卧室也被完整地保存在卢浮宫。

工艺品、绘画馆及雕像馆，包括198个展览大厅，最大的厅长205米（见图7-3）。拥有42万件藏品，通常展出的有1.3万件，包括卢浮宫三宝：《蒙娜丽莎的微笑》《双翼胜利女神》《维纳斯雕像》。

2．卢浮宫空间形式与风格的特征

（1）完整地体现了古典主义的各项原则。17世纪60年代初，宫廷决定重新建卢浮宫的东立面，起初法国建筑师L.勒伏、C.勒勃亨和C.彼洛按照古典主义原则作了一些设计，送到意大利征求意见，被几个红极一时的巴洛克建筑师否定了。最终法国建筑师说服宫廷，采用了一个典型的古典主义设计方案，它完整地体现了古典主义的各项原则。东廊长183米，高28米，构图采用横三段纵三段的手法。横向底层为结实沉重的基座，高9.9米；中段为两层高虚实相映的双柱柱廊，高13.3米；顶部水平向是厚屋檐和女儿墙，各部分比例依次为2:3:1。纵向实际上分五段，以柱廊为主，但两端及中央采用了凯旋门式的构图，中央部分则上有山花，柱廊采用双柱以增加其刚强感，造型轮廓整齐，庄重雄伟（见图7-4、图7-5）。

（2）古典柱式为构图基础。突出轴线，强调对称，注重比例，讲究主从关系，产生造型严谨、主次分明的效果，具有庄严、肃穆的感觉，被称为是理性美的代表。

（3）文艺复兴风格的影响。16世纪欧洲建筑受到意大利文艺复兴影响比较显著的是法国。当时有许多意大利艺术家包括达芬奇，受法国国王法兰斯瓦一世的邀请参与创作，因此，传统的法国建筑逐渐加入文艺复兴建筑的特色，如宽阔的门窗和精致的室内装饰。法兰斯瓦一世指派雷斯科所设计的卢浮宫具有9个柱间长，两端设有楼梯间；它的一楼是浅拱圈的连续，二楼则是三角形和圆弧形的山墙交互重复的法国窗。阁楼刻有许多浮雕，上面覆盖着倾斜的屋顶；在中央和左右两边以精细的细部和对称形式强调整体建筑形式的构成，这种构成显示法国这时已完成它自己独有的文艺复兴建筑风格（见图7-6）。

二、凡尔赛宫

1．凡尔赛宫空间设计历程

法国绝对君权最重要的纪念碑凡尔赛宫是欧洲最大的王宫，它不仅是君主的宫殿，而且是国家的中心。凡尔赛宫宫殿为古典主义风格建筑。凡

图7-6 卢浮宫东廊及四合院就是法国文艺复兴晚期的巴洛克风格，其立面有明显的水平向划分，每隔数开间便有一竖向构图，上部有半圆形山花，正中部分特宽，三角形山花上还有方窟窿，装饰很多。

图7-7　宫殿建筑气势磅礴，布局严密、协调。正宫东西走向，两端与南宫和北宫相衔接，形成对称的几何图案。立面为标准的古典主义纵、横三段，上面点缀有许多装饰与雕像。建筑左右对称，造型轮廓整齐、庄重雄伟，被称为是理性美的代表。其内部装潢则以巴洛克风格为主。

尔赛宫建于路易十四时代，1661年动土，1689年竣工，至今约有290年的历史。全宫占地111万平方米，其中建筑面积为11万平方米，园林面积100万平方米。凡尔赛宫位于巴黎西南凡尔赛城，原为法王路易十三的猎庄，1661年路易十四决定以此猎庄为中心进行扩建，建造一座前所未有的宫殿。初令勒·诺特尔主持设计，后由孟沙担任主建筑师，到路易十五时期才完成。王宫包括宫殿、花园与放射形大道三部分。宫殿南北总长约400米，有500余间厅房，内部装修极尽奢侈豪华。中央部分供国王与王后起居与工作；南翼为王子、亲王与王妃命妇之用；北翼为国王办公处并有教堂、剧院等等（见图7-7—图7-10）。国王接待厅即著名的镜廊，长73米，宽10米，上面的角形拱顶高13米。它是凡尔赛宫主要大厅，重大仪式都在此举行，厅内侧墙上镶有17面大镜子，与对面的法国式落地窗和从窗户引入的花园景色相映成辉。厅内用白色和淡紫色大理石贴面，科林斯式壁柱，柱身用绿色大理石。柱头柱身以铜铸镀金展翅的太阳作装饰母题，象征被尊为太阳神的路易十四。路易十四喜好户外活动，厌恶巴黎狭窄街道，因此，在宫殿西面兴建极大花园。大花园自1667前起由勒·诺特尔设计建造，面积6.7平方千米，纵轴长3千米。园内道路、树木、水池、亭台、花圃、喷泉等均呈几何形，有它的主轴、次轴、对景等等，并点缀有各色雕像，成为法国古典园林的杰出代表。三条放射形大道事实上只有一条是通巴黎的，但在观感上使凡尔赛宫有如是整个巴黎，甚至是整个法国的集中点。凡尔赛宫的宏大气派象征法国的中央集权与绝对君权，它们在一段时期中很为欧洲王公所羡慕并被争相模仿。彼得一世在圣彼得堡郊外修建的夏宫、玛丽娅·特蕾莎在维也纳修建的美泉宫等都仿照了凡尔赛宫的宫殿和花园。

2．凡尔赛宫空间形式与风格的特征

（1）**理性美的代表**。凡尔赛宫宫殿为古典主义风格建筑，立面为标准的古典主义三段式处理，即将立面划分为纵、横三段，建筑左右对称，造型轮廓整齐、庄重雄伟，被称为是理性美的代表。

（2）**宫殿气势磅礴，布局严密、协调**。正宫东西走向，两端与南宫和北宫相衔接，形成对称的几何图案。宫顶建筑摒弃了巴洛克的圆顶和法国传统尖顶建筑风格，采用了平顶形式，显得端正而雄浑。

（3）**古典主义室内陈设**。内壁装饰以古典主义雕刻、巨幅油画及挂毯为主，配有古典主义造型家具。

图7-8　阿波罗厅是路易十四御座厅。布置极为奢华绮丽，天花板上有镀金雕花浅浮雕，墙壁为深红色金银丝镶边天鹅绒。

图7-9　战争画廊在南翼建筑群中，展出战争主题的绘画作品，如《拿破仑翻越阿尔卑斯山》《普瓦蒂埃大捷》等。

图7-10　厅由敞廊改建而成。一面是面向花园的17扇巨大落地玻璃窗，另一面是由400多块镜子组成的巨大镜面。镜廊拱形天花板上是巨幅油画，厅内地板为细木雕花，墙壁以淡紫色和白色大理石贴面装饰，柱子为绿色大理石。柱头、柱脚和护壁均为黄铜镀金，装饰图案的主题是展开双翼的太阳，表示对路易十四的崇敬。天花板上为24具巨大的水晶吊灯。

（4）**古典主义几何图形化园林**。正宫前面是一座风格独特的法兰西式古典主义园林，它那人工雕琢的，极其讲究对称、几何图形化和严格规则化的园林设计，几百年来被欧洲皇家园林遵循。

第三节　洛可可空间艺术形式与风格的概念

一、洛可可空间艺术形式与风格的概念

相对于路易十四时代那种盛大、庄严的古典主义艺术，法国古典主义发展到路易十五（1715—1774）时代，法国贵族阶层的日渐衰落，启蒙运动的自由探索精神，及中产阶级的日渐兴盛，而于18世纪20年代在法国产生洛可可艺术样式并流行于欧洲。洛可可式建筑风格是在巴洛克建筑的基础上发展起来的，主要表现在室内装饰上。洛可可一词由法语"rocaille"演化而来，原意为建筑装饰中一种贝壳形图案，后指具有贝壳纹样曲线的主题，成为以室内装饰为主体的样式名称。洛可可艺术风格的倡导者是蓬帕杜侯爵夫人。她不仅参与军事外交事务，还以文化"保护人"身份，左右着当时的艺术风格。他们受不了古典主义的严肃理性和巴洛克的喧嚣放肆，追求华美和闲适。1699年建筑师、装饰艺术家马尔列在金氏府邸的装饰设计中大量采用这种曲线形的贝壳纹样，洛可可由此而得名。洛可可风格最初出现于建筑的室内装饰中，以后扩展到绘画、雕刻、工艺品和文学领域。洛可可风格反映了法国路易十五时代宫廷贵族的生活趣味，追求纤巧、精美又浮华、繁琐，别称为"路易十五式"，一度风靡欧洲。

二、洛可可空间艺术形式与风格的特征

1. **结合巴洛克风格的趣味性**。不像巴洛克风格那样色彩强烈，装饰浓艳。室内应用明快的色彩和纤巧的装饰，家具也非常精致而偏于繁琐。

2. **艳丽而纤弱柔和的女性风格**。创造出一种非对称的、自由奔放而又纤细、轻巧、华丽繁复的装饰样式。巴洛克那洋溢的生气、庄重的量感和男性的尊大感，都被洗练的举止和风流的游戏般的情调，还有细腻柔媚，以及艳丽而纤弱柔和的女性风格所取代。天花板和墙面以弧面相连，转角处布置壁画。

3. **动感的涡旋曲线纹饰**。与路易十四时代那种盛大、庄严的古典主义艺术不同，洛可可风格室内装饰和家具造型上凸起富有动感的自然题材所作的涡旋、波状曲线，如用贝壳纹样曲线、莨苕叶呈锯齿状的叶子和山石作为装饰题材，卷草舒花，缠绵盘曲，纹饰蜿蜒反复。

4. **鲜艳的浅色调**。室内墙面爱用嫩绿、粉红、玫瑰红等鲜艳的浅色调粉刷，线脚大多用金色，象牙白和金黄是其流行色。室内护壁板做成有花边的精致木板框格，中间衬以浅色东方织锦。使用玻璃镜、水晶灯强化色彩效果。

三、洛可可空间艺术形式与风格的代表作品

与巴洛克那种雄伟的宫殿建筑不同，洛可可空间艺术的代表作品是轻结构的花园式府邸。洛可可风格装饰的代表作是尚蒂依小城堡的亲王沙龙（1722年，让·奥贝尔设计）、巴黎苏比斯饭店的沙龙（1732年，热尔曼·博夫朗设计）、德国波茨坦无愁宫、凡尔赛宫的王后居室及中国的圆明园建筑空间。

有人将洛可可与意大利巴洛克相关联，把这种奇异的洛可可风格看作是巴洛克风格的晚期，即巴洛克的瓦解和颓废阶段。终于，风靡一时的洛可可风格随着蓬帕杜夫人的亡故而终止，而被路易十五另一情妇杜巴利夫人倡导的新古典主义而取代。但是，洛可可风格自有它超时代艺术生命力的所在，现代人都公认它是19世纪下叶新艺术运动的前奏。同时，随着18世纪60至80年代工业革命的产生，欧洲资本主义的机器大工业逐渐代替以手工技术为基础的工场手工业的革命，传统空间形式已不能适应新的社会需要，人们开始了对新的建筑形式的探求。

第四节　古典复兴空间形式风格——新古典主义

18世纪工业革命后，1871年城市建筑发生重大变化，工业革命的影响从轻工业转向重工业，铁产量大增，为建筑准备了新技术、新形式。但工业革命也给城市带来一系列问题，建筑与环境设计处于新的探索期，出现两种不同倾向：一是上层贵族的复古思潮，二是探索建筑空间新技术与新形式（参见本书第十二讲《工业革命时期空间设计形式与风格》）。复古思潮主要表现为古典主义复兴建筑、浪漫主义复兴建筑与折中主义复兴建筑。

一、古典复兴建筑空间——新古典主义

1．新古典主义建筑空间形式风格的概念

18世纪60年代到19世纪，巴洛克、洛可可建筑上繁琐的装饰引起人们的厌恶并产生自我反省，人们开始重新思考复兴古希腊和古罗马的建筑艺术，开始吹起复古风潮。另外，当时启蒙思想家伏尔泰、孟德斯鸠、卢梭、狄德罗宣扬人性论——自由、平等、博爱，向往民主、共和，唤起人们对古希腊、古罗马的礼赞。加之自文艺复兴运动以来，欧洲各国始终存在着对古代文化的钟爱。到18世纪中叶，罗马古城一个个被发掘，古罗马的雄伟壮丽，古希腊的优美、典雅、简洁、精练的高贵品质被推崇。路易十五最后的宠妃杜巴利夫人热爱艺术，她支持画家和艺术家的创作，并让新古典主义风格在凡尔赛发扬光大。拿破仑时期向往称雄世界的霸权，所以努力效法罗马帝国榜样。同时，人们发现学院派的古典主义教条与真正的古典作品大不相同，这个时期的建筑理论突破了教条主义一百年的统治，人们认清了古典主义者所标榜的先验的几何学的比例及清晰性、明确性等，认为建筑物的一切存在的理由是功能真实与自然。而古典主义与理性主义发生了联系，于是产生了古典复兴建筑风格，即各种新古典主义。可以说古典复兴建筑风格是文艺复兴运动的反映和延续。

2．新古典主义空间形式风格的特征

（1）**借用古代英雄主义题材和表现形式**。新古典主义的"新"在于借用古代英雄主义题材和表现形式，其设计风格特点其实就是经过改良的古典主义风格，保留了古典主义风格的传统材质、色彩等历史痕迹与浑厚的文化底蕴，简化了过于复杂的机理和装饰。

（2）**复兴古希腊和古罗马的建筑艺术装饰**。新古典主义建筑复兴了古希腊和古罗马的建筑艺术装饰，如使用具有古希腊、古罗马建筑风格特色的粗大石材砌筑底层基础，以三角形山墙和各种组合形式的古典柱式为建筑主体，追求雄伟、严谨、规整的建筑空间构图。

（3）**新古典主义公共性建筑**。采用新古典主义建筑风格的主要是国会、法院、银行、交易所、博物馆、剧院等公共建筑和一些纪念性建筑。

3．法国新古典主义建筑空间代表作品

图7-11 巴黎万神庙正面由22根19米高的科林斯式柱子组成巨大柱廊，耸峙在台阶上。柱廊上是古希腊神庙三角形山墙，檐壁上刻有"伟大人物，祖国感恩"题词，山墙壁面上有著名雕刻家P.J.大卫·当热的大型寓意浮雕：中央台上站着代表"祖国"的女神，正把花冠分赠给左右的伟人；"自由"和"历史"分坐两边。中央穹顶是立面最突出的部分，直径达21米，有三重结构。内层穹顶上开圆洞，空间直达中层穹窿，其顶离地近70米。穹顶外包铅皮，由高大的鼓座承托，鼓座外部环绕科林斯柱廊。

图7-12 巴黎万神庙建筑平面成希腊十字形，长100米，宽84米，高83米。先贤祠内的地下室纵贯建筑全长，里面名人祠墓林立，他们都作为对法国作出卓越贡献的伟人而被埋葬或迁葬于此。其中有大作家雨果和左拉、建筑师苏夫洛、物理学家居里夫妇等约70人。

法国新古典主义建筑又称为"帝国风格"。它的兴盛与衰败始终都与拿破仑的命运紧紧联系在一起。拿破仑有意把自己取得政权并在欧洲四处征讨的作为和古罗马帝国用强大的军事力量四面扩张的威武相映照，以给自己的赫赫武功戴上灿烂的光环。他兴建了许多古代罗马风格的建筑物，如凯旋门、雄狮柱、军功庙、演兵场等，都是以罗马帝国雄伟庄严的建筑为灵感和样板。它们尺度巨大，外形单纯，追求形象的雄伟、冷静和威严。

（1）巴黎万神庙。巴黎万神庙位于巴黎市中心塞纳河左岸的拉丁区，法皇路易十五于1744年生重病时许下承诺，为感谢巴黎守护圣徒圣·热内维耶瓦的守护，委托苏夫洛设计了这座新古典风格的教堂，并且命名为圣·热内维耶瓦教堂。1790年教堂竣工时，法国大革命已经如火如荼，路易十六全家很快就要被杀头，到处都在杀教士、毁教堂，幸运的是，这座还没有成为教堂的教堂没有被狂热的革命群众捣毁。革命权力机构"国民公会"决定把它改作纪念堂，把这座封建帝王的宗教建筑变成为新时代的革命圣地，安葬伏尔泰、卢梭以及其他革命先贤伟人，以鼓舞民众，集聚民气。于是，就有了我们今天所看到的先贤祠，由于建筑的正面仿照罗马万神庙，故有人称先贤祠为巴黎万神庙。

巴黎万神庙的主要设计特色是结构空前地轻，墙薄、柱子细。穹顶顶端采光亭的最高点高83米，穹顶内径20米，中央有圆洞，可以见到第二层上画的粉彩画。它的形休很简洁，几何性明确，力求把哥特式建筑结构的轻快同古希腊、古罗马建筑的明净和庄严结合起来，加上上部巨大的采光窗和雕饰精美的柱头，室内空间显得非常轻快优雅。巴黎万神庙中的艺术装饰也非常美观，其穹顶上的大型壁画是名画家安托万·格罗特创作的（见图7-11、图7-12）。

（2）雄狮凯旋门。凯旋门是古罗马代表性建筑形式，它是古罗马统治者为炫耀战绩和军威的纪念性建筑，后来欧洲各国都建起了这种凯旋门。雄狮凯旋门位于巴黎市中心戴高乐广场中央，设计人为J.F.查尔格林（1739—1811），属于罗马复兴的建筑作品，是世界上最大的一座凯旋门。它是拿破仑为纪念1805年打败俄奥联军，颂扬对外战争的胜利，于1806年下令修建的。拿破仑被推翻后，工程终止，波旁王朝被推翻后又重新复工，至1836年全部竣工。凯旋门高50米，宽45米，厚22米，四面有券门，中央券门高36.6米，宽14.6米。凯旋门内设有电梯，可直达50米高的拱门，人们亦可沿着273级螺旋形石梯拾级而上，到达凯旋门上部陈列拿破仑生平事迹的博物馆。1920年在拱门下建立了"无名战士墓"，每到傍晚就燃起不灭的火焰。以凯旋门为中心，向外延伸着12条主要大街（见图7-13）。

图7-13 凯旋门两面门墩的墙面上，有4组以战争为题材的大型浮雕："马赛曲"、"1810年的胜利"、"和平"和"抵抗"。它们尺度巨大，连墙上的浮雕人像也有五六米高，形成了格外庄严、雄伟的艺术力量。

（3）马德兰教堂。马德兰教堂又称军功庙，模仿古希腊神庙式教堂，位于巴黎协和广场北面，1777年开始设计，为纪念保护巴黎的圣徒马德兰而得名。1799年拿破仑决定把这教堂改为纪念法国军队光荣战绩的殿堂，用来陈列战利品。经过法国大革命的动荡，大革命结束后方才完工，滑铁卢战役拿破仑失败后，改名为马德兰教堂。建筑正立面宽43米、高30米、全长107米，体量巨大。建筑的灵感来源于希腊与罗马的神庙神殿，外立面采用希腊科林斯柱式的围柱形式，基部采用罗马神殿的高基坛形式，内部空间用罗马尺度的拱和穹顶构成（见图7-14、图7-15）。

图7-14 马德兰教堂正面8棵柱子，侧面18棵，为罗马科林斯柱式。
图7-15 马德兰教堂室内大厅由3个扁平的穹顶覆盖，而穹顶是用铸铁做骨架的。

4．英国新古典主义建筑空间代表作品

18世纪中叶，欧洲人对古希腊建筑的知识逐渐丰富，在19世纪初，在英国兴起了希腊复兴建筑。当时英国正对拿破仑进行着生死攸关的战争，为了同拿破仑提倡的古罗马帝国建筑风格对抗，一些建筑师转向古希腊。当时希腊人民的独立解放斗争引起了欧洲资产阶级先进阶层的同情，因此，希腊复兴在英国形成一股相当有力的潮流，代表作品有英格兰银行（1788—1835）。19世纪又兴起了希腊复兴建筑，代表作品有伦敦的不列颠博物馆（1823—1829）、爱丁堡大学校舍（1825—1829）等。

（1）大英博物馆。大英博物馆位于伦敦牛津大街北面的大罗素广场，与纽约的大都会艺术博物馆、巴黎的卢浮宫同列为世界三大博物馆，是世界上历史最悠久、规模最宏伟的博物馆之一。它的主要特点是使用希腊式的多立克和爱奥尼柱式，正立面采用单层的爱奥尼柱廊，并且追求体形的单纯。大英博物馆为19世纪中叶所建，共有100多个陈列室，面积六七万平方米。包括埃及文物馆、希腊罗马文物馆、西亚文物馆、欧洲中世纪文物馆和东方艺术文物馆（见图7-16、图7-17）。

图7-16 博物馆的正门是高大的柱廊和装饰着高浮雕的山墙屋顶，两侧伸出双翼，形成布满柱廊的南立面。这是典型的希腊古典柱式建筑样式，显得庄重而古朴。
图7-17 大中庭位于大英博物馆中心，于2000年12月建成开放。圆形阅览室边上用钢筋和玻璃制成的一个网状透光穹顶，把四面大英博物馆的展厅连接起来。

（2）圣保罗大教堂。圣保罗大教堂位于伦敦泰晤士河北岸纽盖特街，它模仿罗马的圣彼得大教堂，以其壮观的圆形屋顶而闻名，是英国古典主义建筑的代表。由英国建筑师C.雷恩（Christopher Wren，1632—1723）设计。大教堂原方案的平面是希腊十字形，带有一个突出的门廊。教会要求有一个较长的大厅，以适应传统礼仪的需要，因而改成中世纪典型的拉丁十字形平面。建筑总高108米，教堂的平面由精确的几何图形组成，布局对称。大教堂正门向西，门前的柱廊分为两层，由6对高大的圆形石柱组成。正门上部的人字墙上，雕刻着圣保罗到大马士革传教的图案，人字墙顶尖处立着圣保罗的石雕像。圣保罗大教堂内，是用方形石柱支撑起来的拱形大厅，四周的墙用双壁柱均匀划分，每个开间和其中的窗子以彩色玻璃镶嵌，都处理成同一式样，使建筑物显得完整、严谨（见图7-18、图7-19）。

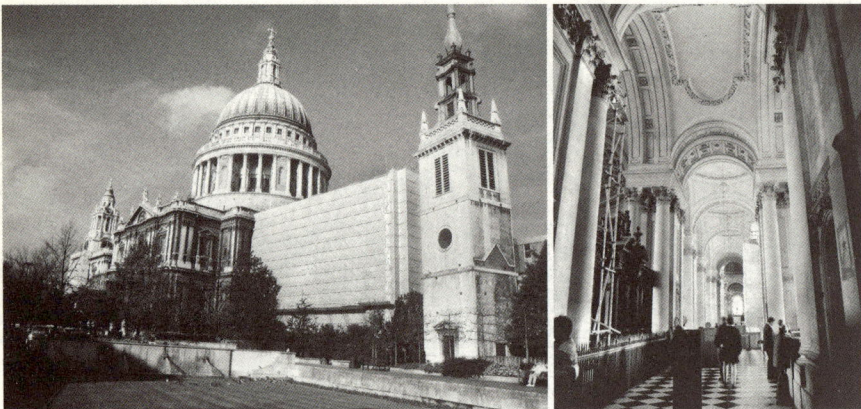

图7-18 圣保罗大教堂正面建筑的两端，有一对钟楼彼此呼应。西北角的钟楼里，挂着一组教堂用钟；西南角的钟楼里，吊着一口重17吨的大铜钟。这是英格兰最大的铜钟。整座大教堂结构严谨，造型庄重，气势宏大。教堂中央穹顶高耸，由底下两层鼓形底座承托。穹顶直径34.2米，有内外两层，可以减轻结构重量。

图7-19 圣保罗大教堂内部。牧师的讲坛和长条木椅，四壁挂着耶稣、圣母和信徒的巨幅油画，天花板上有各种精美雕刻，大厅具有浓厚的宗教色彩和艺术感染力。唱诗班席位的镂刻木工、圣殿大门和教长住处螺旋形楼梯上的精湛铁工，都反映了当年高度的艺术水平和装饰技术水平。

5．美国古典复兴建筑空间代表作品

美国独立以前，建筑空间造型多采用欧洲式样，由不同国家殖民者所建，主要是英式，称为"殖民时期风格"。独立以后，美国资产阶级力图摆脱殖民制度，由于无传统建筑，资产阶级民主派倾向于罗马复兴建筑，所以借助于希腊、罗马的古典建筑来表现民主、自由、光荣和独立，因而古典复兴建筑在美国盛极一时。

（1）美国国会大厦（1793—1867）。美国政府认为美国的政治制度是以古罗马的共和制为样板的，国会大厦就是共和制的象征，因此，它仿照罗马复兴风格的巴黎万神庙设计建造，设计师叫索恩顿，1814年毁于英美战争。1851年6月重建华盛顿美国国会大厦，设计师包芬奇在索恩顿方案基础上增加了两翼，并将中央大厅的穹顶增高扩大。国会大厦大穹顶结构采用了铁构架。它的鼓座把大穹顶表现得更加丰满雄伟，强调纪念性。国会大厦外墙全部使用白色大理石，给人们一种神圣、纯洁的感受。

国会大厦位于华盛顿25米高的国会山上，百年以来，国会大厦进行了多次扩建，最终形成了今日的格局。国会大厦是一幢全长233米的3层建筑，以白色大理石为主料。中央顶楼上建有3层大圆顶，圆顶之上立有一尊6米高的自由女神青铜雕像。大圆顶两侧的南北翼楼，分别为众议院和参议院办公地。从东门走进国会大厦即进入内部装设严肃雄伟的中央圆形大厅。大厅正门向东，有3座10吨重的巨形哥伦布铜门，上面刻着描述哥伦布发现新大陆的浮雕。圆形大厅内部空间高旷宏敞，金碧辉煌，直径约30米，高55米。四周墙壁上挂着8幅巨大的油画，展现了美国的发展史。仰望圆穹顶上，可见风格浪漫的天顶画，中央绘着"华盛顿之神"，又在这位开国总统的两边，画上胜利女神和自由女神，另外又画了13幅女神，代表立国13州。中央圆形大厅的南侧，是环立着形形色色人物雕像的雕塑大厅。到20世纪90年代初，雕塑大厅共有94尊铜像和石雕像，其原形都是各个领域的一代英才。

（2）华盛顿的林肯纪念堂（1911—1922）。华盛顿的林肯纪念堂是古希腊复兴建筑。它是为纪念美国南北战争时期解放黑奴的伟大先驱——第十六任总统亚伯拉罕·林肯而建立的。它位于华盛顿政治中心区主轴线的西端，与东端国会大厦相对，中间是华盛顿的林肯纪念碑。美国第十六届总统林肯1865年遇刺身亡，1867年美国国会通过了兴建纪念堂的法案。1913年由建筑师亨利·培根提出设计方案，1914年破土动工，1922年完工。林肯纪念堂是古希腊巴特农神庙风格的古典复兴建筑，36根白色古希腊多利克大理石圆柱环绕着纪念堂形成廊柱，整座建筑呈长方形，长约58米，宽约36米，高约25米。进入纪念堂，迎面正中是一座林肯坐像，由28块大理石组合雕塑而成。坐像的左侧墙壁上，镌刻着林肯连任总统时的演说辞；右侧的墙壁上，则刻着林肯在葛底斯堡的著名演讲辞。周围还装饰着有关解放黑奴、南北统一，以及象征正义与不朽、博爱与慈善的壁画。

二、浪漫主义复兴建筑空间——新哥特式风格

1．浪漫主义复兴建筑空间形式风格的概念

18、19世纪的工业革命不仅是带来了生产的大发展，同时也带来了城市的杂乱拥挤、贫民窟滋生、环境恶化等恶果。欧美一些国家在文学艺术中的浪漫主义思潮影响下，出现了一股向往回归自然、迷恋中世纪的风气，社会上出现了一批乌托邦社会主义者，如圣西门、傅立叶、欧文。他们回避现实，向往中世纪的世界观，崇尚传统的文化艺术，要求发扬个性自由、提倡自然天性，同时用中世纪艺术的自然形式反对资本主义制度下用机器制造出来的工艺品，并用它来和古典艺术相抗衡。建筑出现了浪漫主义的倾向，并且继续发展成为席卷欧美的艺术风潮。浪漫主义又名"哥特复兴"与新哥特式建筑。英国是浪漫主义的发源地。

2．浪漫主义复兴建筑空间形式风格特征

（1）仿中世纪的寨堡或哥特风格。浪漫主义建筑主要限于教堂、大学、市政厅等中世纪就有的建筑类型。早期浪漫主义模仿中世纪的寨堡或哥特风格，如18世纪下半叶英国艾尔郡的克尔辛府邸、威尔特郡的封蒂尔修道院的府邸。中期浪漫主义追求哥特风格神秘气氛，称"哥特复兴"。最著名的哥特复兴式建筑代表是英国议会大厦、伦敦的圣吉尔斯教堂及曼彻斯特市政厅。

（2）主张创作自由。古典主义艺术家不强调清晰的个人风格，而是寻求表现永恒的有效真理，浪漫主义则提倡自然主义，主张创作自由，强调表现艺术家的个性，重视想象和感情，主张用中世纪的艺术风格与学院派的古典主义艺术相抗衡。浪漫主义追求将自身的情感、信念、希望和恐惧，以各种形式表现，在建筑上表现为追求超尘脱俗的趣味和异国情调。

（3）各种形式风格同时表现。浪漫主义排除单一风格的发展，古典主义的理念仍旧可以独立发展。

3．浪漫主义复兴建筑空间代表作品

英国国会大厦。英国国会大厦又名威斯敏斯特皇宫，位于伦敦市中心区的泰晤士河畔，建于1840年—1865年，占地3万平方米。自13世纪以来是英国国会开会之处，也同时兼为国王宫殿，是英国的政治中心。97米高的钟楼高耸注目，大坡度的两坡屋面、尖顶装饰、墙面束柱及长条尖拱窗有明显的哥特建筑特征。英国女王为了对抗兴起的社会主义运动和唯物主义思想，下令把它改成亨利第五时期哥特垂直式教堂。亨利第五（1387—1422）曾一度征服法国，英国国会大厦象征民族自豪感（见图7-20、图7-21）。

图7-20　英国国会大厦97米高的钟楼高耸注目，建筑顶端有大坡度的两坡屋面及尖顶装饰。

图7-21　英国国会大厦103米高的维多利亚塔有明显哥特建筑特征的墙面束柱、长条尖拱窗及尖顶。

图7-22 巴黎歌剧院正立面雕饰繁琐，
构图骨架是仿鲁佛尔宫东廊的样式，但加
上了巴洛克装饰。

图7-23 巴黎歌剧院后立面进深凹凸起
伏，墙面圆拱门窗与方门窗对比强烈，各
种装饰碑、装饰花纹林立。

图7-24 巴黎歌剧院室内大厅壮观的大楼
梯。楼梯底部有弧形池，梯底立面装饰有复杂
的圆拱壁隆。

图7-25 巴黎歌剧院休息大厅长54米，宽13
米，高18米。四壁和廊柱布满巴洛克式的雕
塑、挂灯、绘画，豪华得像个装满了金银珠宝
首饰盒。

三、折中主义复兴建筑空间

1．折中主义复兴建筑空间形式与风格的形成

19世纪中叶以后，资本主义社会发展很快，资产阶级不再是为自由主义而战的斗士，他们的心现在只为钱跳动，连文化和建筑也成了商品。随着资本主义社会的发展，需要有丰富多样的建筑来满足各种不同的要求。在19世纪，交通的便利，考古学的进展，出版事业的发达，加上摄影技术的发明，都有助于人们认识和掌握以往各个时代和各个地区的建筑遗产。于是出现了希腊、罗马、拜占廷、中世纪、文艺复兴和东方情调的建筑在许多城市中折中纷杂。折中主义建筑在19世纪中叶以法国为典型，巴黎高等艺术学院是当时传播折中主义艺术和建筑的中心；而在19世纪末和20世纪初期，则以美国最为突出。

2．折中主义复兴建筑空间形式与风格的特征

（1）模仿历史上各种建筑风格。折中主义建筑师任意模仿历史上各种建筑风格。自由组合各种建筑形式，他们不讲求固定的法式，只讲求比例均衡，注重纯形式美。

（2）主张抄袭、拼凑、堆砌的创作手法。折中主义建筑师主张抄袭、拼凑、堆砌的创作手法。

（3）建筑依然是保守。折中主义建筑依然是保守的，没有按照当时不断出现的新建筑材料和新建筑技术去创造与之相适应的新建筑形式。

3．折中主义复兴建筑空间代表作品

（1）巴黎歌剧院（1861—1874）。巴黎歌剧院又称加尼叶歌剧院，位于法国巴黎。是1667年路易十四批准建立的法国第一座歌剧院，1763年被毁于大火。1860年查尔斯·加尼叶承担了新歌剧院的设计重任，1875年新的歌剧院建成。巴黎歌剧院长173米，宽125米，建筑总面积11237平方米，有2200个座位，舞台可容纳450名演员。其建筑将古希腊、古罗马式柱廊和巴洛克等几种建筑形式完美地结合在一起，精美细致，金碧辉煌。它是法兰西第二帝国的重要纪念物，是折中主义建筑典型代表作。剧院立面雕饰繁琐，构图骨架是仿鲁佛尔宫东廊的样式，但加上了巴洛克装饰。观众厅的顶装饰得像一枚皇冠，门厅和休息厅尤其富丽，满是巴洛克式的雕塑、挂灯、绘画等等，豪华得像是一个首饰盒，装满了珠宝钻翠。它的楼梯厅设有三折楼梯，构图非常饱满，是歌剧院空间艺术的视觉中心，也是歌剧院的交通枢纽（见图7-22—图7-25）。

（2）巴黎圣心大教堂（1875—1877）。巴黎圣心大教堂位于巴黎北部蒙马特先烈山半山腰，是由著名的建筑师阿巴蒂荷马设计，从1876年动工到1919年建成前后长达40多年，教堂整体由白色大理石砌筑，显得十分庄严而圣洁。它洁白的大圆顶具有罗马式与拜占庭式相结合的折中主义形式特征，四周为四座小圆顶，中间为一座大圆顶，穹顶高83米。教堂后部有一座高84米的方形钟楼。教堂正外立面有带三个拱门的门廊，门廊的上方是圣路易国王与圣女贞德骑马塑像（见图7-26）。

（3）**罗马伊曼纽尔二世(Monument of Emanuele II)纪念堂**。纪念堂采用了凹进式弧形立面的罗马科林斯柱廊和希腊古典晚期的祭坛形制，显示出古典巴洛克风格特征，是折中主义复兴建筑代表作。伊曼纽尔二世纪念堂建于1885年—1911年，是为纪念意大利开国国王伊曼纽尔二世和庆祝意大利统一而建，又称祖国祭坛。纪念台上有四个巨型拉丁字，意为"祖国统一，人民自由"。纪念碑前石阶两旁的铜像分别代表"思想"和"行动"；两侧半圆形喷水池分别代表意大利东西两岸的海洋，右边代表"底勒尼安海"，左边代表"亚得里亚海"；四尊大理石雕像从左至右分别代表"毅力""和气""牺牲""正义"。中央石基高台上面是伊曼纽尔二世铜像。高台正面象征罗马城的塑像俯视着脚下无名战士墓，两侧浮雕左边是"工作第一的群众"，右边是"爱国至上的人民"。高台铜像后面是长72米的长廊，长廊两端各有四匹铜马，拉着一辆由胜利女神驾驭的双轮战车（见图7-27、图7-28）。

图7-26　圣心大教堂的大圆顶具有罗马式与拜占庭式相结合的特征，大圆顶四周为四座具有中东情调的小圆顶，教堂后部是84米高的方型钟楼。教堂正外立面有带三个拱门的门廊，门廊的上方是圣路易国王与圣女贞德骑马塑像。教堂里面有许多浮雕、壁画和马赛克镶嵌画。

图7-27　伊曼纽尔二世纪念建筑采用了罗马的科林斯柱廊和希腊古典晚期的祭坛形制。

图7-28　72米长的罗马的科林斯柱廊，廊内有各省的模型，廊壁上刻有庆祝第一次世界大战胜利的浮雕和意大利统一的宣言。

作业与点评

古典主义形式与风格小空间创意设计要求

1. 分析古典主义建筑与环境艺术设计的风格、形式特征、设计特色。运用古典主义风格、形式主要元素并强调古典主义设计风格符号，如古典主义运用古希腊、古罗马建筑和意大利文艺复兴建筑三段式构图、古典柱式、突出轴线、强调对称、注重比例、讲究主从关系等手法，而内部空间与装饰上常有巴洛克风格，充满装饰性，追求外形端庄与完整统一的稳定、庄严、肃穆的感觉。

2. 运用建筑空间构成要素（地面、墙面、顶面、柱梁）表现建筑与室内空间。

3. 运用空间造型元素（点、线、面、体）与空间形态（几何形，有机形，偶然形，实虚、动静、开合空间）表现建筑与室内空间个性。

4. 运用界面形状、比例、尺度和式样的变化，表现建筑与室内空间。

5. 本创意设计是概念性建筑与室内抽象性创意形态，重点表现空间要素、空间功能、建筑构件、空间结构、空间形态、空间形式、造型手法、创意方法，创造简约的、概括的、抽象功能的空间，避免太实际又锁碎的造型与装饰。

6. 利用一个10m×10m×10m的正立方空间与一个10m×6m×6m的长方空间进行空间形式风格概念构成创意设计。

图7-29 古典主义形式风格室外休闲亭 陈梅丽
古典主义形式风格设计，是对古希腊和古罗马文学、艺术和建筑学的倾慕和模仿。其精神是针对巴洛克与洛可可艺术风格的一种反叛。这个古典主义形式风格室外休闲亭，设计师较好地运用古希腊、古罗马古典柱式、屋檐及穹顶造型，强调对称，注重比例，突出了休闲亭穹顶。

图7-30 古典主义形式风格室外休闲亭 阮星明
这是座古典主义形式风格室外休闲亭，设计师较好地运用了古希腊、古罗马古典柱式、屋檐及穹顶元素，休闲亭外形显出端庄与完整统一的稳定、庄严、肃穆的感觉。

图7-31 古典主义形式风格会议中心 冯显铟
这是座古典主义形式风格会议中心，设计师较好地运用古希腊、古罗马古典柱式、屋檐及穹顶元素，强调文艺复兴建筑上下及左右立面三段式构图手法，突出空间布局对称轴线。中间主建筑突出，两边古典柱式形成优美柱廊，较好配合了中间主建筑，形成外形端庄与完整统一的稳定、庄严、肃穆的感觉。

图7-32 古典主义形式风格会议中心 许何展
这是座古典主义形式风格会议中心，设计师较好地运用罗马古典柱式，穹顶采用钢架玻璃结构，整体空间表现出简洁和平衡，强调出对称、稳定、庄严感。

图7-33 古典主义形式风格展览中心前大厅 彭福龙
这是座古典主义形式风格展览中心前大厅，设计师较好地利用古罗马穹顶造型样式，把展览中心前大厅设计为夸张放大的圆球体。圆球体的钢架玻璃结构是古典与现代的优美结合，两边的古典柱式简化为高低渐变的组合柱体，空间突出轴线，强调对称形式。

08

第八讲
中国古典宫殿空间
设计形式与风格

第八讲
中国古典宫殿空间设计形式与风格

中国古典宫殿是皇帝为了巩固自己的统治，突出皇权的威严，满足精神生活和物质生活的享受而建造的规模巨大、气势雄伟的大型建筑组群。宫殿是封建思想意识最集中的体现，在很多方面代表了传统建筑艺术的最高水平。几千年来，历代封建王朝都非常重视修建象征帝王权威的皇宫，为了保证理想的社会道德秩序和完善的建筑体系，往往制定出一套典章制度或法律条款，要求按照人们在社会政治生活中的地位差别，来确定其可以使用的建筑形式和规模，这就是建筑等级制度。北京明、清两代的故宫，则是世界上现存规模最大、建筑精美、保存完整的大规模建筑群。

第一节　中国古典空间形式与风格的概念

中国古典建筑空间的风格与形式自先秦至19世纪中期是一个封闭的独立体系，2000多年间风格变化不大，基本分为官式建筑空间和民间建筑空间两大体系。官式建筑空间如宫殿、坛庙、陵寝、寺庙、宅第等，民间建筑空间如民居、园林、祠堂、会馆等。民居，作为传统建筑内容之一，因它分布广，数量又多，具有明显的地方特色和浓厚的民族特色。中国建筑空间体系是以木结构为特色的独立的建筑空间艺术，在城市空间规划、建筑空间组群、单体建筑空间以及材料、结构等方面的艺术处理均取得辉煌的成就。传统建筑空间中的各种屋顶造型、飞檐翼角、斗拱彩画、朱柱金顶、内外装修门及园林景物等，充分体现出中国建筑艺术的特殊魅力。

一、中国古典建筑空间的发展

1. 萌芽与成长阶段。商周(公元前17世纪—公元前11世纪)到秦汉（公元前221年—公元8年）是中国古典建筑空间的萌芽与成长阶段。奴隶社会的商周时期，木构架逐渐成为中国古代建筑的结构方式，开始出现规模较大的宫殿和陵墓，以及以宫室为中心的大小城市。公元5世纪左右封建社会中央集权建立，经济趋于繁荣，建起规模巨大的宫殿、陵墓、长城驰道和水利工程等，建筑技术与建筑艺术形态日渐成熟。

2. 发展与成熟阶段。经秦和西汉发展，历魏晋与隋唐，至宋进入成熟阶段。至汉代时，中国古代建筑的典型特征已基本形成，而后经过500多年的发展演变，自秦汉时期古典建筑基本定型。

3. 辉煌阶段。盛唐（618—907）至北宋（960—1127）的成就辉煌；明清（1368—1644）是再发展阶段。至隋唐时建筑成就达到高峰，以"造型简洁、屋顶舒展、装修朴实、色彩凝重"著称的"唐风"建筑，成为亚洲各国仿效的样板。出现了当时世界最大规划、最严密的都城——长安城。宋代以后，简洁朴实的唐风建筑，逐渐被追求形体丰富、讲求色彩与装修的宋代建筑风格所取代。

4. 再发展阶段。明代强调恢复汉族传统，官式建筑大多以北宋朝廷颁布的《营造法式》为蓝本，建筑风格以端庄、稳重留传后世。乾隆时期，经济较为繁荣，全国各地开始了规模较大的建造活动，宫殿、庙宇、官署、祠堂、会馆、学馆、住宅和园林等大量涌现，被视为我国古建筑在封建社会后期的最后一个高潮。明清时代，中国古建筑在某些方面更趋完美，但同时也走向衰微，著名的明清北京城是在元大都城的基础上改扩建而成的。中国古代以宫室为中心的都城规划思想在此得到了最完整的体现。始于商周时代的中国园林，至明清时也达到了极高的艺术境界，皇家园林有圆明园、颐和园、北海、承德避暑山庄等，私家园林则以江南的苏州、扬州等地最为兴盛。在明清时代，中国各少数民族的建筑也有了相当的发展，现存的著名建筑有西藏的布达拉宫、日喀则的札时伦布寺，以及云南傣族的缅寺、贵州侗族的风雨桥等等，形成了各族建筑异彩纷呈的现象。

二、中国古典空间形式与风格的特征

中国的古典建筑植根于深厚的人文主义传统文化，有独特的东方审美价值形式，同时起着维系、强化社会政治伦理制度和思想意识的作用。建筑艺术的总体性、综合性很强，传统优秀的建筑作品几乎调动了构成建筑艺术的一切因素和手法综合而成一个整体形象。

1. 院落式建筑空间布局。中国古典建筑的平面布局以"间"为单位，构成单体建筑，屋主的社会地位越高，经济实力越强，单体建筑的规模也就越大。如故宫太和殿，面阔11间，进深5间，是中国现存规模最大的单座建筑。建筑群体的布局由单体建筑构成院落空间，然后，再由若干个院落空间组成建筑群体空间。建筑组群空间有显著的中轴线，主要建筑物布置在中轴线上，次要建筑在两侧作对称布置。单体建筑之间用廊子连接，并环绕建筑群体四周筑围墙以佑护。建筑院落的布局以院子为中心，四面布置建筑物，每个建筑物的正面都面向院子，并在正面设置门窗，如体现中国古代宗法、礼教制度和家庭生活情趣的"廊院"式与"四合院"式。宫殿、衙署、祠庙、寺观、北方住宅都比较广泛地使用四合院式布局方法。主体建筑都是坐北朝南，这种布局是由中国的地理位置决定的。中国地处北回归线以北，太阳一年四季都从南方照耀，所以面向南方的布局也就面向太阳，这样比较便于采光。

2. 独特的木构架结构体系。中国古典建筑空间以汉民族木构架建筑为代表。木构架框架的结构体系作为建筑主体，负担了整个建筑的荷重，并形成了与这种结构方式相适应的各种平面形式和外观造型。木构架元素包括柱、梁、枋、垫板、衍檩、斗拱、椽子、望板等基本构件，木构架建筑空间结构包括梁柱结构、穿斗结构、井干结构、斗拱结构、榫卯结构。构件之间均以榫卯铰结或穿结相连，可以化解外力、吸收能量并允许相当大的残余变形，具有很强的抗震和抗风性能。斗拱是屋身和屋顶的交接部分设置的构件，它是用短木块、木枋所组成的悬挑结构，主要起支撑巨大屋顶出檐和减小室内大梁跨度的作用。明清时期斗拱逐渐蜕化，成了柱网屋顶构架间起装饰作用的构件，斗拱的装饰意义已经超过它的功能意义了，但斗拱构造技术、艺术特征代表了中国传统建筑的风格和精神。雀替和柱、柱础、斗拱一样也是建筑空间木构架中一种力学构件，雀替的图案与形状使木构架柱头部分得到了很好的装饰。木构件细部多采用雕梁画柱的手法，梁枋的顶棚多用彩绘装饰，木构架结构的外表和做法，以尊卑等级相区分，建筑的等级愈高，为装饰和彩画所覆盖的华丽程度就愈强。

中国传统木构架建筑空间体系没有向砖石建筑转化，因为中国文明没有经历神权阶段，建筑也就不会从木结构转向追求永恒的砖石结构。同时，从中国传统文化根源上看，古代的"阴阳五行说"讲究"木为活，石为死"，"木"是"阳"的象征，宫殿及住屋等"阳宅"适宜采用木结构，而砖石则属"阴"，坟庙一类"阴宅"才能使用砖石结构。

3. 承托权势的台基。台基是为了防止建筑被水淹。它由砖石砌成，承托着整座房屋。一方面起保护木柱免受雨水和潮气侵蚀的作用，增加建筑物的稳定感，另一方面具有显示权势和地位的含义。台基的附属元素——台阶和栏杆不仅具有实用的目的，而且可以美化台基外形。台阶和栏杆雕刻精致的吉祥图案成了精美的艺术品。故宫太和、中和与保和三大殿所在的台基上，设置有龙头形状排水口，下雨时，排水龙头一起喷水，形成"千龙吐水"的景观。

4. 象征等级制度的屋顶。中国古典建筑的屋顶大都是依人字两面坡或四面坡的原理加以变化组合而形成的。屋顶的形式归纳起来有五种：庑殿顶、歇山顶、攒尖顶、悬山顶和硬山顶。庑殿顶是中国最早的屋顶样式，后来成为古建筑单檐屋顶中最为尊贵的一种形式。庑殿顶前后左右成四坡，由四坡屋面及5条脊组成，正中为正脊，四角为垂脊。正脊两端的枢纽上多饰以龙形，此龙口含正脊，因此称作"正吻"。垂脊的端部则饰以仙人、走兽、垂兽，走兽俗称"小跑"，它的多寡按建筑等级一般采用单数，故宫太和殿用至10个，等级最高。歇山顶是庑殿顶的一种变形。歇山顶的主要特征是在左右屋顶多了山墙，它比庑殿顶多出4条戗脊，共是9条屋脊。悬山顶和硬山顶是中国一般建筑中最常见的形式，它们同属于二面坡类型，区别在于：悬山顶的屋檐悬伸于山墙之外，而硬山顶的屋顶并不悬出山墙之外。攒尖顶屋面呈现为一个锥体，屋面交汇于一顶点，攒尖面可分为圆攒尖、四角攒尖、八角攒尖等形式。单檐建筑的进一步发展形式就是"重檐"。重檐是檐廊部分自成一个屋顶构造而成，庑殿顶、歇山顶、攒尖顶都可以设计为重檐的形式。重檐华丽、壮观及富有尊严，只有地位极高的人物才能享用。屋顶是等级制度的象征，皇家建筑用庑殿顶，王公贵族用歇山顶，同屋顶形式中，因瓦饰的规格颜色不同、斗拱的有无及大小、屋顶上装饰构件数量多少等，又划分出细微的等级差别。中国建筑的屋顶那弯曲的屋面，向外探伸出翘起的屋角，使庞大的屋顶显得格外生动轻巧。

5. 空灵的建筑室内空间。中国古典建筑整体室内空间构图庄重严谨，多采用对称均衡形式，在宫殿中梁架斗拱、天花藻井装修，家具、字画、陈设艺术等均作为整体来处理，运用题字、字画、玩器、盆景以及借景等手段创造清雅意境。室内除固定的隔断和格扇外，还使用可移动的屏风、罩、博古架等家具结合，起到丰富空间层次的作用，并随需要安装或拆卸。室内空间多采用框栏或格扇形式，墙壁只起围护分隔空间的作用，不承受荷载，这就赋予建筑以极大的空透灵活性。

6. 精巧的建筑空间装饰。中国古典建筑空间的装饰包括彩绘和雕饰。彩绘具有装饰、标志、保护、象征等多方面的作用。油漆颜料中含有铜，不仅可以防潮、防风化剥蚀，而且还可以防虫蚁。色彩的使用是有限制的，明清时期规定朱、黄为至尊至贵之色。彩画多出现于内外檐的梁枋、斗拱及室内天花、藻井和柱头上，构图与构件形状密切结合，绘制精巧，色彩丰富。明清的梁枋彩画最引人瞩目，清代彩画可分为三类，即和玺彩画、旋子彩画和苏式彩画。雕饰包括寺庙内的佛像，陵墓前的石人、石兽，住宅、园林墙壁上的砖雕，台基石栏杆上的石雕及金银铜铁等饰物。雕饰的题材内容十分丰富，有动植物花纹、人物形象、戏剧场面及历史传说故事等。

7. 天人合一的自然空间环境观。中国古典建筑空间与环境的配合和协调有许多精辟的理论与成功的经验。儒家崇尚"天人合一",道家推崇"自然无为",追求"天时、地利、人和"的协调统一的建筑空间,如阴阳五行的"堪舆"与风水之学。古人不仅考虑建筑物内部环境主次之间、相互之间的配合与协调,而且也注意到它们与周围山川形势、地理特点、气候条件、林木植被等大自然环境的协调。如《周易·乾卦》:"夫大人者,与天地合共德,与日月合共明,与四时合共序,与鬼神合共吉凶。先天而天弗违,后天而奉天时。"讲求的是务使建筑的布局、形式、色调、体量等与周围的地形、风向、水文、地质环境相适应。历代陵墓尤其重视地形环境,所谓的"龙脉"即考虑到周围数里、数十里,甚至数百里范围的地形、风水。**园林**更是综合了空间与时间的艺术,景随时换,步移景转。"借景"就是造园技法中巧妙地运用环境的一种表现手法。运用借景法可把园外远处的山峰冈峦、楼阁塔影以至山林树木、海山景色都借入园内成景。景与景之间,也相互为借。隔院楼台,出墙红杏都可相互借用,构成一个大的环境空间。

第二节　中国古典宫殿空间设计形式与风格

一、中国古典宫殿空间形式与风格的概念

中国宫殿建筑从殷商时期(公元前17世纪—公元前11世纪)就有,如河南偃师二里头商代殷商宫殿遗址是我国现知最早的宫殿遗址。到秦统一全国后,建造了大批宫殿。从此,宫殿建筑步入繁盛时期,发展为最成熟、成就最高、规模也最大的建筑,鲜明地反映了中国传统文化注重稳定社会政治秩序的特色。中国宫殿都是像小城一样的建筑,宫内有前殿、寝殿及其他殿宇台池。唐朝大明宫是最强盛期的宫殿,大明宫遗址范围即相当于明清故宫总面积的三倍多,气魄宏伟,严整而又开朗。宫殿建筑又称宫廷建筑。宫殿是封建帝王处理朝政与居住的地方,是皇帝为了巩固自己的统治,突出皇权的威严,满足精神生活和物质生活的享受而建造的规模巨大、气势雄伟的建筑物。历代皇帝不惜人力、物力和财力,为自己建造宫殿。历史上著名的宫殿有秦阿房宫,西汉长乐宫,未央宫,唐大明宫等等。到现在,保存最完整的,就是位于北京的明清皇宫——故宫。它是中国现存最宏伟壮丽的古代建筑群。

二、中国古典宫殿建筑空间形式与风格的特征

1. 前朝后寝的空间功能。中国传统宫殿建筑物被分为前后两部分,即"前朝后寝":"前朝"是帝王上朝治政、举行大典之处,"后寝"是皇帝与后妃们居住生活的地方。

2. 中轴对称的空间布局。中国传统宫殿建筑采取严格的中轴对称的布局方式,中轴线上的建筑高大华丽,轴线两侧的建筑相对低小简单,整齐而对称。重重院落,层层殿堂,展示了皇宫的齐整、庄严和浩大。

3. 严格的空间礼制思想。由于中国的礼制思想里包含着崇敬祖先、提倡孝道和重五谷、祭土地神的内容,中轴线的左前方通常设庙供帝王祭拜祖先,右前方则设社稷坛供帝王祭祀土地神和粮食神,这种格局被称为"左祖右社"。

4. 华富的木构架与装饰体系。中国传统宫殿建筑最大的特征是硕大的斗拱,金黄色的琉璃瓦铺顶,绚丽的彩画,高大的盘龙金桂,雕镂细腻的天花藻井,汉白玉台基、栏板、梁柱,以及周围的建筑小品,以显示宫殿的豪华富贵。

知识链接

故宫在明朝初建时，是参照南京宫殿的规制，主要建筑基本上是附会《周礼·考工记》所载"左祖、右社、前朝、后市"的布局原则建造的，面积比现在的紫禁城大八倍多。清代，紫禁城宫殿保持着明代的布局，宫殿按前朝后寝的制度分外朝内廷两部分。外朝是皇帝和大臣们举行大典、朝贺、筵宴和行使权力的地方，建筑高大堂皇，以太和、中和、保和三大殿为中心，文华、武英两殿为两翼。内廷是皇帝处理日常朝政和后妃、皇子们居住、游玩和奉神的地方，以乾清宫、交泰殿、坤宁宫为中心，东西六宫为两翼，布局严谨有序。紫禁城中有御花园、慈宁宫花园，另有宁寿宫花园。四个城角都有城楼，建造精巧美观。紫禁城北有天然屏障景山，南有金水河，构成前水后山的格局。

三、中国古典宫殿空间形式与风格的代表作品——故宫

故宫，又称紫禁城，是明清两代的皇宫。故宫是世界上现存规模最大最完整的古代木结构建筑群。 故宫于明朝永乐四年（1406年）由皇帝朱棣始建，1420年基本竣工，历时14年。在紫禁城宫殿里，先后有明清两朝24个皇帝统治天下共491年。明清宫廷经历500多年的历史，包含了帝后活动、等级制度、权力斗争、宗教祭祀等。1924年北京政变后，被废黜的清末代皇帝溥仪出宫，1925年成立了故宫博物院。1949年以后，故宫进行了大规模的修缮，现成为我国最大的国家博物馆。1987年故宫被联合国教科文组织世界遗产委员会列为世界文化遗产。世界遗产委员会评价：紫禁城是中国五个多世纪以来的最高权力中心，它以园林景观和容纳了家具及工艺品的9000个房间的庞大建筑群，成为明清时代中国文明无价的历史见证。

1．故宫空间设计形式与风格的特征

（1）功能完整、规模宏大的功能空间。故宫占据最显要的地段，空间体量规模宏大，占地72万多平方米，东西宽750米，南北长960米，周长3420米，墙高10米，整体分为外朝、内廷和御花园三部分。外朝是皇帝和官员们举行各种典礼和政治活动的地方，内廷是帝、后居住的地方等9000多间厅房。故宫空间功能形式严格地按《周礼·考工记》中"前朝后寝，左祖右社"的帝都营建原则建造。整个故宫建筑布置用形体变化、高低起伏的手法，组合成一个皇权至上的整体，从总体布局上体现了"择中立宫"的思想。完整的庭院空间，体现了一整套的礼制要求和森严的等级规范。如故宫建筑屋顶满铺各色琉璃瓦件，主要殿座以黄色为主，绿色用于皇子居住区的建筑，蓝、紫、黑、翠等五琉璃多用在花园。

（2）严谨的中轴对称形式空间布局。故宫宫殿建筑采取严格的中轴对称的布局方式：外朝以太和、中和、保和三大殿为中心，文华、武英殿为两翼；内廷以乾清宫、交泰殿、坤宁宫为中心，东西六宫为两翼。布局严谨有序、左右对称、气魄宏伟、规划严整，体现了帝王权力的设计思想。故宫中轴对称布局有6个城门：天安门是紫禁城的前门，南正门午门是皇帝下诏书、下令出征的地方；太和门在午门以内，是外朝宫殿大门；后门神武门是宫内日常出入的门禁；东华门与西华门遥相对应，皇帝死后其灵枢就从东华门运出，故俗称"鬼门"。加上宫墙四角各有一精巧玲珑的角楼，宫墙外有52米宽的护城河等都体现出严谨的空间布局。

（3）象征皇权至上的空间意念。故宫建筑群充满象征性。中国古代皇帝在五行中属"土"，太和殿、中和殿和保和殿的台基就是一个坐北朝南的"土"字，"木"克"土"，因此三大殿院内不种树。太和殿象征着"天"的崇高和伟大，位于故宫中级，是最高大突出的地方。乾清、坤宁两宫紧密相连接，象征着天和地。它们两侧的日精、月华两门，象征着日和月。而东西六宫以外的数组建筑象征着十二星辰，表示天上的群星。另外，皇帝被称做真龙天子，因此，宫中的殿堂、桥梁、丹陛、石雕、服饰御用品等无不以龙作为纹饰。这种万龙朝圣的装潢设计，象征威严神秘的

皇权至上的空间意识。

（4）**华贵的木构架与装饰体系**。故宫中的建筑都是木构架结构，木构件细部多采用雕梁画柱的手法，饰以金碧辉煌的彩画。故宫的宫殿大都是黄色琉璃瓦盖顶，皇宫内部也常使用金黄色。黄色是皇帝专用的颜色，红色是宫殿建筑梁柱、墙壁专用的颜色，它们与天花藻井高纯度红、黄、蓝、绿的彩画一起产生华丽的感觉。太子的宫殿坐落在皇宫的东面，称为东宫，东宫殿顶颜色为青色，有生生不息之意。故宫的宫殿与环境色调形成华贵对比效果，如：蓝天映托着金黄色琉璃瓦顶与青绿色调的屋檐彩画；屋檐的阴影与黄琉璃瓦顶、红色柱身、墙面和门窗也形成对比；玉石栏杆和台基与柱梁颜色形成对比，烘托出建筑物的圣洁。

2．故宫空间设计形式与风格代表作品

（1）**前三殿**。太和殿、中和殿和保和殿是外朝中心区域的一组建筑，统称三大殿，是封建皇帝行使权力、举行盛典的地方。三大殿都建在汉白玉砌成的8米高的台基上，但形状各不同。三大殿屋顶外观为庑殿、歇山、四角攒尖，各具特征，它们把中国木结构建筑主要屋顶形式都包括了。中国宫殿屋顶垂脊兽的装饰有严格等级区别，只有"太和殿"顶上垂脊兽十样俱全，"中和殿"及"保和殿"只有九样，其他宫殿的垂脊上虽然亦有走兽，但是都要按级递减。这三座大殿无论整个结构，还是各个部件，从基础到屋顶，从建筑装饰到施工，都充分表现出中国木结构建筑结构侧脚工艺、榫卯工艺和地基分层夯打工艺建筑的特点，可以说是中国木结构建筑的最高典型。

太和殿。俗称"金銮殿"，明初称奉天殿，后称皇极殿，清称太和殿（见图8-1），是皇帝举行大典、朝贺、筵宴和行使权力的地方，高大堂皇的建筑是紫禁城内最体现中国帝制权力的象征。面积与形制是紫禁城诸殿中最高规格。三重台基高8.13米，殿高28米，东西通面阔63.93米，南北通进深37.17米，殿座面积约2370平方米，内外装修及构件规格均属最高级。上檐11踩斗拱，下檐9踩斗拱。整座殿堂显得庄严肃穆，富丽堂皇，室内外梁、枋全是沥粉贴金和玺彩画，门窗浮雕云龙图案。室内用一种被称作金砖的质地坚细的方地砖，正中放置宝座。有92根直径1米的大柱，其中6根蟠龙金柱在宝座两侧，每根柱上用沥粉贴金工艺绘出一条巨龙，腾云驾雾，神采飞动，直抵殿顶，上下左右连成一片金光灿灿的境界。镂空金漆御座设在殿内高2米的7层台阶之上，前有造型美观的仙鹤、炉、鼎，后面有精雕细刻的围屏。宝座上方的金漆蟠龙吊珠藻井，制作精美。而皇帝上朝的地方主要在太和门、乾清门，称为御门听政，乾清宫是有重大事时皇帝召见大臣的所在地，养心殿是慈禧太后垂帘听政之处。

中和殿。中和殿位于太和殿、保和殿之间，它的面积在三大殿中最小。初称华盖殿，后称中极殿，清称中和殿。皇帝自称天子，是唯一可以与上天对话，与神灵交流的人。所以，每年春季皇帝要亲自在这里阅视祭先农坛、祭祀地坛、太庙、社稷坛的祝版祭文，检查祭祀准备情况。朝廷举行大朝会和重大活动时，中和殿起着相当于舞台后台的作用，是皇帝临时休息、演习礼仪和接受官员跪拜礼的地方。殿名取自《礼记·中庸》"中也者，天下之本也；和也者，天下之道也"之意，亦即凡事要做到不偏不倚，恰如其分才能使各方关系得到和顺，其意在于宣扬"中庸之道"。高29米的中和殿在太和殿后面，是一座平面呈方形的四角攒尖顶方亭建筑。其深广各三间，周围出廊，建筑面积580

图8-1　太和殿是紫禁城内最体现中国帝制权力的象征，不仅面积是紫禁城诸殿中最大的，而且形制也是最高规格。台基四周矗立成排的雕栏称为望柱，柱头雕以云龙云凤图案，前后各有三座石阶，中间石阶雕有蟠龙，衬托以海浪和流云的"御路"。殿内有沥粉金漆木柱和精致的蟠龙藻井，上挂"正大光明"匾。殿中间是封建皇权的象征——金漆蟠龙宝座。太和殿红墙黄瓦、朱楹金扉，在阳光下金碧辉煌，是故宫最壮观的建筑，也是中国最大的木构殿宇。

图8-2　中和殿的大殿平面呈方形，黄琉璃瓦四角攒尖顶，正中有鎏金宝顶。皇帝有事去太和殿先在此小憩，接受内阁、礼部及侍卫执事人员等的朝拜。每逢加封皇太后徽号和各种大礼前一天，皇帝也在此阅览奏章和祝辞。

图8-3　中和殿正中设有宝座，两旁陈列着两个肩舆。所谓的肩舆是皇帝乘坐轿子的一种，主要供皇帝在紫禁城内活动使用。

平方米，屋顶为单檐钻尖式，体量甚小，中央最高处安装着镀金的圆形宝顶。殿四面开门，门前石阶中间为浮雕云龙纹御路，垂带浅刻卷草纹（见图8-2）。殿内外檐均饰金龙和玺彩画，天花为沥金正面龙，殿内设地屏宝座。宝座前两侧的两只金质四腿独角异神兽，传说日行18000里，懂得四方语言，通晓远方之事。放在皇帝宝座两旁，寓意君主圣明，同时为烧檀香之用（见图8-3）。

保和殿。保和殿是每年除夕皇帝赐宴外藩王公的场所。　明清两朝，每逢春节、冬至，皇帝生日、登基、大婚及命将出师，皇帝都在这里举行隆重的典礼，受文武百官朝贺及赐宴等。乾隆后期，保和殿也是清代科举考试最高一级殿试进士场所。保和殿其意为"志不外驰，恬神守志"，即神志专一，以保持宇内的和谐，才能神寿安康，天下太平。保和殿为重檐歇山九间殿，进深5间，高29.5米，建筑面积1240平方米。保和殿6架天花梁彩画极其别致，与偏重丹红色的装修和陈设搭配协调，显得华贵富丽。殿内金砖铺地，坐北向南设雕镂金漆宝座，东西两梢间为暖阁（见图8-4、图8-5）。殿后的石阶中道下层的一块云龙石雕，是故宫中最大的一块。石长16.57米，宽3.07米，厚1.7米，重200多吨，原为明代雕制。殿外东面陈列的日晷是古代的计时器，西面陈列的是象征性量器嘉量。另在丹陛上下陈列的鼎式炉、铜龟、铜鹤，是举行典礼时点燃松柏枝和檀香的用具，也是象征江山永固的陈设品。

图8-4　保和殿面阔9间，进深5间，屋顶为重檐歇山顶上覆黄色琉璃瓦，上下檐角均安放9个小兽。上檐为单翘重昂七踩斗拱，下檐为重昂五踩斗拱。内外檐均为金龙和玺彩画和沥粉贴金正面龙。

图8-5　保和殿建筑上采用了减柱造做法，将殿内前檐金柱减去6根，使空间宽敞舒适。

（2）后三宫。故宫建筑的后半部叫内廷，以乾清宫、交泰殿、坤宁宫为中心。东西两翼有东六宫和西六宫，是皇帝平日办事和他的后妃居住生活的地方。故宫前三殿建筑空间风格不同于后三宫。前三殿建筑空间形式是严肃、庄严、壮丽、雄伟的，以象征皇权的至高无上。后三宫内廷则富有生活气息，建筑多是自成院落，有花园、书斋、馆榭、山石等。在坤宁宫北面的是御花园，御花园里有高耸的松柏、珍贵的花木、山石和亭阁。

乾清宫。"乾清"语出《易经·序卦》，意为皇帝统治的天下是清平的。"乾"是"天"的意思，"清"是"透彻"的意思，乾清象征透彻、不浑不浊的天空，象征国家安定，象征皇帝的所作所为像清澈的天空一样坦荡。乾清宫为重檐庑殿七间殿，嘉庆二年（1797年）重建。乾清宫为黄琉璃瓦重檐庑殿顶，坐落在单层石台基之上，连廊面阔9间，进深

5间，建筑面积1400平方米，自台面至正脊高20余米，檐角置脊兽9个，檐下上层单翘双昂七踩斗拱，下层单翘单昂五踩斗拱和玺彩画、隔扇门窗（见图8-6、图8-7）。

交泰殿。始建于明朝，清朝时用于皇后在元旦、千秋（皇后生日）等节日里受朝贺。交泰殿平面为方形，面阔、进深各3间，黄琉璃瓦四角攒尖鎏金宝顶。殿中设有宝座，宝座后有4扇屏风，上有乾隆御笔《交泰殿铭》。殿顶内正中为盘龙衔珠，地面铺金砖。上悬康熙帝御书"无为"匾，殿中还陈设有高约5米的铜壶滴漏和大自鸣钟（见图8-8、图8-9）。

坤宁宫。坤宁宫是明朝皇后寝宫，两头有暖阁，清代改为祭神场所。坤宁宫坐北面南，面阔连廊9间，进深3间，黄琉璃瓦重檐庑殿顶，在内庭最后。进门对面设每天早晚祭神煮肉用的大锅三口，每逢大的庆典和元旦，皇后还要在这里举行庆贺礼。坤宁宫的东端二间是皇帝大婚时的洞房，设龙凤喜床，床铺铺上江南精工织绣的"百子被"，挂"百子帐"。房内墙壁饰以红漆，顶棚高悬双喜宫灯，洞房东西二门木影壁内外饰以金漆双喜大字。坤宁宫改建后，即成为清宫萨满祭祀的主要场所。与门相对后檐设锅灶，作杀牲煮肉之用。由于是皇家所用，灶间设棂花扇门，浑金

图8-6　进入乾清门，穿过白玉石围栏高台甬道，直达面阔9间的乾清宫。乾清宫为黄琉璃瓦重檐庑殿顶，坐落在单层汉白玉石台基之上。乾清宫面积比太和殿小，较接近人体比例，增加了生活气氛。

图8-7　乾清宫后檐两金柱间设屏，屏前设宝座，宝座上方悬"正大光明"匾，其意是标榜自己的所做所为都是正当适合，光明磊落的。

图8-8　交泰殿平面为方形，深、广各3间，单檐四角攒尖顶，铜镀金宝顶，黄琉璃瓦，双昂五踩斗拱，梁枋饰龙凤和玺彩画。四面明间开门，三交六椀菱花，龙凤裙板隔扇门各4扇，南面次间为槛窗，其余三面次间均为墙。

图8-9　殿内顶部为盘龙衔珠藻井，地面铺金砖。殿中明间设宝座，上悬康熙帝御书"无为"匾。"无为"是道家思想的体现，老子云："道常无为而无不为。"又云："圣人处无为之事，行不言之教。"康熙题"无为"，意在告诫帝王要顺应天道，体恤民情，与民休息。

图8-10 乾清宫代表阳性，坤宁宫代表阴性，以表示阴阳结合，天地合璧之意。坤宁宫坐北面南，黄琉璃瓦重檐庑殿顶，是皇后的寝宫。清改建为祭神的主要场所。

图8-11 坤宁宫是皇帝大婚时的洞房。房内墙壁饰以红漆，顶棚高悬双喜宫灯。洞房有东西二门都饰以金漆双喜大字，有出门见喜之意。洞房西北角设龙凤喜床，床铺挂"百子帐"，铺"百子被"。

图8-12 御花园以钦安殿为中心，两边均衡地布置各式建筑近20座，无论是依墙而建还是亭台独立，均玲珑别致，疏密合度。南边的千秋亭，为4出抱厦组成十字折角平面的多角亭，屋顶是天圆地方的重檐攒尖，造型纤巧秀丽。

图8-13 太和门前的金水河为5座并列的单孔拱券式汉白玉石桥。望柱和栏板刻有云龙纹的纹饰，造型优美，雕刻精细。

毗卢罩，装饰考究华丽（见图8-10、图8-11）。

（3）**东西六宫**。这是嫔妃居住的地方，俗称"三宫六院"。西六宫指储秀宫、翊坤宫、长春宫、永寿宫、启祥宫、咸福宫，位于乾清宫、交泰殿和坤宁宫即后三宫的西侧，与东侧面的东六宫对称而建。东六宫包括景仁宫、承乾宫、钟粹宫、延禧宫、永和宫、景阳宫。现在东六宫大都改为古代艺术品陈列馆，其中有明清工艺美术馆、陶瓷馆、青铜器馆、钟表馆、绘画馆、珍宝馆。

（4）**御花园**。御花园原为帝王后妃休息、游赏而建，但也有祭祀、颐养、藏书、读书等用途。明时这里为祭祀玄武大帝之用，清代改为寺庙。御花园是一座以建筑为主体的宫廷花园。出坤宁宫北行就是御花园，它有门与东西六宫相通。园东西长130米，南北宽90米，占地面积1.2万平方米。主要建筑钦安殿正处在中轴线上，以其为中心，两边均衡地布置各式建筑近20座，其中以浮碧亭、澄瑞亭和千秋亭最具特色。园内青翠的数百年的古柏、藤萝、松、竹间点缀着山石，园内甬路均以不同颜色的卵石精心铺砌而成，组成900余个不同的图案（见图8-12）。

（5）**金水桥**。天安门前面的人工河叫外金水河，五座石桥叫外金水桥。在太和门前，有一条形似弓背的人工河道，叫内金水河，跨越河上有五座并列的石桥，就是内金水桥。内金水河河水从紫禁城西北角护城河引进紫禁城内，曲曲弯弯向南向东再向南，或隐或现，或宽或窄，与紫禁城东南角外的护城河相通，全长为2000多米。而以太和门前的河段最宽、最规整，装饰也最为华丽。河底与河帮全用白石砌成，两面河沿设有汉白玉的望柱和栏板。五座内金水桥居中的最长最宽，为主桥，过去只有皇帝才能通过；左右四座为宾桥，由宗室王公和文武百官通行。五座石桥全部用汉白玉石砌成，望柱和栏板刻有云龙纹的纹饰，位于四周高大建筑的红墙黄瓦之中，更显得素雅美丽（见图8-13）。

宫殿建筑是中国古典建筑中至为重要的组成部分。它总是集中了当时国家的财力、物力和建造技术，它集中表现了当时的生产力水平，反映了当时社会中占统治地位的思想与文化。

中国古典宫殿形式与风格小空间创意设计要求

1. 分析中国古典宫殿空间设计的风格、形式特征、设计特色。运用中国古典宫殿空间设计的风格、形式主要元素，并强调中国古典宫殿空间风格符号。运用中国古典宫殿木构架元素包括柱、梁、妨、垫板、衍檩、斗拱、椽子、望板等基本构件，木构架建筑空间结构包括梁柱结构、穿斗结构、井干结构、斗拱结构、榫卯结构等，以及庑殿顶、歇山顶、攒尖顶、悬山顶、硬山顶和雕梁画柱的手法等体现各种情趣的园景空间设计元素进行创意设计。

2. 运用建筑空间构成要素（地面、墙面、顶面、柱梁）表现建筑与室内空间。

3. 运用空间造型元素（点、线、面、体）与空间形态（几何形，有机形，偶然形，实虚、动静、开合空间）表现建筑与室内空间个性。

4. 运用界面形状、比例、尺度和式样的变化，表现建筑与室内空间。

5. 本创意设计是概念性建筑与室内抽象性创意形态，重点表现空间要素、空间功能、建筑构件、空间结构、空间形态、空间形式、造型手法、创意方法，创造简约的、概括的、抽象功能的空间，避免太实际又锁碎的造型与装饰。

6. 利用一个10m×10m×10m的正立方空间与一个10m×6m×6m的长方空间进行空间形式风格概念构成创意设计。

图8-14　重檐庑殿顶式餐厅　潘燕萍
重檐庑殿顶是中国、日本、韩国等中华文化圈国家古代建筑的一种屋顶样式，在中国是各屋顶样式中等级最高的，明清时只有皇家和孔子殿堂才可以使用。这种殿顶构成的殿宇平面呈矩形，面宽大于进深，前后两坡相交处是正脊，左右两坡有四条垂脊，分别交于正脊的一端。这座餐厅屋顶利用古典宫殿重檐庑殿顶样式的创意设计，设计师把重檐拉开分成上下两层餐厅，重檐庑殿顶上覆紫色琉璃瓦，色调古朴。

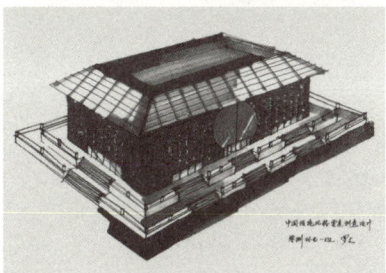

图8-15　悬山顶式酒店　罗　文
悬山顶建筑的檩木不是包砌在山墙之内，而是挑出山墙之外，挑出的部分称为"出梢"，这是它区别于硬山的主要之点。悬山顶式结构常用于民居与神橱，这座悬山顶式酒店立面取中国红且造型简洁，设双层台基显示酒店权势和地位。

图8-16　攒尖顶式纪念馆　何有朋
这座重檐攒尖顶式纪念馆，设计师把八角重檐攒尖顶置于对称形式四方体纪念馆建筑之上，设三层台基显示纪念馆的地位。

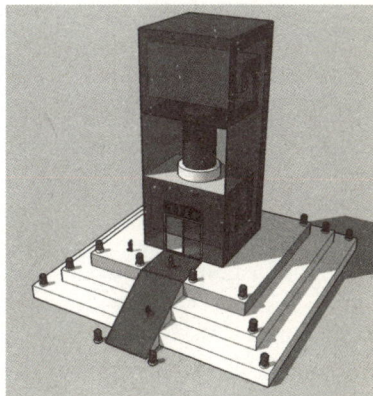

图8-17　中国古典宫殿式纪念馆　林堪德
这是座中国古典宫殿式纪念馆，设计师把中国古典宫殿式红圆柱凸出立于纪念馆中部并形成开敞空间，上下两四方纪念厅侧立面采用夸张装饰回纹，设三层台基显示纪念馆的地位与尊严。

图8-18　卷棚顶室外休闲亭　陈国锋

卷棚顶为双坡屋顶，两坡相交处不作大脊，由瓦垄直接卷过屋面成弧形的曲面卷棚顶，屋面前坡与脊部呈弧形滚向后坡，颇具一种曲线所独有的阴柔之美。卷棚顶形式活泼美观，一般用于园林的亭台、廊榭及小型建筑上。这座卷棚顶室外休闲亭采用双座卷棚顶，立柱、梁柱及斗拱结构相连，设汉白玉台基围栏。

图8-19　卷棚顶室外休闲廊亭　麦浪浪

这座卷棚顶室外休闲廊亭采用双座卷棚顶，设金柱大门，檐柱以内的柱子称"金柱"。 金柱大门，就是将门框安在金柱上的大门。大门的前檐柱上檐檩枋板下装有雀替，后檐柱上装有倒挂楣子。抱鼓石一般为圆鼓，体量硕大，用来制衡厚重的门板。

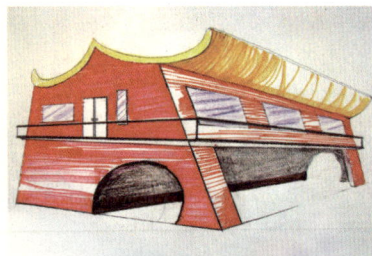

图8-20　悬山屋顶餐厅　蓝建云

悬山屋顶的形制较为原始。制砖业不发达时期墙垣用土，为保护山墙免遭风雨浸蚀就需将屋面挑出墙外，因此这种屋顶形式最大地被用于普通的民间居室之上。这座悬山屋顶采用金黄色屋顶，倾斜的红色墙立面富有动感。

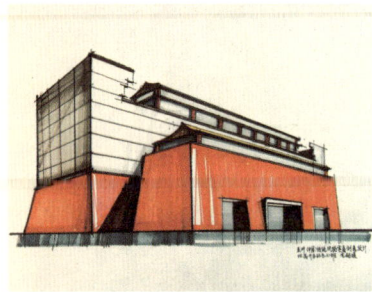

图8-21　古典宫殿午门城门酒店　冼超媛

午门是紫禁城的正门，位于紫禁城南北轴线。此门居中向阳，位当子午，故名午门。中国古典宫殿这种以门庑围成广场、层层递进的布局形式是受中国古代"五门三朝"制度的影响，有利于突出皇宫建筑威严肃穆的特点。这座古典宫殿午门城门酒店入口前厅形似午门，威严肃穆，后面酒店主体空间也是古典宫殿与现代方体空间相互插入构成，整体空间组合完整生动。

图8-22　古典宫殿雕纹电话亭　吴冬梅

中国古典宫殿常选用一些植物和动物的花纹图案作为装饰，如植物中的松、竹、梅、桃、石榴、灵芝、葫芦和动物中的龙、凤、百鸟、喜鹊、蝙蝠、狮、象、鹿等。龙为鳞虫之长，是皇权的象征、吉祥物。龙还衍生出不同种类，如虬龙、螭等。凤为传说中的瑞鸟，是宫殿常用的装饰图案。选用这些图案既要表达福寿、吉祥的美好愿望也包含着人们对荣华富贵的企盼。在藻井、毗虚、屏门、走马板等部位，或雕或书，所用甚多。这座古典宫殿雕纹电话亭采用梁柱木构架结构与榫卯结构，电话亭两侧上下采用祥云石雕纹与木条吉祥纹。

第九讲
中国古典民居空间
设计形式与风格

09

第九讲
中国古典民居空间
设计形式与风格

中国地域辽阔，各地区自然环境与社会经济环境、民族历史传统、生活习俗、人文条件、审美观念不同，因而，民居的平面布局、结构方法、造型和细部特征也就不同，各地民居建筑形式也不同。各种民居建筑空间形式表现出人与自然的关系，淳朴自然而又有着各自的特色。中国民居使用者自己设计、自己建造、自己使用，没有像官方建筑都有一套程序化的规章制度和做法。它可以根据当地的自然条件、自己的经济水平和建筑材料特点，因地因材来建造房子。因而中国民居充分反映了本民族的特征和本地的地方特色，民居空间功能讲求实际，材料构造经济，外观形式朴实。

第一节　中国传统民居建筑空间形式与风格的概念

中国传统民居从先秦发展到21世纪初，尽管随着历史的推移，在不同的朝代、不同的地区具有不同的风格特点，但始终是以木构架为结构主体，以单体建筑为构成单元。在先秦时代，"帝居"或"民舍"都被称为"宫室"，从秦汉(公元前后200年)起，"宫室"才专指帝王居所，而"第宅"专指贵族的住宅。汉代规定列侯公卿食禄万户以上、门当大道的住宅称"第"，食禄不满万户、出入里门的称"舍"。近代则将宫殿、官署以外的居住建筑统称为民居。

一、传统社会哲理、习俗的影响。 民居建筑是与社会经济生活、政治制度、民间习俗、技术条件等最为密切相关的建筑类型。中国民居受到中国古代社会、文化、习俗的影响，同时，它又受到古代各种哲理，诸如儒礼、道学、阴阳五行等学说的影响，这是民居组成的首要要素。

二、浓厚的民族地方特色。 我国传统民间建筑民居与各民族民众的生活生产密切相关，故它具有明显的地方特色和浓厚的民族特色，反映出与各族民众的生活生产方式、习俗、审美观念密切相关的特征，也反映出民居结合利用地形、适应气候、利用当地的材料以及适应环境的能力。因而，民居的平面布局、结构方法、造型和细部特征，淳朴自然而又有着各自的特色。

三、天人合一的生态观。 中国传统民居顺应自然，巧妙地利用了自然生态资源，同时也重视理水，负阴抱阳、背山面水，充分利用乡土建筑材料，如山之木、原之土、滩之石、田之草等等，这就使得幢幢民居宛如生长于大地，与自然环境成为一个有机的整体。利用自然温差御寒防暑等等，反映了重视局部生态平衡的天人合一的生态观。在民居聚落的布局上，它们沿河溪则顺河道，傍山丘则依山势，有平地则聚之，无平地则散之。有"顺其自然"、"因地制宜"之大法。

第二节 中国传统民居建筑空间形式与风格的特征

中国传统民居建筑没有像官方建筑都有一套程序化的规章制度和做法，它可以根据当地的自然条件、自己的经济水平和建筑材料特点，因地因材来建造房子。它可以按照自己的需要和建筑的内在规律来进行建造。因此，在民居中可以充分反映出，功能是实际的、合理的，设计是灵活的，材料构造是经济的，外观形式是朴实的。中国地域辽阔，民居形式分为庭院式民居、干栏式民居、窑洞式民居及其他特殊类型民居。

一、庭院式民居。 庭院式民居是中国汉族、满族、白族等族最普遍的一类民居，其数量多，分布广，也是民居形态中材料使用和结构技术最先进、构成因素最丰富、"礼"的层次最复杂和装修装饰最多样的一种类型，是封建社会形态物化自然环境较理想的一种模式。最主要的特征是封闭而有院落，中轴对称而主次、内外分明。它以单间组成的条状单幢住房为基本单位，周围布置，组成院落，成为一种室内室外共同使用的居住生活空间形态。这种住宅以木构架房屋为主，在南北向的主轴线上建正厅或正房，正房前面左右对峙建东西厢房。由这种一正两厢组成院子，即通常所说的"四合院"、"三合院"。长辈住正房，晚辈住厢房，妇女住内院，来客和男仆住外院，这种分配符合中国封建社会家庭生活中要区别尊卑、长幼、内外的礼法要求。由于气候、传统及风俗习惯的不同，庭院式民居在具体表现上又可分成合院式、厅井式、组群式。中国汉族地区传统庭院式民居以采取中轴对称方式布局的北京四合院为典型代表。北京四合院是中国封建社会宗法观念和家庭制度在居住建筑上的具体表现。北京四合院分前后两院，庭院方阔，尺度合宜，花木井然。居中的正房体制最为尊崇，是举行家庭礼仪、接见尊贵宾客的地方，各幢房屋朝向院内，以游廊相连接。从恭王府府邸到普通百姓家，保留了院落式民居中四合院最完整、最齐全的形态，在规模、构成、装修装饰、院落小品等方面有许多变化。

二、干栏式民居。 西南各少数民族常依山面水建造木结构干栏式楼房，楼下空敞，楼上住人，其中苗族、土家族的吊脚楼最具特色。吊脚楼通常建造在斜坡上，没有地基，以柱子支撑建筑，楼分两层或三层，最上层很矮，只放粮食不住人，楼下堆放杂物或圈养牲畜。典型的干栏木楼全身是木，木构架、木檩椽、木板墙、树皮瓦，连接处用榫头穿卯眼，没有铁钉、铁钩。房屋平面呈矩形，屋顶为双坡大"悬山式"，架空两至三层，家家户户多沿山坡密集聚合。

三、天井式民居。 由干栏木楼融合院落演变而成为安徽徽州天井式民居及福建永定客家土楼民居。徽州天井式民居平面布局同北方的"四合院"大体一致，只是院子较小，称为"天井"，仅作排水和采光之用。因为各屋面内侧坡的雨水都流入天井，故俗称"四水归堂"。这种民居第一进院正房常为大厅，院子略开阔，厅多敞口，与天井内外连通。后面几进院的房子多为楼房，天井更深、更小些。屋顶铺小青瓦，室内多以石板铺地，以适合江南温湿的气候。

徽州天井式民居广泛流行在长江流域以南"百越"地区，包括江浙一带的"于越"、福建一带的"闽越"和皖赣一带的"山越"等等。江南地区的天井式民居都沿用了四合院的平面布局，高高的墙壁在冬季防止热量的散发，在夏天防止强烈的阳光，为保证有效的通风，还构筑了二层或三层的天井。住宅所有的建筑围合着天井，内部各室向着天井开放。江南水乡民居往往临水而建，前门通巷，后门临水，每家自有码头，供洗濯、汲水和上下船之用。

福建土楼民居以永定县客家土楼为代表。它们极具特色，平面布局方、圆、八角和椭圆形皆有，主要由中心部位的单层厅堂和周围的四五层楼房组成。土楼用当地的生土、沙石、木片建成，坚固、安全、封闭，冬暖夏凉、防震抗风，又有强烈的宗族特性。楼内凿有水井，备有粮仓，如遇战乱、匪盗，大门一关，自成一体，可数月之内粮水不断。

四、窑洞式民居。中国北方黄河中上游地区窑洞式住宅较多，在陕西、甘肃、河南、山西等黄土地区，当地居民在天然土壁内开凿横洞，并常将数洞相连，在洞内加砌砖石，建造窑洞。窑洞防火，防噪音，冬暖夏凉，节省土地，经济省工，将自然图景和生活图景有机结合，是因地制宜的完美建筑形式。

五、藏族碉房。藏族民居极具特色，藏南谷地的碉房、藏北牧区的帐房、雅鲁藏布江流域林区的木构建筑各有特色。碉房大多数为三层或更高的建筑，底层为畜圈及杂用，二层为居室和卧室，三层为佛堂和晒台。四周墙壁用毛石垒砌，开窗甚少。内部有楼梯以通上下，易守难攻，类似碉堡。窗口多做成梯形，并抹出黑色的窗套，窗户上沿砌出披檐。

六、开平碉楼。开平碉楼位于广东省开平市，是中国乡土建筑的一个特殊类型，是一种集防卫、居住和中西建筑艺术于一体的多层塔楼式建筑。开平碉楼最迟在明代后期（16世纪）已经产生，到19世纪末20世纪初发展成为表现中国华侨历史、社会形态与文化传统的一种独具特色的群体建筑形象。这一类建筑群规模宏大，品类繁多，造型别致，分布在开平市的乡村。其特色是中西合璧的民居，有古希腊、古罗马及伊斯兰等多种风格。

第三节　中国传统民居徽派建筑空间形式与风格的代表作品

皖南民居位于安徽省长江以南山区地域，如安徽西递村古民居、安徽宏村古民居、安徽屯溪老街、安徽三河古镇、安徽南屏古村、安徽棠樾牌坊群、江西理坑民居、婺源紫阳民居。皖南民居村落不仅与地形、地貌、山水巧妙结合，而且还与明清徽商的雄厚经济实力和高雅超脱的文化精神相辉映。徽派民居风格自然古朴，隐僻典雅。顺乎形势，与大自然保持和谐，笃守古制，信守传统，推崇儒教。其中以西递和宏村为皖南民居古村落代表。

西递、宏村古民居群是徽派建筑的典型代表。现存完好的明清民居440多幢，其布局之工、结构之巧、装饰之美、营造之精为世所罕见。在1999年的联合国教科文组织第二十四届世界遗产委员会上，西递、宏村被列入世界文化遗产名录。古代徽州建筑在成形的过程中，受到独特的地理环境和人文观念的影响，显示出较鲜明的区域特色，在造型、功能、装饰、结体诸多方面自成一格。明中期以后，随着徽州缙绅和商业集团势力的崛起，徽派园林和宅居建筑亦同步跨出徽州本土，在江南江北各大城镇扎根落户，如江苏的扬州、金陵，浙江的杭州、金华，江西的景德镇等地，都是徽式建筑相对密集的城市。徽派建筑的工艺特征和造型风格主要体现在民居、祠庙、牌坊和园林等建筑实物中，作为设计和实施者，江南民间的徽州帮匠师集团对这一流派的形成起了重要作用。徽派建筑风格最为鲜明的是传统民居，它集中地反映了徽州的山地特征，风水意愿和地域美饰倾向。

一、西递村传统民居建筑空间

西递村坐落于黄山南麓，距黄山风景区40公里，距黟县县城8公里。西递村面积近130万平方米，东西长700米，南北宽300米，始建于北宋皇祐年间（1049—1054），距今已有近千年的历史。整个村落呈船形，保存有完整的古民居122幢，祠堂3幢、牌楼1座，现有居民300余户，人口1000余人。据史料记载，西递始祖为唐昭宗李晔之子，因遭变乱，逃匿民间，改为胡姓，繁衍生息，形成聚居村落。故自古文风昌盛，到明清年间，一部分读书人弃儒从贾，他们经商成功，大兴土木，建房、修祠、铺路、架桥，将故里建设得非常舒适、气派、堂皇。由于历史上较少受到战乱的侵袭，也未受到经济发展的冲击，村落原始形态保存完好，始终保持着历史发展的真实性和完整性，被誉为"中国传统文化的缩影"、"中国明清民居博物馆"。村中宅院的布局之工，结构之巧，装饰之美，营造之精，文化内涵之深，为国内古民居建筑群所罕见，堪为徽派古民居建筑艺术之典范（见图9-1）。

图9-1 《徽派民居·西递村里》 李泰山 纸本水墨 69cm×70cm 2008年

西递村古建筑大多为三间与四合格局的砖木结构楼房，马头粉墙，盖以小青瓦。木雕、石雕、砖雕丰富多彩，两条清泉穿村而过，99条高墙深巷，巷道和建筑的设计布局协调。村落空间变化灵活，建筑色调朴素淡雅，是中国徽派建筑艺术的典型代表。

西递村主要建筑有村头明万历六年（1578年）建的三间四柱五楼的青石牌坊，峥嵘巍峨，结构精巧，是胡氏家族地位显赫的象征。村中敬爱堂是一座宗祠，原为西递胡氏十四世祖仕亨公住宅，因胡氏子孙旺盛，遂扩建为宗祠。"敬爱堂"名寓意深远，即启示后人须和睦相处。作为宗祠，一是议商族事之室，兼作族人举办婚嫁喜事、教斥不孝子孙的场所。其面积达1800多平方米。敬爱堂门楼飞檐翘角，一进大门，是长方形的天井合院，供采光之用。中门为祭祀大厅，厅分上、下庭，左右分设两庑，樱花枋上高悬"敬爱堂"楷书匾额。上庭之后为楼式建筑的供奉厅，供奉列祖宗神位。上庭正面木板壁上悬挂着祖宗的画像，上悬匾额"百代蒸尝"，意思是要世世代代不忘祖先的恩典。下面正中是一把太师椅，当是族长之位。两边纵列两排罗汉椅、案，为族中年长和有声望之人议事或祭祀时所坐，厅前还有一大几案，用于祭祀时放置祭品。履福堂建于康熙年间，陈设典雅，充满书香气息，厅堂题为"书诗经世文章，孝悌传为报本"、"读书好营商好效好便好，创业难守成难知难不难"的对联，显示了儒学向建筑的渗透。大夫第建于清康熙三十年（1691年），为朝列大夫、知府胡文煦故居。四合院二楼结构，正厅裙板隔扇均精雕冰梅图案，槛梗窗花仿明代格调。厅左利用隙地建有临街彩楼，飞檐翘角，挂落、栏杆，排窗宽敞，玲珑典雅，楼额木刻隶书"桃花源里人家"。

二、宏村传统民居建筑空间

位于黟县城西北角，距黟县县城11公里。始建于南宋绍兴元年（1131年），距今已近千年历史，村落面积约190万平方米，现存明清（1368—1911）时期古建筑137幢。最早村民汪氏宗族集全族之力，历时200余年构筑由拦河坝、水圳、月沼和南湖组成的水系，它充分利用自然地形，完美地集给水、排水、泄洪和灌溉于一体。整个村庄从高处看，宛若一头斜卧山前溪边的青牛。村中半月形的"月塘"称为"牛胃"，400余米长的水川被称作"牛肠"，村西山溪上四座木桥，作为"牛脚"，形成了"山为牛头，树为牛角，屋为牛身，桥为牛脚"的牛形村落。引清泉为"牛肠"，从一家一户门前流过，使得村民"浣汲未妨溪路远，家家门巷有清渠"。"牛肠"在流入村中被称为"牛胃"的月塘后，经过过滤，复又绕屋穿户，流向村外被称作是"牛肚"的南湖，再次过滤流入河床。这种别出心裁的村落水系设计，不仅为村民生产、生活用水和消防用水提供了方便，而且调节了气温和环境（见图9-2）。宏村民居承志堂是徽州天井式民居代表作，它是清代盐商营造，占地2000多平方

图9-2 宏村是古黟桃花源里一座奇特的牛形古村落。宏村民居层楼叠院，街巷蜿蜒曲折。村落水系设计，不仅为村民解决了消防用水，而且调节了气温，为居民生产、生活用水提供了方便，创造了一种"浣汲未妨溪路远，家家门前有清泉"的良好环境。

图9-3 宏村民居承志堂是大盐商汪定贵的住宅。它是村中最大的建筑群，占地约2100平方米，正厅和后厅均为3间回廊式建筑，两侧是家塾厅和鱼塘厅，后院是一座花园。全宅有木柱136根，木柱和额枋间均有雕刻，造型富丽，工艺精湛。

米，为砖木结构楼房。全屋分内院、外院、前堂、后堂、东厢、西厢、书房厅、鱼塘厅、厨房、马厩等。内部有房屋60余间，围绕着9个天井分别布置。其正厅横梁、斗拱、花门、窗棂上的木刻，层次繁复、人物众多，堪称徽派"三雕"艺术中的木雕精品（见图9-3）。

第四节　徽派建筑空间形式与风格设计特征

　　徽派建筑的特色主要体现在村落民居、祠堂庙宇、牌坊和园林等建筑实体中。其风格最为鲜明的是大量遗存的传统民居村落，从选址、设计、造型、结构、布局到装饰美化都集中反映了徽州的山地特征、风水意愿和地域美饰倾向。

一、天人合一的风水原理

　　中国传统文化的特质是"天人合一"，徽派建筑追求的也是"天人合一"，这里的"天"既是自然的，也是人文的。徽州为山冈丘陵地貌，溪流水塘遍布，民居多借助山水格局，依山傍水而建。徽州村落的选址大体依据着"背山、环水、面屏"的象形风水原理，为求"山养丁、水养财"的风水格局，徽州人不惜耗费大量的人力和财力对自然山水进行改造，尤其以理水最具特色。作为村落的咽喉，受传统风水"水为财源"观念的影响，徽州人尤其重视村落的"水口"，建构了独具特色的水口园林。水口多修有园林，或修庙筑观，或建桥、亭、楼阁，作为风水之镇物。严密的水口既求得了心理的安宁，又丰富了村落景观。另外，徽州地区气候多雨、炎热，因此建筑空间处理开敞、流通，多设庭院、天井，又多设敞口厅、花罩隔断，内外空间交融，空间层次丰富。庭院常种树木花草，形成有院必有园的格局，民居则用竹林、树木为界面，在房前围合室外空间，形成院坝。这些都体现了天人合一的中国传统哲学思想和对大自然的向往与尊重。

二、伦理和谐的空间布局

　　徽州是封建宗法制度的理论基础———程朱理学的发祥地，宗法制度森严而完备，其民居反映了封建法制、伦理道德的内容。为了保持血统的纯洁性和宗族凝聚力，预防外族入侵，徽州人聚族而居。官商士民对封建风水文化顶礼膜拜，认为村镇的群体布局所勾勒而成的地形轮廓的寓意内涵直接反映了一个宗族的"文化"素质，关系着宗族的荣辱兴衰。大部分古村落是黑瓦白墙，飞檐翘角的屋宇随山形地势高低错落，层叠有序。宏村堪称典型，站在村边山坡上俯瞰全村，各种各样的建筑物规划严整，排序井然。其建筑个体独立、内敛，却又不失整体的联系。深深的冷巷、高耸的马头墙割裂的是火、是风、是盗贼，然而通过曲径通幽、小桥流水、祠堂、书院等公共建筑元素，又将整个村落的内在肌理紧密相连。民居内部布局方式的安排依据家族伦理观念和准则，伦理色彩相当浓厚。通常，民居室内空间布局大都分为正房、偏房、前房、后房，还有厨房、佣人房及仓库等。家庭谁住正房、谁住偏房、谁在后房，女儿的闺房不能随便进入等都有讲究。这种中国建筑文化是礼与乐相统一的文化，是让人精神意志肃整的伦理、使人深思的自然哲学与令人心灵愉悦的情感形式的和谐。

三、素雅之美的造型装饰

徽州因地势原因，"力耕所出，不足以供"，民生维艰。生活在这种艰苦环境中的徽州人深知养家创业之艰辛，养成了节衣缩食、勤俭持家的良好风范，且写进族规家训代代相传。因此即便经营成功，腰缠万贯的富商巨贾也不以豪侈自喜，倡行节俭。如建造宅第时往往因陋就简，就地取材，在坚固实用、美观大方的基础上寻求朴素自然、清雅简淡的美感。以当地丰富的黏土、石灰、黟县青石、水杉为主要材料建筑的徽派民居构思精巧，清一色的黑瓦白墙显得古朴典雅与清淡朴素。徽州民居三合天井或四合天井院落外观极为简洁，高大的封火山墙围合的体量上很少开窗，除了水磨青砖的雕花门楼外极少其他装饰。灰瓦压顶的封火山墙高低错落，形成的水平线条与点缀的门窗构成了强烈的抽象对比；而白墙与灰瓦屋面又形成了大面积的色块对比。与简洁外观形成鲜明对比的是丰富的内部木雕，然而，徽州木雕只用木本色，绝不施任何油色，仅刷桐油防腐。木本色显示素雅之美与清新高雅的格调，也是与徽商儒商风范的文化修养及新安画派的审美影响有关。

四、多进院落集居的空间格局

徽派民居结体多为多进院落式集居形式，宅居最基本的布局以中轴线对称分列，面阔三间，中为厅堂，两侧厢房，楼梯在厅堂前后或在左右两侧，厅堂前方称天井，采光通风。在此基础上建筑纵横发展、组合，可形成四合式、大厅式和穿堂式等格局。四合式大多为人口多的家庭居住，也可说是两组三间式相向组合而成，可分为大四合与小四合。大四合式前厅与后厅相向，中间是大天井。前厅是三间式，但地坪较高，为正厅堂；后厅亦为三间式，但进深可略浅，地坪面较前厅低。前后二厅以厢房相连，活动隔扇，楼梯间有设于厢房的，也有设在前厅背后的。内部木板分隔，外墙均为砖墙出山马头墙。天井则根据地形可大可小，也有的在前厅背后再设厢房、小天井。这种大四合式住宅前后均有楼层。小四合式前厅三间与大四合式同，后厅则为平房，也更小，进深浅。一般中间明堂不能构成后厅，而作为通道，两个房间供居住，天井也较小，楼梯均在前厅背后。徽州人有聚族而居的习俗。有的大户人家宅屋成片相连，一百多个天井，但也只是上面几种基本格局的拼接组合而已。

五、独特的空间功能系统

徽派古建筑厅堂与穿堂的天井庭院和马头墙等各有独特的空间功能系统与使用效果。

1. 厅堂与穿堂。 厅堂主要是用于迎接贵宾、办理婚丧大礼和开展祭祀活动等，也作为日常起居场所，往往是整座住宅的主体部分。厅堂为明厅，三间敞开，有用活动隔扇封闭，便于冬季使用，两根圆柱显示着大厅的气派。一般厅堂设两廊，面对天井。也有正中入口设屏门，日常从屏门两侧出入，遇有礼节性活动，则由屏门中门出入。厅堂的摆设也很讲究，案台上有钟、花瓶、镜子等物品，取谐音为"终身平静"。穿堂又名回厅，位置在厅堂背后，是从厅堂进入内室的过渡空间。穿堂大部分为木地板，有天井采光，由大厅正面隔屏的两侧门进入。穿堂部分有一明堂，两个小房间，可供客人居住，也可家中人居住。

2. 天井。 徽州宅居的基本形式为天井庭院形布置，即由房屋和围墙组成封闭的空间，院内以南向厅堂为主，东西两厢为辅，中间为天井，房屋除大门外，只开少数小窗，平面组成为"凹"字形。从建筑功能上看，这种设计使得屋内光线充足，空气流通，并有利于排水。天井把大自然融入院落，坐在厅堂内能够晨沐朝霞，夜观星斗，名副其实地坐"井"观天。人们足不出户便可将日月星辰收于眼底，有天人合一的寓意。有些家庭还在天井中设置假山，筑池养殖金鱼，摆放盆景，使天井成了搬进室内的庭院。此外，四面屋顶均坡向天井，这种将雨水集中于住宅之内的做法又被称为"四水归堂"，有"肥水不流外人田"之意。"有堂皆设井，无宅不雕花"，"四水归堂"为徽州民居的一大特色。

3. 马头墙。 马头墙又称封火墙。明清时期建成的徽居，大多数人家的房屋都是连成一片的。这些房子除了外在的建筑材料是石头之外，内在的部分则基本是各种的木制品。这样的房屋构造最害怕的便是火势，所以封火墙是在隔壁邻居家发生火灾时，起着隔断火源、防止火势蔓延的作用。为了使封火墙具有艺术的美感，古人将其设计成了昂首长嘶的马头。马头墙很高，远远高出了屋顶，它们不但防火，还同时兼有防盗防风的作用。最初，它们只是一些简单的山墙，但随着徽商的财力渐丰，马头墙的造型也日渐丰富多样，云形、阶梯形、弓形等等，层出不穷。

4. 独特的"三雕"装饰艺术。 徽派古建筑以砖、木、石为原料作装饰雕刻，被称为"三雕"，是徽式宅居独特的装饰艺术。

（1）砖雕。 徽州砖雕有平雕、浮雕、立体雕刻。砖雕的用料与制作极为考究，一般采用经特殊技艺烧制的青砖为材料，先细磨成坯，在上面勾勒出画面的部位，凿出物象的深浅，确定画面的远近层次，然后再根据各个部位的轮廓进行精心刻画。徽州砖雕题材包括翎毛花卉、龙虎狮象、林园山水、戏剧人物等，具有浓郁的民间色彩。砖雕大多镶嵌在门罩、窗楣、照壁上，极富装饰效果。门楼或门罩有防止雨水作用，也是住宅的脸面及体现主人地位的标志。富家门楼十分讲究，多有砖雕或石雕装饰。有的门楼造型别致，两边高高翘起的檐角，整体看像金元宝，寓意为"招财进宝"；有的门楼及门窗刻桂花等图案，意为"富贵临门"；有的门楼两横枋间有砖雕刻的玩童形态各异的"百子图"。如徽州岩寺镇的进士第门楼，为三间四柱五楼，用青石和水磨砖混合建成，门楼横枋上双狮戏球雕饰，柱两侧配有巨大的抱鼓石，高雅华贵。

（2）木雕。 木雕在徽式宅居雕刻装饰中占主要地位，如梁头上的线刻纹样、屏门隔扇、窗扇、窗下挂板、楼层拱杆栏板及天井四周的望柱头等木雕刻装饰。手法有线刻、浅浮雕、高浮雕、透雕、圆雕和镂空雕等。内容多为人物、山水、花草、鸟兽及八宝、博古。题材有传统戏曲，民间故事，神话传说和渔、樵、耕、读、宴饮、品茗、出行、乐舞等生活场景，其表现内容和手法因不同的建筑部位而各异。这些木雕均不饰油漆，而是通过高品质的木材色泽和自然纹理，使木雕的细部更显生动。如天井回廊间隔空间的木雕格窗，其功能有采光、通风、防尘、保温、分割室内外空间及装饰等作用。格窗由外框料、条环板、裙板、格芯条组成。格窗还采用蒙纱绸绢，糊彩纸，编竹帘等方法，增加室内透光。格窗主要形式有方形(方格、方胜、斜方块、席纹等)，圆形(圆镜、月牙、古钱、扇面等)，字形(十字、亚字、田字、工字等)，什锦(花草、动物、器物、图腾等)。格窗图案多采用暗喻和谐音的方式表现吉祥的寓意，如"平安如意"用花瓶与如意图案组成谐音表示，"福寿双全"用寿桃与佛手图案表示，"四季平安"是花瓶上插月季花，"五谷丰登"用谷穗、蜜蜂、灯笼组合，"福禄寿"用蝙蝠、鹿、桃表示等。

　　（3）石雕。徽派石雕主要采用青石，利用浮雕、透雕、圆雕等手法，质朴高雅，浑厚潇洒。浮雕以浅层透雕与平面雕为主，圆雕整合趋势明显，刀法融精致于古朴大方。石雕主要表现在祠堂、寺庙、牌坊、塔、桥及民居的庭院、门额、栏杆、水池、花台、漏窗、照壁、柱础、抱鼓石、石狮等上面。内容多为象征吉祥的龙凤、仙鹤、猛虎、雄狮、大象、麒麟、祥云、八宝、博古和山水风景、人物故事等，如徽派大型屋脊吻装饰件，常用青石雕刻。徽派的祠堂、庙宇、府宅等大型建筑有正吻、蹲脊兽、垂脊吻、角戗兽、套兽等。正吻指正脊两头口衔屋脊的鳌鱼，垂脊吻是位于同正脊相垂之脊头的人物饰件，称"仙人"，脊上立兽为"哮天犬"。诸种脊吻装饰件皆为庇护平安，寄寓生生不息之吉意。

　　中国传统民居是中国历史文化的缩影，民居建筑的形式与风格是传递地方百姓生活状态、宗教信仰和文化环境的符号和意象。中国传统民居是人工和自然的因地、因时、因材制宜的完美应和。

作业与点评

中国古典民居形式与风格小空间创意设计要求

1. 分析中国古典民居空间的设计风格、形式特征、艺术特色。运用中国古典民居空间设计的风格、形式主要元素，并强调中国古典民居空间风格符号。运用客家土楼，徽派建筑的民居、祠堂、庙宇、牌坊等体现各种情趣的民居空间元素进行创意设计。

2. 运用建筑空间构成要素（地面、墙面、顶面、柱梁）表现建筑与室内空间。

3. 运用空间造型元素（点、线、面、体）与空间形态（几何形，有机形，偶然形，实虚、动静、开合空间）表现建筑与室内空间个性。

4. 运用界面形状、比例、尺度和式样的变化，表现建筑与室内空间。

5. 本创意设计是概念性建筑与室内抽象性创意形态，重点表现空间要素、空间功能、建筑构件、空间结构、空间形态、空间形式、造型手法、创意方法，创造简约的、概括的、抽象功能的空间，避免太实际与锁碎的造型与装饰。

6. 利用一个10m×10m×10m的正立方空间与一个10m×6m×6m的长方空间进行空间形式风格概念构成创意设计。

图9-4　餐厅入口庭园门洞廊　卢嘉
庭园门洞为联系和组织庭园中景观空间而设，门洞使两个分隔的空间相互联系和渗透，一般与园路、围墙结合布置，共同组织游览路线。门洞作为景框，可以从不同的视景空间和角度，获得许多生动的风景画面。通过门洞的巧妙运用，可以使庭园环境产生园中有园、景外有景、步移景异的效果。门洞的边框线形式分为曲线式、直线式和混合式。这座餐厅入口庭园门洞廊利用重排拉长的圆门洞构成节奏与韵律形式美感，为突出后面的主餐厅起了烘托作用。红色灯笼增加了空间的吉祥喜庆气氛。

图9-5 冰裂纹展示大厅空间 许何展
冰裂纹图案，是一般民居建筑内窗格、隔门中常见的木条装饰图案造型。在
徽商古民居中隔墙及窗格上有排列着"人"字三角形的冰裂纹装饰，寓意以
人为本，又有寒窗苦读的文化理念。冰裂纹又叫断纹瓷，是宋代龙泉青瓷中
的一个品种，因其纹片如冰破裂，裂片层叠，有立体感而称之。这座冰裂纹
展示大厅空间墙面由大小渐变形式冰裂纹形成结构与装饰，形式感强，传统
文化理念鲜明。

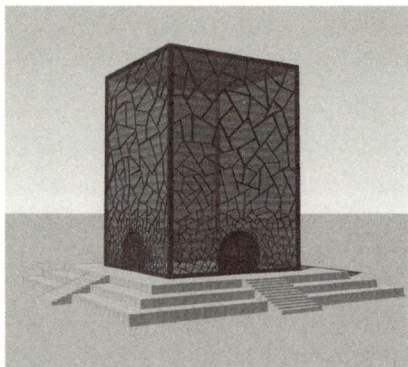

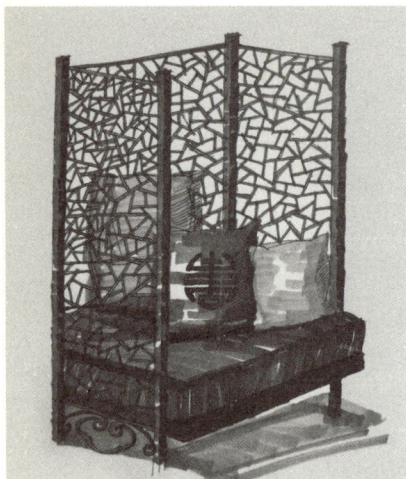

图9-6 冰裂纹装饰休闲椅 王焕
这座冰裂纹装饰休闲椅寓意寒窗苦读的文化理念，冰裂层叠大小相间形
式形成休闲椅靠背装饰，红色的表面形式感强，鲜明地表达出传统文化
理念。

图9-7 传统窗格攒尖顶酒店 杨俊雄
窗格亦称窗扇或窗隔。古建筑的窗在没有用玻璃之前，多用纸糊或安装鱼鳞片
等半透明的物质以遮挡风雨，因此需要较密集的窗格。对这种窗格加以美化就
出现了菱纹、步步锦及各种动物、植物、人物组成的千姿百态的窗格花纹。这
座传统窗格攒尖顶酒店采用六边菱纹作外墙装饰，屋顶采用六边攒尖顶，中国
传统空间形式概念浓厚。

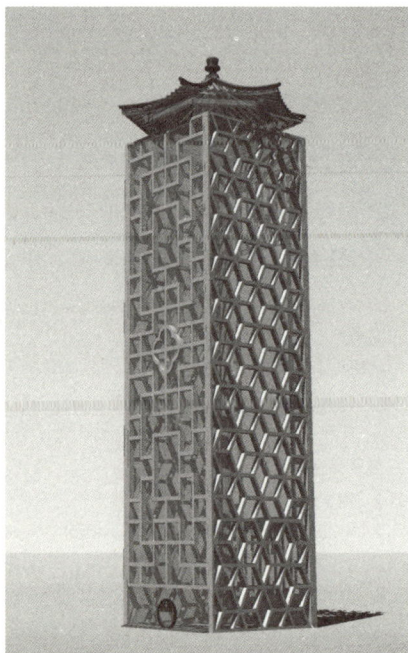

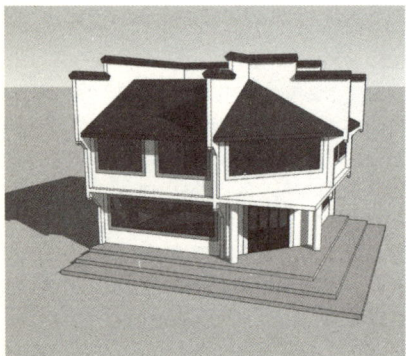

图9-8 徽派风格马头墙餐厅 郑龙军
徽派建筑是中国古代社会后期成熟的建筑流派，地域文化特征极为鲜明。徽派
古民居的内部结构格局生动体现了徽州宗法制度及其观念形态。马头墙又称封
火墙，是家人们望远盼归的物化象征，起着隔断火源的作用，是徽派建筑的重
要特色。这座徽派风格的餐厅静止的墙体，因为有了黑白辉映的马头墙而显出
动态的美感，使人得到明朗素雅和层次分明的韵律美的享受。

10

第十讲
中国古典园林空间设计形式与风格

第十讲
中国古典园林空间
设计形式与风格

　　中国古典园林以江南私家园林、岭南私家园林和北方皇家园林为主要形式，追求自然精神境界与"虽由人作，宛自天开"的审美旨趣。中国古典园林由筑山、理池、植物、动物、建筑、匾额、楹联与刻石要素构成，造园者借用这些构成要素在园林空间中表现了我国古代哲学思想、宗教信仰、文化艺术。同时，中国古典园林善用民族风格的各种建筑物，如亭、台、楼、阁、廊、榭、轩、舫、馆、桥等，配合自然的水、石、花、木等体现各种情趣的园景空间。

第一节　中国古典园林空间设计形式与风格的发展历程

　　中国古典园林是指以江南私家园林和北方皇家园林为代表的中国山水园林形式，在世界园林发展史上独树一帜。中国园林艺术有着三千年的历史，具有独特的民族风格。中国园林艺术历史，大致可分为三个时期，即：

　　一、秦汉自然风景园林时期。此时期是从商周时代园林最初的形式"囿"到秦汉"苑"的发展时期。秦代秦始皇开始营建大小宫苑，如上林苑中的三百里阿房宫，内有离宫七十所。汉代汉武帝继续增扩上林苑的规模与功能，上林苑中既有皇家住所及欣赏自然美景的去处，也有动物园、植物园、狩猎区，甚至还有跑马赛狗的场所。汉代所建上林苑以未央宫、建章宫、长乐宫为规模最大，在建章宫的太液池中建有蓬莱、方丈和瀛洲三仙山，从此，中国皇家园林中"一池三山"的做法一直延续到了清代。园林的主要特点是因地制宜，掘池造山，布置房屋花木，并利用环境，组织借景，逐步形成中国独特的自然风景式园林风格。这是中国园林建设的第一个高潮。

　　二、唐宋写意山水园林时期。这时期突出的成就是造园和文学、绘画的结合。唐宋时期山水诗、山水画很流行，这必然影响到园林创作，由画家所提供的构图、色彩、层次和美好的意境往往成为造园艺术的借鉴。诗情画意写入园林，以景入画，以画设景，形成"唐宋写意山水园"的特色。"诗情画意"逐渐成为唐宋以来中国园林设计的主导思想。唐宋写意山水园开创了我国园林的一代新风，它效法自然、高于自然、寓意于景、情景交融，富有诗情画意。在宋代，有著名的汴京"寿山艮岳"，周围十余里，规模大、景点多，其造园手法也比过去大有提高。

　　三、明清传统园林全盛时期。到明清二代，江南苏州由于农业、手工业十分发达，许多官僚地主均在此建造私家园林，如拙政园、留园、艺园等，并出现了计成论述营园艺术的著作《园冶》。清代宫苑园林建筑数量多，尺度大，装饰豪华、庄严。园中布局多园中有园，不少园林造景模仿江南山水，吸取江南园林的特色，称为建筑山水宫苑。代表作有北京的颐和园、圆明园和承德避暑山庄。至此中国园林建筑艺术已具备了功能全、形式多及艺术化三个特点，它们形成中国园林建设的第二个高潮。

第二节　中国传统园林空间设计形式与风格的特征

一、自然山水观。中国园林造园主题思想在于求得人与自然十分和谐的理想关系，园林空间的功能与形式布局不求轴线对称，不仅花草树木任自然之原貌，即使人工建筑也尽量顺应自然而参差错落，力求与自然融合，"虽由人作，宛自天开"。中国园林虽从形式和风格上看属于自然山水园，但决非简单地再现或模仿自然，而是在深切领悟自然美的基础上加以萃取、抽象、概括、典型化，是顺应自然并更加深刻地表现自然，通过"移情"的作用把自然山水人格化。

二、诗情画意美。中国造园深受绘画、诗词和文学的影响，而诗和画都重于意境的追求，注重"景"和"情"的表现，创造具有诗情画意般的意境氛围。如"景无情不发，情无景不生"，因此造园的经营要旨就是追求意境。如"曲径通幽处，禅房草木生"，"山穷水尽疑无路，柳暗花明又一村"，"峰会路转，有亭翼然"等意境。造景借鉴诗词、绘画，力求园林空间景观大中见小、小中见大、虚中有实、实中有虚、或藏或露的趣味，追求"景"和"情"的含蓄、虚幻，追求恬静淡雅、浪漫飘逸、朴实无华的意境美。

三、艺术与技术结合。中国园林注重艺术与技术的结合，园林空间环境含有许多复杂的建筑、工程、工艺，以及对植物栽培与养护技术的运用。同时，园林融合文学、绘画、建筑、雕塑、书法、音乐、工艺美术等诸多艺术因素于一体。

四、园林建筑空间形式。园林建筑空间形式与自然景致充分结合，布局上依形就势。建筑形式因地制宜，力求与基址的地形、地势、地貌结合。在园林中为满足行、观、居、游的功能要求，而产生廊、亭、堂、榭、阁等建筑形式。园林建筑形式应和周围的山水、岩石、树木等融为一体，共同构成优美景色。中国园林山水风景是主体，建筑是从，建筑的体量是宁小勿大，园林建筑的空间序列和观景流线力求活泼，富于变化。建筑的内外过渡空间的虚与实、明与暗、人工与自然的相互转移常用落地长窗、空廊、敞轩的空间形式，这种半室内、半室外的空间过渡是自然和谐的变化。

第三节　中国传统私家园林空间设计形式与风格的代表作品——苏州拙政园

一、苏州拙政园空间设计发展历程

明朝是苏州历史上文化最辉煌的朝代，是文化名人最多的朝代，也是艺术流派纷呈而且在全国影响最大的朝代。这些文人或土著，或流寓，或入仕，或闲居，或做画家，或为诗人，皆喜爱构园以居，将他们的文艺理论和技巧直接或间接地运用到造园之中，直接推动了园林建筑艺术的提高。明朝有著名的张南阳、周秉成、计成等，清代有张链、张然、叶眺等。他们既擅长绘画，又是造园家。

拙政园位于苏州市娄门内东北街178号，全园占地41333平方米，是苏州园林中面积最大的古典山水园林。拙政园为明正德四年（1509年），明嘉靖年间御史王献臣弃官回乡后聘著名画家、吴门画派的代表人物文徵明参与设计建成的。文徵明以水为主体，辅以植栽，因地制宜设计出了各个景点，并将诗画中的隐喻套进视觉层次中。拙政园充分体现了中国造园艺术的民族特色和水平，占地面积不广，但巧妙地运用了种种造园艺术技巧和手法，将亭台楼阁、泉石花木组合在一起，模拟自然风光，创造了"城市山林"、"居闹市而近自然"的理想空间。同时，拙政园系统而全面地展示了苏州古典园林建筑的布局、结构、造型、风格、色彩以及装修、家具、陈设等各个方面内容，是明清时期江南民间建筑的代表作品，反映了这一时期中国江南地区高度的居住文明。1997年12月4日，被联合国教科文组织列入世界文化遗产名录。

二、苏州拙政园空间设计形式与风格的特征

1. 总体布局以水为主。拙政园至清末形成东、中、西三个相对独立的小园和住宅共四个部分。拙政园的中部是主景区，为精华所在。面积约12333平方米。其总体布局以水为主，水池为中心，池水面积占1/3，临水布置了形体不一、高低错落的建筑，主次分明。亭台楼榭皆临水而建，有的亭榭则直出水中，池广树茂，景色自然，具有江南水乡的特色。总的格局仍保持明代园林浑厚、质朴、疏朗的艺术风格。

2. 写意山水空间。拙政园是文化意蕴深厚的"文人写意山水园"。造园者能诗善画，造园时多以画为本，以诗为题，通过凿池堆山、栽花种树，创造出具有诗情画意的景观，被称为是"无声的诗，立体的画"。在园林中游赏，犹如在品诗，又如在赏画。为了表达园主的情趣、理想、追求，园林建筑与景观有匾额、楹联之类的诗文题刻，有以清幽的荷香自喻人品的"远香堂"，有以清雅的香草自喻性情高洁的"香洲"。这些充满着书卷气的诗文题刻与园内的建筑、山水、花木自然和谐地糅合在一起，使园林的一山一水、一草一木均能产生出深远的意境，徜徉其中，可以得到心灵的陶冶和美的享受。

3. 传统思想文化的载体。苏州古典园林不仅是历史文化的产物，同时也是中国传统思想文化的载体。拙政园园林厅堂的命名、匾额、楹联、书条石、雕刻、装饰，以及花木寓意、叠石奇情等，不仅是点缀园林的精美艺术品，同时储存了大量的历史、文化、思想和科学信息，其物质内容和精神内容都极其深广。其中有反映和传播儒、释、道等各家哲学观念；有宣扬人生哲理，陶冶高尚情操的；还有借助古典诗词文学，对园景进行点缀、生发、渲染，使人于栖息游赏中，化景物为情思，产生意境美，获得精神满足。而园中汇集保存完好的中国历代书法名家手迹，又是珍贵的艺术品，具有极高的文物价值。

4. 空间小中见大。拙政园是实现"咫尺之内再造乾坤"设计思想的典范。拙政园在园景的处理上，善于在有限的空间内有较大的变化，巧妙地组成千变万化的景区和游览路线。园林布局小中见大充分采用了借景和对景等造园艺术。借景的办法，通常是通过漏窗使园内外或远或近的景观有机地结合起来，给有限的空间以无限延伸，园内有园，大园包小园，造成多变空间，层次丰富。这种园中之园，又常在曲径通幽处，让你感到"山重水复疑无路"却又"柳暗花明又一村"。有时远借他之物、之景，为我所有，丰富园景。这种园中园、多空间的庭院组合以及空间的分割渗透、对比衬托、隐显结合、虚实相间、蜿蜒曲折等，其目的是要突破空间的局限，收到小中见大的效果，从而取得丰富的园林景观。

5. 强调植物题材。拙政园三分之二景观取自植物题材，在植物选择上十分重视"品

格"，形式上注重色、香、韵，力求具有画意，意境上求"深远""含蓄""内秀"。喜欢"诗中有画、画中有诗"的景点布置，偏爱"曲径通幽"的环境。善于寓意造景，选用植物常与比拟、寓意联系在一起。如以竹的"未曾出土先有节，纵凌云处也虚心"喻君子品格，如"夜雨芭蕉"表示宁静的气氛。有的运用植物的特征、姿态、色彩给人的不同感受而产生的比拟、联想，表达某一意境。如松刚强、高洁，梅坚挺、孤高，竹刚直、清高，菊傲雪凌霜，兰超尘绝俗，荷清白无染。另外，拙政园中部现有水面近4000平方米，约占园林面积的三分之一，"凡诸亭槛台榭，皆因水为面势"，用大面积水面造成园林空间的开朗气氛，基本上保持了明代"池广林茂"的特点。

6. 自然舒适清雅质朴手法。拙政园造园构景体现自然规律，园中山水花木等景物表现出因地制宜的关系。拙政园既有山水林泉自然美景的建造，又有厅堂书斋，讲究起居生活的舒适和方便。园林建筑几乎都是灰瓦白墙，木装修也多深褐色，台基和铺地或用图案简单古朴的青砖，或用灰石，或用鹅卵石等。

知识链接

计成总结了造园的理论，著有《园冶》，和苏州人文震亨的《长物志》并为两部开创性的园林理论著作。还有太仓王世贞写的《古今名园墅编》等诸多园林著述，对当时和以后苏州和江南的造园起了巨大的推动作用。

三、苏州拙政园建筑空间设计形式与代表作品

1. 厅堂。计成在《园冶》中说："凡园圃立基，定厅堂为主，先乎取景，妙在朝南。"厅堂是园林中的主体建筑，体量较大，厅与堂在私家园林中一般多是园主进行各种享乐活动的主要场所，是园主家庭聚会或宴请宾客的活动场所，是园林中不可缺少的设置。从结构上分，用长方形木料做梁架的一般称为厅，用圆木料者称堂。厅堂基本形式有大厅、四面厅、鸳鸯厅、花厅、荷花厅、花蓝厅。

（1）大厅。大厅往往是园林建筑中的主体，面阔三间五间不等。面临庭院的一边，柱间安置连续长窗。在两侧墙上，有的为了组景和通风采光，往往也开窗，既解决了通风采光的要求，又成为很好的取景框，构成活的画面。也有的厅为了四面景观的需要，四周围以回廊、长窗装于步柱之间，不砌墙壁，廊柱间设半栏坐槛，供坐憩之用，如拙政园的远香堂。远香堂是一座四面厅，是拙政园的主建筑，园林中各种各样的景观都是围绕这个建筑而展开的。为清乾隆时所建，堂名取周敦颐《爱莲说》中"香远益清"的名句，水中遍植荷花，因荷得名。（见图10-1、图10-2）。

（2）花厅。花厅主要供起居、生活或兼作会客之用，多接近住宅。厅前庭院中多布置奇花异草，创造出情意幽深的环境，如拙政园的玉兰堂。玉兰堂是一处独立封闭的幽静庭院，它处在拙政园主人居住区与花园的交界部位，是园主会见宾客与处理日常事务的主要

图10-1　远香堂面水而筑，单檐歇山顶，面阔三间，结构精巧，周围都是透明玲珑的玻璃落地长窗，从里面看四方佳景一览无遗。远香堂的对面山上，有雪香云蔚亭，亭的四周遍植腊梅；东隅，亭亭玉立的玉兰和鲜艳的桃花，点缀在亭台假山之间；望西，湖心有一低平小洲，洲上建有"荷风四面"。

图10-2　远香堂墙面都是落地木架玻璃窗，室内可几面观花，各种陈设古典优雅。

图10-3 玉兰堂曾名"笔花堂"，与文明故居中的"笔花堂"同名。"梦笔生花"也是古时文人对创作灵感的一种追寻。在此读书作画，实是人生的莫大享受。

图10-4 卅六鸳鸯馆的水池呈曲尺形，其特点为台馆分峙，装饰华丽精美。回廊起伏，水波倒影，别有情趣。北半部挑出于水面，由8根石柱撑住馆体架于池上。

图10-5 卅鸳鸯馆南厅叫十八曼陀罗花馆，原为园主四季赏花的场所。因栽植别名为曼陀罗花的山茶花而得名。宜于冬、春居处，厅裁向阳，小院围墙既挡风又聚暖，并使室内有适量的阳光照射。北厅是园主宴会和观看昆曲之处。馆内顶棚采用拱形状，既弯曲美观，遮掩顶上梁架，又利用这弧形屋顶来反射声音，增强音响效果，使得余音袅袅，绕梁萦回。主人在此宴友、会客、听曲、休憩。楹额为清代状元洪钧所书，晴天由室内透过蓝色玻璃窗观看室外景色犹如一片雪景。

场所，玉兰堂高大宽敞，院落小巧精致。南墙高耸，好似画纸，墙上藤草作画，墙下筑有花坛，植天竺和竹丛，配数峰湖石、玉兰和桂花，色、香宜人（见图10-3）。

2. 馆。 馆属厅堂类型，有时置于次要位置，以作为观赏性的小建筑。苏州园林中的馆，规模大小不一，朝向不定，布置随意，多和一小组建筑群在一起，馆前多有宽大的庭院，形成园中园。如拙政园的玲珑馆，既是一组建筑，又自成一个庭院。如卅六鸳鸯馆，鸳鸯厅两面开门，两个空间，夏秋朝北有凉风阵阵，冬春面南尤阳光和煦，待客起坐时可随季节变化而选择位置。卅六鸳鸯馆是拙政园西部主要建筑，它靠近住宅一侧，是当时园主人宴请宾客和听曲的场所。鸳鸯厅面阔三间，外观为硬山顶，平面呈方形。这座建筑，四角带有耳室，中间银杏木雕刻的玻璃屏风，把整个厅堂一分为二。一座建筑同时有两个名字，这是古建筑中的一种鸳鸯厅形式。梁架一面用扁料，一面用圆料，似两进厅堂合并而成，其作用是南半部宜于冬、春，北半部宜于夏、秋（见图10-4、图10-5）。

3. 楼。 楼的位置多设于园的四周，或半山半水之间。楼阁如在园林中作为重要对景，位置应显明突出；如作为配景，则位于隐僻处居多。楼在园林建筑中体量比较大、造型复杂，往往起到控制全园的作用。如见山楼（见图10-6），楼的面阔多作三间或五间，偶有四间、三间半或一间带走廊的。进深可至八间，屋顶常作歇山或硬山式。园林中的楼，体型较厅堂为小，造型多富有变化，半槛、挂落随意设计。楼的向园一面，往往装长窗，外绕栏杆；两侧多砌山墙，或辟洞门，空窗、砖框花窗楼作为对景，位置明显突出，如临池兼造，其大小体量则与水面相称。楼的平面一般呈狭长形，也可曲折延伸，一般作二层。楼梯可设于室内，或由室外假山上至二楼。园林中的楼有居住、读书、宴客、观赏等多种功能，通常布置在园林中的高地、水边或建筑群的附近。如拙政园的倒影楼，与小面大小相称，为使楼的体型与池面调和，上层每较下层略为收进，其间施以水平砖制挂落板。

图10-6 见山楼三面环水，两侧傍山，园中部西北角荷花池中有一座水上二层阁楼，在楼外有一假山和一斜坡通向二楼，从西部可通过平坦的廊桥进入底层。它是一座江南风格的民居式楼房，重檐卷棚，歇山顶，坡度平缓，粉墙黛瓦，色彩淡雅，楼上的明瓦窗，保持了古朴之风。底层被称作"藕香榭"，沿水的外廊设吴王靠，小憩时凭靠可近观游鱼，中赏荷花，远则园内诸景如画一般地在眼前缓缓展开。上层为见山楼。陶渊明有名句曰："采菊东篱下，悠然见南山。"此楼高敞，可将园中美景尽收眼底。见山楼高而不危，耸而平稳，与周围的景物构成均衡的画面。

4. 阁。阁与楼相似，重檐四面开窗，造型较楼更为轻盈。平面常作方形或多边形。攒尖顶，有一层或多层，外形与楼有别，或六角或八角，构造与亭相仿，造型较楼轻盈。阁一般建于山巅水边，每层都设挑出的平坐等。阁的建筑，一层的也较多，临水而建的就称为水阁。如浮翠阁（见图10-7）、松风水阁（见图10-8）、留听阁（见图10-9、图10-10）。

5. 舫。舫是临水建筑，古时称两船相并为舫。园林中又称旱船，实为一种船形建筑。建于水边，前半部多是三面临水，供人在内游乐宴饮，观赏山水景色，使人有虽在建筑中，却又犹如置身舟楫之感。舫体部分通常采用石块砌筑。舫通常分为三部分，前舱较高，中舱略低，尾舱则多为两层楼，以便眺望，仿昔日苏州画舫。舫首一侧置石条仿跳板，连接池岸。舫实际上是轩、榭、楼的组合建筑形式，需与园中其他建筑相协调、呼应，一气呵成。香洲是最为典型的舫，造型比例恰到好处，内部装修精美，与山水环境极为协调。舫中有"烟波画船"额，饱览园景，宛如画中（见图10-11）。

6. 榭。榭与舫的相同处是都是临水建筑，不过在园林中榭与舫在建筑形式上是不同的。"榭者，藉也。藉景而成者也。"（《园治》）榭多临水建筑，或建于花畔，形制随环境而异。榭又称为水阁，形式灵活多变，它的平台挑出水面，实际上是观览园林景色的建筑。建筑的临水面开敞，也设有栏杆，建筑的基部一半栽在水中，一半在池岸，跨水部分多做成石梁柱结构，较大的水榭还有茶座和水上舞台等。拙政园中的芙蓉榭一半建在岸上，一半伸向水面，四周通透开敞，灵空架于水波上，伫立水边、秀美倩巧（见图10-12）。

图10-7 拙政园的浮翠阁筑于西部假山之巅，为八角形双层建筑，高大气派，是园内观景的最高点，远望如浮于翠绿丛中，其名引自苏东坡诗中的"三峰已过天浮翠"，因而得名"浮翠阁"。平面呈不等边八角形，屋面为双重檐，攒尖顶，南向有四扇落地长窗，其余为砖墙围护，中嵌八角形玻璃窗，阁外有廊可转通。登楼远眺，满园青翠尽收眼底，阁楼好似漂浮在碧翠之间。

图10-8 松风水阁。松、竹、梅在中国传统文化中被称作"岁寒三友"。在文人写意园中，尤爱栽种这类用以"比德"的植物，来表达主人的思想感情。松树经寒不凋，四季常青，古人将之喻有高尚道德情操者。松之苍劲古拙的姿态常被画入图中，是中国园林的主要树种之一。这座水阁攒尖方顶，空间封闭，由廊间小门出入，其余三面采用半墙加半窗的结构。屋顶出檐特大，飞檐起翘尤高，表现出翩翩欲飞、飘逸轻灵的风采。整座建筑不是采用规整的正南正北方向，而是斜过45度角，凌空架于水上，可避阳通风，最适宜于夏天观景。亭侧植有黑松数株，松风水阁又名"听松风处"，是看松听涛之处，有风拂过，松枝摇动，松涛作响，色声皆备，是别有风味的一处景观。

图10-9 从整体外形看，留听阁是一个抽象化的船厅，厅前平台如船头。李商隐有"留得残荷听雨声"的名句，"留听阁"就是取此诗意而名。

图10-10 留听阁为单层阁，体型轻巧，四周开窗，阁前置平台，是赏秋荷听雨的绝佳处。阁内最值得一看的是清代银杏木立体雕刻松、竹、梅、鹊飞罩，浮雕、镂雕、圆雕相结合，刀法娴熟，技艺高超，构思巧妙，将"岁寒三友"和"喜鹊登梅"两种图案糅合在一起，是园林飞罩中不可多得的精品。

图10-11 香洲船头上悬有文 明写的题额，中国古典园林中，以船舫为题进行造景的并不鲜见，如北京颐和园与苏州狮子林里的石舫。但拙政园的香洲一景，却用了写意的处理手法，贵在似像非像之间。

图10-12 拙政园的芙蓉榭，为临池枕水之榭，基础部分用石柱，石梁架空，地梁凌悬挑出水面，南墙中辟短矩形空窗，榭中设精雕屏风，扶栏赏景，水榭宛若浮于水上，宜夏日纳凉，观景，又可充作舞台。

图10-13 当年，拙政园的中园和西园分属两家所有。西园主人堆山筑亭，可以在亭中观赏到他十分羡慕的中园景色，而中园主人在中花园亦可眺望亭阁高耸的一番情趣，借亭入景。一亭宜两家，添景更添情。

图10-14 涵青亭。空间范围较逼仄，但造园家以高大的白墙作底，建了一座组合式的半亭，一主二从，主亭平座挑出于水面之上，犹如水榭，整座亭子给本来平直、单调的墙体增添了飞舞的动势。

图10-15 梧竹幽居。梧竹幽居为中部池东的观赏主景。此亭四周白墙开了四个圆形洞门，在不同的角度可看到重叠交错的分圈、套圈、连圈的奇特景观。"梧竹幽居"匾额为文 明题。

图10-16 塔影亭。塔影亭所处的位置在花园水源将尽处，此亭从顶到底及四面窗格均为正八角图案，攒尖的八角亭映入水中端庄怡然，其名取自唐许棠"径接河源润，庭容塔影凉"的诗句。

7. 轩。有窗的长廊或小屋，如拙政园的听雨轩。听雨轩位于中园东南部的小院，院内有小池和芭蕉，是著名的雨境景。与周围建筑用曲廊相接。轩前一泓清水，植有荷花，池边有芭蕉、翠竹；轩后也种植一丛芭蕉，前后相映。这里芭蕉、翠竹、荷叶都有，无论春夏秋冬，只要是雨夜，由于雨落在不同的植物上，加上听雨人的心态各异，自能听到各具情趣的雨声，境界绝妙，别有韵味。

8. 斋。斋是指书房或小居室，和馆近似，但更小巧玲珑，一般位于偏僻幽静处，也称山房。

9. 亭。《园冶》说"亭者，停也"，是停止的意思，亭是一种只有屋顶而没有墙的小屋，玲珑轻巧，一般由屋顶、柱身和台基三部分组成。在园林中可点景、观景，又可供人小憩、纳凉、避雨。亭子是园林中重要的点景建筑，常在山顶、水涯、湖心、松荫、竹丛、花间筑亭。临水建亭，多为欣赏水景；山上建亭，可眺望远景，且增添山顶景色；林木深处筑亭，半隐半露，既含蓄又平添情趣。亭既是重要的景观建筑，也是园林艺术中文人士大夫挽联题对点景之地。亭的样式和体量均因地制宜，亭的平面，有正方、长方、六角、八角、圆形、梅花、海棠、扇形等各种形状。亭的立面，有单檐、重檐之分，以单檐居多，还有半亭和独立亭、桥亭。方亭简单大方，圆亭秀丽，亭顶除攒尖以外，歇山顶也相当普遍。如宜两亭（见图10-13）、涵青亭（见图10-14）、梧竹幽居（见图10-15）、塔影亭（见图10-16）。六角形的宜两亭位于山顶，亭基较高，六面置窗，窗格为梅花图案。登上宜两亭，可以俯瞰中部的山光水色，这是造园技巧上"邻借"的典型范例。

10. 廊。廊是园林建筑组合群体艺术的纽带之一，不但是室、楼、亭、台的延伸，也是由主体建筑通向各处的纽带。园林中的廊子，既起到园林建筑穿插、联系、观看园林景色的导游线的作用，又是组成园林动观与静观的重要手法。它将房屋山池等连成一体，既是造景手段和景点间遮阳避雨的导游线，又能调节布局疏密，划分空间，起着分景、隔景的作用，组成不同格调的景区，廊中漫步，能获得"移步换景"的效果。廊的形式以玲珑轻巧为上，尺度不宜过大，一般净宽1.2米至1.5米左右，柱距3米以上，柱径15厘米左右，柱高2.5米左右。廊的类型，按形式分，

有直廊、波形廊（见图10-17）、复廊（见图10-18）、曲廊（见图10-19）四种。按位置分，有沿墙走廊空廊、回廊、水廊、桥廊、楼廊、爬山廊等。

11. 园门。园林中的门是构成一座园林的重要组成部分。苏州的园林，很多都是辞官引退后回乡的官僚所建的私家花园。他们本着"久在樊笼里，复得返自然"的心态生活，不爱人来客往的世俗应酬，喜欢闭门谢客，独自在自己的园中玩石赏月，经营花草，以重归自然、寄情山水的隐士理念来追求一种隐居的生活。如拙政园大门楼（见图10-20）。

12. 景墙漏窗。所谓景墙，既可以划分景区，又兼有造景的作用。在园林的平面布局和空间处理中，它能构成灵活多变的空间关系，能化大为小，能构成园中之园，也能以几个小园组合成大园，这也是"小中见大"的巧妙手法之一。如拙政园中的枇杷园的景墙，用高低起伏的云墙分割形成园中园，既起到划分园林空间的作用，又通过漏窗起到园林景色互相渗透的作用。

漏窗也俗称"花窗"，主要手法是在粉墙上开设有玲珑剔透的景窗，使园内空间互相渗透。在便于通风和采光的同时，可使窗外的景色，若隐若现地透过来，因此，花窗在园林建设中常作为透景，或者叫漏景之用。花窗将景色半遮半掩地透了出来，使人隐约可见，从而激发起游人的游兴，催人急于进园去领略窗外那片胜景。同时，从花窗中透出的园景，随着游人脚步的移动而不断地发生变化，这就是古典园林欣赏中的所谓"移步换景"之妙。

漏窗形式多种多样，有空窗、花格窗、博古窗、玻璃花窗等。既能单窗自成一景，又能数窗形成组景（见图10-21），可谓隔而不堵，漏中又续，因此产生了上百种以上的款式造型。漏窗的题材内容主要涉及动物、植物、人物、文化等方面。常见的漏窗可分搭砌和捏塑两种类型。

漏窗搭砌造型：漏窗材料多用瓦片、狭薄青砖、木头、毛竹等。常见的图案有

图10-17　波形廊，位于拙政园西部与中部交界处的一道水廊。从平面上看，水廊呈"L"形环池布局，分成两段，临水而筑。这里原来是一堵分隔中、西园的水墙，聪明的工匠借墙为廊，临水而建，以一种绝处求生手法打破这墙僵直、沉闷的局面。将廊的下部架空，如同栈道依水势作成高低起伏状，使景观空间富于弹性。

图10-18　复廊，也称双廊，由两条并行的游廊组成的复合结构，中间隔以漏窗花墙，两侧并为一体，或两廊并行，又有曲折变化，扩大空间，增加景深，长生若隐若现的自然效果，在分隔与组织园林空间中起过渡作用。拙政园的东部和中部是用一条长长的复廊隔开的，走廊的墙壁上开了25个漏窗，通过漏窗可以看到不同的景色，这叫"移步换景"。

图10-19　曲廊，多檐迤逦曲折，部分依墙而建，其他部分转折向外，在廊墙的转折间构成墙与廊之间不同大小、不同形状的小院落，其中栽花木叠山石，配置小品，为园林增添无数空间层次多变的景色。桥廊是在桥上布置亭子，既有桥梁的交通作用，又具有廊的休息功能。

图10-20　基于隐居的生活理念，苏州的私家园林均无气派显眼的高大门楼。如拙政园，其正门都力求淡化、简单，以求接近普通民居。

图10-21　漏窗，也称花墙头、花墙洞、漏花窗、花窗，是满格的装饰性透空窗，窗洞内装饰着各种漏空图案，透过漏窗可隐约看到窗外景物。通常作为园墙上的装饰小品，多在走廊上成排出现。

图10-22 漏窗窗洞形状多样，花纹图案多用瓦片、薄砖、木竹材等制作，花纹图案有曲尺、回文、万字、冰纹等，清代更以铁片、铁丝作骨架，用灰塑创造出人物、花鸟、山水等美丽的图案。

鱼鳞、秋叶、破月、套钱、软景海棠、波浪、球门、九子、书条、竹节、定胜、条环、菱花、橄榄、梅花、冰纹、宫式万字、六角穿梅花、灯景、如意等。也有采用特制的模子将陶土放入其中做成一定形状，表面刷釉，入炉窑烧制而成，也有在砖状胶泥上雕刻出各种图案，入窑烧制后细磨，再行砌叠。

漏窗捏塑造型：漏窗内框图案多以铁丝为主要材料，按照事先设计好的图纸捏拿成骨架，缚以麻丝等物，再以掺有水泥成份的纸筋灰浆堆砌，反复多次修改逐渐达到设计结果（见图10-22）。

13. 桥。置于园林中的桥除了实用之外，还有观赏、游览以及分割园林空间等作用。桥又起到联系园林景点的重要作用，园林中，有石板桥（见图10-23）、木桥、石拱桥、多孔桥、廊桥、亭桥等。九曲桥的布置使水面空间层次多变，用曲桥构成丰富的园林空间。园路常曲，平桥多折，这既增加了空间层次的变化，又拉长了游览中动观的路线。拙政园里有石板桥、石拱桥等。如小飞虹桥，形制很特别，是苏州园林中唯一的廊桥。朱红色桥栏倒映水中，宛若飞虹，故以为名。它不仅是连接水面和陆地的通道，而且构成了以桥为中心的独特景观（见图10-24）。园林空间中不同类型的桥不仅使水面空间层次多变，还起到联系园林景点的明显作用。在水面空间的层次变化中，常用小桥收而为溪、放而为池的水景处理手法来丰富水系多变的意境。一些一步即过的石板小桥，常是游览路线中不可少的构筑。

总之，中国传统园林自生成以来，一直沿着"崇尚自然"的道路不断发展、完善，终于形成了自然写意山水园的独特风格，被称为"自然山水式园林"，与西方规整划一的"几何图形式园林"迥然不同。中国园林艺术重在师法自然、融会自然、顺应自然、表现自然，体现了"天人合一"的民族文化，体现了生境、画境、意境，体现了人与自然的和谐、协调。

图10-23 石桥之凝重，木桥之轻盈，索桥之惊险，卵石桥之危立，皆能和湖光山色配成绝妙图画。

图10-24 小飞虹桥体为三跨石梁，微微拱起，呈八字型。桥面两侧设有万字护栏，三间八柱，覆盖廊屋，檐枋下饰以倒挂楣子，桥两端与曲廊相连，是一座精美的廊桥。

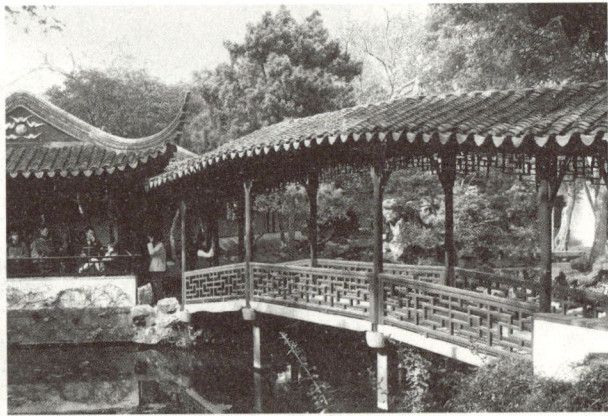

中国古典园林空间设计形式与风格小空间创意设计要求

1. 分析中国古典园林空间的设计风格、形式特征、艺术特色。运用中国古典园林空间设计的风格、形式主要元素，并强调中国古典园林空间风格符号。运用亭、台、楼、阁、廊、榭、轩、舫、馆、桥等，配合自然的水、石、花、木等，设计体现各种情趣的园景空间。
2. 运用建筑空间构成要素（地面、墙面、顶面、柱梁）表现建筑与室内空间。
3. 运用空间造型元素（点、线、面、体）与空间形态（几何形，有机形，偶然形，实虚、动静、开合空间）表现建筑与室内空间个性。
4. 运用界面形状、比例、尺度和式样的变化，表现建筑与室内空间。
5. 本创意设计是概念性建筑与室内抽象性创意形态，重点表现空间要素、空间功能、建筑构件、空间结构、空间形态、空间形式、造型手法、创意方法，创造简约的、概括的、抽象功能的空间，避免太实际又锁碎的造型与装饰。
6. 利用一个10m×10m×10m的正立方空间与一个10m×6m×6m的长方空间进行空间形式风格概念构成创意设计。

图10-25　室外圆形攒尖顶休闲亭　吴恂
亭子是供人憩息的场所，亭子的造型多种多样，它是园林中重要的点景建筑，布置合理，全园俱活。亭子也是园林艺术中文人士大夫挽联题对点景之地。文人墨客能把外界大空间的景象用挽联题对吸收到这个小空间中来。这座室外圆形攒尖休闲亭造型大方简朴，红木柱与黄圆形攒尖顶及白麻石形成生动对比。

图10-26　室外圆形攒尖顶休闲亭　莫书婷
这座室外圆形攒尖休闲亭，亭顶造型由两个钢与玻璃构成的六边形攒尖顶相互嵌入组成，木亭柱及石台基连接美人靠椅，古典造型与现代材料的结合，富有强烈创意感。

图10-27　梁柱结构装置休闲亭　董文姣
这座梁柱结构装置休闲亭大胆去掉亭顶，粗壮的红色亭柱豪气有力，饰有花纹的梁头伸展突出。在一些具有广场效应的环境，亭子的视觉功能需求效果重于物理功能效果，这座梁柱结构装置休闲亭更地起到广场艺术装置构架作用。

图10-28　梁柱结构装置休闲亭　李玲
这座梁柱结构装置休闲亭轻巧生动，亭梁两长两短交于梁端，呈现出空间大小对比的趣味效果。

图10-29　红方形漏窗装置休闲廊　叶真金
漏窗的作用在于使园内空间互相渗透，可使窗外的景色若隐若现地透过来，从漏窗中透出的园景，随着游人脚步的移动而产生"移步换景"之妙。设计师利用方形漏窗斜角支撑连接，并采用重复构成形式形成内外空间互相渗透的休闲廊。

图10-30　古典园林折廊　钟敏飚
廊是是室、楼、亭、台的延伸，起到穿插、联系、分景、隔景、观看园林景色的导游线的作用，有直廊、曲廊、回廊、水廊、楼廊、爬山廊等形式，具有遮阳、防雨、小憩等功能。这座中国古典园林折廊配有几何纹样的栏杆等装饰构件，廊柱与廊顶简扑，在空间中起到穿插、联系、分景、隔景作用。

第十一讲
伊斯兰空间设计
形式与风格

11

第十一讲
伊斯兰空间设计
形式与风格

伊斯兰建筑艺术和特征已自成体系，和谐是伊斯兰建筑艺术的理念。伊斯兰建筑与其周围的人、环境非常和谐，没有严格的规矩去左右伊斯兰建筑。世界各地众多的清真寺，各自使用地方性的几何模式、建筑材料、建筑方法，以自己的方式表达伊斯兰的和谐。伊斯兰清真寺是宗教活动场所，是穆斯林社区的核心，建筑的各个方面体现着伊斯兰的教义和精神。清真寺建筑空间的规划布局、朝向、建筑体型与轮廓、内部结构、建筑用材、艺术表现和附属建筑等形制表现了与伊斯兰本质信念相关联的风格与特色。当代伊斯兰建筑趋向是模拟、理解伊斯兰建筑的本质，利用对新材料、新技术的探索，使伊斯兰建筑艺术变得更加丰富多彩。

第一节　伊斯兰教空间设计形式与风格的概念

伊斯兰教，中国旧称天方教、清真教或回教，是世界上三大宗教（其他两个为基督教、佛教）中产生最晚的宗教。7世纪初产生于阿拉伯半岛，由阿拉伯半岛麦加城中一位没落的贵族穆罕默德创立。他号召人们信仰唯一的神——安拉（真主），宣称自己是安拉的使者，最后的先知。伊斯兰(Islam)这个词意为"顺从"，即顺从真主意志的宗教，教徒自称穆斯林（Muslim），意为"顺从者"。伊斯兰教主要传播于西亚、北非、中亚、南亚、东南亚等地，第二次世界大战后，在西欧、北美、非洲等地区迅速传播。现约有信徒9亿多，是最有活力的世界性宗教之一。《古兰经》是伊斯兰教的经典，阿拉伯人是伊斯兰世界的奠基者，公元7世纪，阿拉伯人开始对外扩张，他们走出干旱贫瘠的阿拉伯半岛，一手仗剑，一手持《古兰经》，大肆征略。阿拉伯人以信仰划分彼此，不重民族的区别，因此，在他们征服的地方，居民们被迫改宗伊斯兰教，形成了伊斯兰教徒的民族大融合。这一股信仰伊斯兰教的多民族力量，先后占领了叙利亚、巴勒斯坦、两河流域、埃及、利比亚、西班牙以及中亚和印度河流域等，至公元8世纪初，形成阿拉伯帝国。阿拉伯人所占领的这些地区，原就有优秀的文化艺术传统，它们为伊斯兰艺术的形成和发展提供了条件。伊斯兰艺术就像伊斯兰教那样兼收并蓄，不但继承了古波斯萨珊朝的艺术传统，同时还吸取了西方希腊、罗马、拜占庭艺术甚至东方中国、印度艺术的精华，从而创造出世界上灿烂而又独具一格的伊斯兰艺术。

最多最大的清真寺都在土耳其，这些清真寺包含了来自拜占庭、波斯和叙利亚—阿拉伯的设计。当奥斯曼从拜占庭手中夺得这座城市后，他们将巴西利卡元素添加到了清真寺，简单的建筑加上大量的装饰，拜占庭式建筑的拱顶、圆顶、半圆顶和高柱因而充满活力。同时，将拜占庭式建筑的圆顶元素融合到清真寺建筑中。清真寺从一个有着阿拉伯花纹墙面的狭窄、黑暗的小房间变成了一个艺术与技术相平衡、高贵典雅的圣地。伊斯坦布尔的圣索非亚大教堂对伊斯兰教建筑产生过影响。圣索非亚大教堂四角上各有一座高而瘦的塔，顶子是圆锥形的，它们使大教堂的外形完整了，也减轻了它的臃肿笨拙。这四座塔是土耳其人把大教堂改作清真寺之后添建的，土耳其人就这样简单地继承了拜占庭的建筑遗产。公元7世纪，伊斯兰教传入中国。10世纪（明代）伊斯兰教传入新疆以后，在维吾尔族人中得到普及。13世纪唐宋以来来自波斯、阿拉伯的商人，在与中国其他民族长期融合的过程中，开始形成回族，仍保持伊斯兰教信仰。因而，在中国形成了维吾尔族和回族两种伊斯兰建筑风格。

第二节　伊斯兰教空间设计形式与风格的特征

伊斯兰艺术中最具有代表性的是建筑空间艺术，包括宗教建筑、帝王宫殿、陵墓等。宗教建筑空间的主要形式为礼拜寺（清真寺），是供穆斯林做祈祷和听教长宣讲的场所。伊斯兰教建筑以其独特的风格和多样的形制，留下了一大批具有历史意义和艺术价值的建筑物。它同印度建筑、中国建筑并称东方三大建筑空间体系。伊斯兰教建筑空间主要包括7世纪至13世纪的阿拉伯帝国的建筑，14世纪以后的奥斯曼帝国建筑及16世纪至18世纪的波斯萨非王朝、印度、中亚等国家建筑。由于其建筑地区和年代的不同而形式各异，从叙利亚、波斯和撒马尔罕的伊斯兰建筑韵味，到麦加和麦地那的伊斯兰建筑风格，其中没有任何一个地方的建筑可单独说明伊斯兰建筑的特色。我们从有较大影响的伊斯兰建筑空间的基本元素中归纳其基本特性。

一、伊斯兰建筑形制

伊斯兰建筑空间群的主体取集中式平面，封闭式庭院，周围有柱廊，院落中有洗池，朝向麦加方向做成礼拜殿。西亚的清真寺大都采用横向的巴西利卡形制。决定建筑形制的并不仅仅是技术，更重要的是文化，尤其涉及宗教的建筑，它背后担负的文化责任更重，甚至在其影响下，人们所建造的其他建筑也随之带有文化象征。清真寺是伊斯兰建筑的代表类型，清真寺的建筑形式经历了一个由简到繁的发展过程。早期的清真寺基本沿袭了基督教堂的形制，即建筑群的主体采取集中式平面形制。基督教堂圣坛在东端，为的是圣徒朝拜时朝向东方耶路撒冷，而穆斯林朝拜时向着南方圣地麦加，因此，清真寺的平面基本上在原有的横向使用的巴西利卡中间开辟了一个方形大厅，顶上修建了穹隆式圆顶，再加上四角的光塔，基本上形成了伊斯兰建筑整体、庄重的风格。

二、穹顶结构

基督教拜占庭的建筑精神影响了伊斯兰教建筑，两者建筑主体部分都有向心性极强的穹顶。因此，伊斯兰建筑最大的造型特点是覆盖主要空间采用大小穹顶，广泛使用尖拱和尖顶穹窿。圆顶几乎是伊斯兰世界清真寺的标志，也可以说是伊斯兰教的一个完美的象征。8世纪起有了双圆心尖券、尖拱和尖穹顶，砌筑精确，形式简洁。到14世纪，又创造了四圆心券拱和穹顶，完全淘汰了叠涩法。四圆心穹顶外形轮廓平缓，曲线柔和，与浑厚的砖墙建筑以及方形体量取得和谐。纪念性建筑的穹顶位于中央部位，力求高耸，在穹顶下加筑一个高高的鼓座，形成穹顶统帅整个建筑的气势。为了保持室内空间的完整，在里面鼓座之下另砌一个半球形穹顶。15世纪的奥斯曼帝国引入了"中间圆顶清真寺"，这种清真寺在礼拜厅的屋顶中央有个大的圆顶。除了中央的大圆顶，礼拜厅及清真寺没有人做礼拜的其他地方屋顶中央附近常常还会有一些小圆顶。

三、光塔

伊斯兰教有极严格的教规，要求穆斯林每天要向圣地麦加礼拜五次。穆斯林通过每日五次礼拜来净化心灵，坚定对安拉的信仰，恢复对真理追求的信念。想要严守伊斯兰的教规，每天五次到清真寺礼拜几乎是不可能的，因此，这些礼拜可在寺里进行，也可在家里进行，但每周星期五中午，成年男子必须全体去清真寺参加公共礼拜。为了召唤穆斯林和指引朝拜方向，清真寺都有"光塔"，也称宣礼塔，所有的礼拜时间，都会有伊斯兰教的礼拜员在清真寺里的塔上召唤教徒前来做礼拜。

建筑可以抽象地表达力量。无数壮观的清真寺宣礼塔，与其说是用以召唤人们礼拜，不如说是信仰力量的最好表达。清真寺一般不高，外观十分简朴，宣礼塔往往很高，所以就成了清真寺外部构图重点，甚至是一个居民区的垂直构图中心。塔的形制因此受到了重视，并且逐渐高大。塔顶上有一两个突出的阳台，那是阿訇（hong）们站的地方，是为授时并召唤穆斯林去做礼拜用的。塔最初时是矮墙，是方形的石塔。后来，一种通用的塔被设计出来，起初它的底层是方形的，第二层变成多边形，后又成为圆柱体的塔身。在形式上，它被冠以浮圆顶或锥形顶。奥斯曼帝国时期的宣礼塔的高度已超过70米。

四、拱券结构

伊斯兰建筑普遍使用多种拱券结构，门和窗的形式一般是尖拱、马蹄拱或是多叶拱。壁龛亦有正半圆拱、圆弧拱。拱券式样多样且富有装饰性，喜用满铺的表面装饰，装饰纹样受《古兰经》制约，题材与手法大致一样。波斯风格的清真寺有锥形的砖柱、大的拱廊以及大量砖头堆成的拱门。

五、高柱、墩柱、柱廊

"多柱式"是最早的清真寺类型，最早的多柱式清真寺礼拜厅的屋顶是平顶的，也就需要使用大量的柱子来支撑。最著名的多柱式清真寺之一就是西班牙的科尔多瓦清真寺，使用了850根柱子。多数情况下，多柱式清真寺都有外部拱廊以便给礼拜者提供遮阴的地方。

六、伊万（Iwan）

伊万（波斯语"ايوان"，源自巴列维语的"Bān"，意为房子）是指圆顶的大厅或场所，三面墙，另外一面完全开放。在伊万清真寺，有一个或多个伊万对着作为礼拜厅的庭院。伊万是波斯萨珊王朝建筑的一个标志，后来才被引入到伊斯兰建筑中。在塞尔柱帝国时期，这种引入达到顶峰同时伊万也成了伊斯兰建筑中的一个基本元素。典型的伊万对着中间的庭院，并被广泛用于公共建筑和住宅。

七、庭院（Sahn）

一个简单的庭院，中间是"howz"，两侧的圆顶是拱廊。在阿拉伯世界，几乎每个清真寺和每栋传统住宅都会有一个叫做"en:sahn"（阿拉伯语"نحص"）的庭院。庭院的四周环绕着房间或是拱廊。庭院的中央经常都会有个天井，称为"en:howz"。清真寺里的"sahn"是用来进行洗礼的地方，而传统住宅和私人庭院的"sahn"则是为了美观及夏季降温。

八、水池、拱廊和礼拜墙

作为游牧民族的阿拉伯人，在这块干枯的土地上离不开水，因而任何一个寺院中心都有斋戒淋浴的池子或泉水、院落、水池，祈祷用的拱廊和礼拜墙，再加上米赫拉伯（礼拜墙中间凹进去的壁龛），构成了清真寺的基本面貌。米赫拉伯的功能是标明麦加的方向。此外，正入口的穹隆形门道也是清真寺的典型特征。礼拜之前必须沐浴净身，因此穆斯林家庭和清真寺必须设有沐浴室。土耳其式浴室是伊斯兰沐浴室的典范。

九、"帕提"和钟乳

"帕提"是一个拱形门厅，钟乳饰是墙和拱顶之间具有装饰性的过渡部分。伊斯兰建筑上的这种结构，起源于古代巴比伦，它们很早就运用穹庐形结构于坟墓，运用拱举顶结构于宫殿、寺庙。到了萨珊王朝时期，这种建筑形式在伊斯兰建筑中占了统治地位。

十、装饰手法

在装饰艺术方面，伊斯兰教不强调神的形象，从不描绘安拉的相貌，圣龛也在清真寺中被弱化掉了。基督教堂在早期就采用彩色琉璃砖和粉彩，绘制一些宗教画面和不规则的几何图形来装饰内壁。与其相对照的，早期伊斯兰教建筑则没有大面积装饰，喜欢运用蓝绿色，偶尔用彩色马赛克，绘制一些动植物写实形象，但到后来伊斯兰教义中严禁形象崇拜，装饰中的动植物便消失了。

在伊斯兰建筑中，主要的装饰手法是各式各样的尖券、穹顶和大面积的图案，门窗和券面是装饰的重点，材料常用雕花木板和大理石板。用作装饰的券形除双圆心券、四圆心券外，还有马蹄形、火焰形、扇贝形、花瓣形或叠层花瓣形等，券面上有精致华丽的雕刻。

伊斯兰建筑爱用装饰图案覆盖整个建筑表面，墙面装饰样式丰富的植物图案、阿拉伯文碑铭和阿拉伯式花纹作品，并贴有釉面砖。图案有一定的风格，叫做阿拉伯式图案，它们有的用灰塑，有的用马赛克，有的用石膏，有的用琉璃。因为伊斯兰教反对甚至禁止描画动植物形象，所以这些图案大多是几何图形的，有的非常复杂。不过植物形象始终没有禁绝。最有特色的是把阿拉伯文字当作装饰题材，内容则多是《古兰经》的教训。

穹顶和墙面也采用琉璃砖覆盖。这些装饰手法使得实墙面很多的伊斯兰建筑显得华丽精美而无笨重感。在礼拜寺内早期是用丛密的柱林支撑着上面的拱券，墙面多为大理石或彩色马赛克瓷砖片贴面。晚期墙面装饰丰富，常在抹灰墙上绘壁画，风格纤丽，也有用琉璃砖贴面，或砌成图案。由于伊斯兰教义的限制，男女活动区被格栅隔开，这些与门窗等形成了伊斯兰建筑独具特色的装饰。

十一、纹样

伊斯兰教的信条是只有一个真主——安拉，除此之外，反对偶像崇拜，因此在清真寺既找不到人的画像，也没有以宗教情节为内容的雕像。《古兰经》禁止用人像和写实的动植物题材作装饰，因此早期装饰纹样都是几何形，后来才用一些程序化的植物图案。伊斯兰教建筑装饰的母题总是围绕着重复、辐射、节律和有韵律的花纹，但在非宗教建筑中会存在人和动物。几何纹样是独创的，由于无始无终的折线组合，转瞬间即现出了无限变化，与几何纹和花纹结合更构成了特殊的形态。并且以一个纹样为单位，反复连续使用。另外，伊斯兰的阿拉伯式花纹艺术家也传递准确的精神性，而不是基督教艺术的象征化。对穆斯林而言，几何纹样图案放在一起组成了无限的风格并超越了肉眼见到的物质世界。他们将无限进行了符号化，并将唯一的神安拉所创造的大自然去中心化。

文字纹样，即由阿拉伯文字图案化而构成的装饰性的纹样，用在建筑的某一部分上，多是《古兰经》上的句节。穆斯林书法是精神概念的可视化表达。墙壁和柱体上书写有《古兰经》警句。如"真主至大"、"赞美归于真主"、"奉至仁至慈的真主之名"、"世上神祇唯有真主，穆罕默德是真主的使者"等。文字纹样分为两种类型。一类是库菲体，其结构特点是笔画坚挺，有棱有角，特别富有装饰味。库菲体有许多变体，如：花状库菲体，就是在笔画起首或字的结尾加涡卷形花式，有时还在附加圆形中饰以蔷薇纹；叶状库菲体，是在每笔画的尾部呈棕叶状。另一类纳斯黑体，其艺术特点是，结构圆润优美，波动流畅，每笔直线而下，又曲折上卷，各线条粗细不等，宛如瀑布流泻，飞花四溅，给人以动感。

第三节　伊斯兰教空间设计形式与风格的代表作品

伊斯兰建筑艺术在中亚、北非、东南亚包括我国西北地区都有广泛的影响，出现过许多代表性建筑。

一、伊斯兰教纪念性建筑空间形式与风格特征及代表作品

伊斯兰教纪念性建筑主要是陵墓，陵墓继承集中式形制。早期的墓比较简单，方形的体枳上覆盖着穹顶，四个立面大致相同。体形简洁稳定，厚重朴实，纪念性很强。由于陵墓都具有极强的纪念意义，因此，建筑形式比较强调端庄肃穆，集中式构图，强调垂直的轴线，体态简洁稳定，厚重朴实，穹顶与光塔对比强烈。帝王们的陵墓在大清真寺里，贵族们的在郊外形成墓区，宗教领袖的墓成了朝拜的圣地。

1. 奥马尔清真寺（Omar Mosque）（688—692）。耶路撒冷老城区的圆顶奥马尔清真寺又叫做圣石庙（Dome of the Rock），是留存下来最古的伊斯兰建筑之一，建于公元685年至692年，由奥美雅王朝哈里发阿卜德·马立克利用旧拜占庭建筑的圆柱、柱头等修建，庙内供奉着一块长17.7米，宽13.3米的大圣石。相传教祖穆罕默德52岁时，曾在此踩着这块圣石升入天国，接受神示后，又回到麦加。该庙即为纪念他升天而建，从此这里便成了伊斯兰教的又一圣地。建筑采用了集中式形制，平面呈八边形，中央厅的圆柱上覆盖着一个直径20.6米的穹隆圆顶。圆顶本来是木构的，11世纪用石材重建，架在八柱上，外墙分担着侧向推力。穹顶外部用黄金箔装饰。整座建筑内外墙面用彩色琉璃砖镶嵌成复杂的阿拉伯葡萄藤蔓花纹图案，显得既辉煌又雅致。这座建筑也被基督教徒视为基督教堂。它集中式的体形，单纯、庄重，非常大气。下面衬托着不高的平台，纪念性强，没有神秘性而又不失亲切

感。显然这是模仿早期拜占庭集中式建筑建造的。这种立方与圆顶相结合的建筑形制，对后来的伊斯兰建筑有很大的影响。

2. 帖木儿墓（1404—1405）。撒马尔罕市区内的帖木儿墓是伊斯兰教纪念性建筑陵墓的最杰出作品之一。帖木儿帝国（1370—1507）是突厥化的蒙古人帖木儿开创的一个大帝国，以今天的乌兹别克为中心。帖木儿从全国征集建筑师和工匠，征得各种材料，建设首都撒马尔罕。人才的集中和巨大的物质财富，造成了中亚建筑的发展。纪念性建筑的形制终于在几百年的不懈探求中成熟。帖木儿墓造在一所清真寺的圣龛后面，在圣龛中辟出墓门，墓室是十字形的，外廊作八角形。正面正中作高大的凹廊，抹角斜角上作上下两层凹廊。鼓座大约八九米高，把穹顶举起在八角形体积之上，两层薄薄的钟乳体同鼓座显著分开，内层穹顶顶点高20多米，外层的高在35米以上。穹顶表面由密密的圆形棱线组成，更加充分地表现了穹顶的饱满和鼓足着的弹力，整个陵墓就像一座庄严宏伟的纪念碑，通体灿烂的琉璃砖贴面又赋予它华丽的外衣和热烈的性格。

3. 印度泰姬陵（1630—1653）。印度河和恒河流域，早在公元前3000多年就有了相当发达的文化，公元前5世纪末，产生了佛教，6—9世纪，印度形成了封建制度。婆罗门教又重新排斥了佛教，后来转化为印度教。宗教建筑成了当时建筑水平的主要代表。12世纪末开始，一些伊斯兰教的教徒在分裂的印度北方建立了几个小王国，也为印度带来了清真寺、陵墓、经院等新的建筑形式。后来伊斯兰教的势力在印度日益壮大，到了16世纪中叶，信奉伊斯兰教的莫卧儿王朝统一了印度的大部分地区，伊斯兰建筑也由此在印度达到了鼎盛时期。在这段时间里，有许多中亚、伊朗的匠师来到印度，带来新的工艺，对印度建筑也产生了有益的影响。这一时期，最有代表性的建筑类型是陵墓、清真寺，同时宫殿、城堡等非宗教的世俗建筑也取得了很高的成就。

泰姬陵是印度莫卧尔王朝第五代皇帝沙贾汗为纪念亡妻王妃修建的陵墓，这座陵墓被后世公认为是世界建筑史上最美丽的陵墓清真寺。泰姬陵位于新德里200多公里外的古城阿格拉（Agra）城内，亚穆纳河右侧。1983年根据文化遗产评选标准，泰姬陵被列入《世界遗产目录》。泰姬陵的主要设计师是土耳其的乌斯塔德·伊萨·阿凡提，还有从伊朗、土耳其和阿拉伯国家招揽的名师巧匠参与设计和施工。

泰姬陵占地17万平方米，由前庭、正门、莫卧儿花园、陵墓主体以及两座清真寺所组成。其中间有一个十字形水池，中心为喷泉。陵墓整体设计体现了"天圆地方"的概念。陵寝主体建筑总高74米，上部为一个直径18米的穹隆圆拱顶，穹顶顶部隆起一个尖顶，直指蓝天。穹顶四周，建有4个小圆顶，同大圆顶交相辉映。下部为八角形大厅，厅内墙壁上有浅浮雕和各种精美的镶嵌，并竖有沙贾汗和蒙泰姬的墓碑（见图11-1）。陵墓东西两侧屹立着两座形式完全相同的清真寺翼殿，均用红沙石筑成，内以白色大理石块点缀装饰，内墙上镶嵌各色宝石（见图11-2）。在4座拱门的门框上镶嵌着用黑色大理石镌刻的半部《古兰经》的经文（见图11-3）。

图11-1　泰姬陵主体建筑空间是用纯白大理石砌建成，上下左右工整对称，中央圆顶高62米，令人叹为观止。四周有四座高约40米的尖塔，塔与塔之间耸立了镶满35种不同类型的半宝石的墓碑。体现了伊斯兰建筑艺术的庄严肃穆、气势宏伟的独特魅力。

二、伊斯兰教清真寺建筑空间形式与风格特征及代表作品

阿拉伯人本来是游牧民族，没有自己的建筑传统。他们向外扩张时，先占领了叙利亚，第一个王朝

图11-2　泰姬陵陵墓东西两侧屹立着两座形式完全相同的清真寺翼殿，均用红沙石筑成，四周围是红沙石墙，进口大门也用红岩砌建。

图11-3　泰姬陵最引人瞩目的是用从322公里外的采石场运来的纯白大理石砌建而成的主体建筑，成千上万的宝石和半宝石镶嵌在大理石表面，有印度西北的纯白大理石、斯里兰卡的蓝宝石、伊拉克的月长石、阿拉伯的珊瑚、波斯的紫水晶、俄国的孔雀石、中国西藏的翡翠。

首都建在大马士革，因此，他们就用当地的基督教堂做清真寺，它们是巴西利亚式的（长方形十字）。基督教堂的圣坛在东端，而伊斯兰教仪式要求礼拜时面向位于南方的圣地麦加。因此，现成的巴西利卡就被横向使用。长期沿袭，成了定制，以致后来新建的清真寺都采用横向的巴西利卡的形制。

1．叙利亚大马士革大清真寺（706—715）。 大马士革（Damascus）是叙利亚的首都，是一座有4000年历史的古城，从古老的罗马帝国、拜占庭帝国、塞尔柱帝国、阿拉伯帝国、花剌子模、伊儿汗国，到帖木儿帝国时代，大马士革一直被誉为"天国里的城市"、"园林之城"、"诗歌之城"、"清真寺之城"。如今，大马士革是叙利亚的政治、经济、文化中心，也是铁路、公路和航空枢纽，是中东重要的商业中心之一。大马士革清真寺，建于706年—715年，它是伊斯兰早期最大的最典型的清真寺，又称奥美雅清真寺，位于大马士革老城中央。公元705年，由倭马亚王朝哈里发一世瓦立德·伊本·阿布杜·马利克主持建造。该寺是在一座罗马主神朱庇特神庙的旧址上筑起来的，后改作圣约翰教堂。现在寺内仍存有圣约翰墓和头骨，伊斯兰教和基督教都其视为圣物，这所清真寺后来成了各地清真寺的范本。

大清真寺为砖石结构，大寺围墙东西长385米，南北宽305米，墙里附有一圈拱廊，拱廊墙壁上有用金沙、石块和贝壳镶嵌成的巨大彩色壁画，描绘倭马亚时代大马士革的盛景。全寺有3座高耸的尖塔："新娘塔"为方形，位于北院墙正中；靠在南墙东端的"尔撒塔"也是方形塔；第三座塔为八角形，位于南墙西端。主体建筑的礼拜大厅在寺南面，用巨大石块筑成，大殿长136米，宽37米。大殿正面仿拜占廷宫殿式样，有高达10米的凯旋式穹顶大门，门由大理石圆柱支撑，柱头镀有闪闪发光的金箔。

2．苏丹艾哈迈德清真寺（1609—1616）。 苏丹艾哈迈德清真寺亦称蓝色清真寺、六塔寺，位于土耳其西北部伊斯坦布尔。公元324年，罗马帝国君士坦丁大帝从罗马迁都于此，改名君士坦丁堡。公元395年，罗马帝国分裂后君士坦丁堡成为东罗马帝国（又称拜占庭帝国）的首都。公元1453年，土耳其苏丹穆罕默德二世攻占此城，灭亡了东罗马，并将这座城市改为奥斯曼土耳其帝国的首都——伊斯坦布尔。1609年，14岁即位的阿赫迈特苏丹命令建筑师迈赫迈特·阿加（Mehmet Aga）在原来的阿伊舍苏丹王宫的基础上修建一座能与索菲亚教堂相比美的清真寺，以证明他是一个虔诚的伊斯兰教信徒。1617年，历时8年，清真寺完工，它是奥斯曼帝国时代建筑和艺术的辉煌杰作。1985年联合国教科文组织将伊斯坦布尔历史地区作为文化遗产，列入《世界遗产名录》。

苏丹艾哈迈德清真寺在规模和内部空间的平衡方面已经超过

了索菲亚教堂，寺院共有8个入口，分布于宽阔的院子的3个方位，使人们从其中的任何一个方位都可以进入。6个高高耸立的尖塔分3排对称地立于长方形寺院的四角和中腰，它的6个尖塔中的4个分3层，各有3个阳台，另外2个各有2个阳台，一共是16个阳台。用于洗礼的喷水池占据了内庭的中心，四周是6根大理石石柱。苏丹的画廊在左边角处，旁有阿赫迈特一世的忏悔室。后院则是大小和形状都一样的30个小圆顶。30多座圆顶层层升高，向直径达41米的中央圆顶聚拢，庞大而优雅（见图11-4）。清真寺东北面有埃及运来的方尖碑，左边矗立着从古埃及和古罗马搬来的方尖碑，方尖碑下埋葬着公元532年大起义的3万起义军，方尖碑旁边是康斯坦丁塔。

主殿宽60米，深55米，大厅仅用4根大圆柱支撑，可容纳3500人同时做礼拜。蓝色清真寺主殿上大圆顶直径达24米，高43米，大圆顶有260扇窗户，透过彩色玻璃射入的光线，反射在蓝色的瓷砖上，放出奇幻迷离的色彩。"蓝色清真寺"的得名来自其内壁以2万多块蓝色调的彩釉瓷砖嵌饰，该寺的墙壁自其高度的1/3以上都使用了一种土耳其瓷器名镇伊兹尼克(Izhik)（见图11-5）。

3. 科尔多瓦大清真寺（786—788）。 8世纪初，信奉伊斯兰教的阿拉伯人占领比利牛斯半岛，并从西亚带来当时先进的建筑物类型——伊斯兰建筑的形制和手法。10世纪后，伊斯兰国家分裂，被西班牙天主教徒逐个消灭。但伊斯兰的建筑，由于水平远高于当时西班牙天主教地区的建筑，仍然长期影响着西班牙建筑。大殿内柱子密集，柱为罗马古典式，柱头和天花板之间重叠着两层发券，600多根柱密如森林，相互掩映。底层是马蹄形，上层是半圆形，用红砖和白色大理石交替砌成，显得奇异别致。由于柱高仅3米，天花板高9.8米，因此光线显得比较暗淡，殿内迷漫着一片神秘的宗教气氛。"米哈拉布"（凹壁）的工艺复杂，星座式吊灯悬挂在大殿顶部，门窗花饰也很新颖。

三、伊斯兰教经文学院建筑空间形式与风格特征及代表作品

经文学院常常和清真寺建造在一起，是学校式的清真寺，其形制同清真寺基本一致。11世纪塞尔柱王朝时期，波斯便出现了经学院，而后逐渐向西发展。其中最有代表性的，是建于公元1356年—1362年的埃及开罗苏丹哈桑经学院。它是马穆禄克王朝典型的埃及风格的清真寺。苏丹哈桑经学院建筑全用方形灰石筑成。其主体是一方形庭院，院中央有喷泉；庭院四周是四个开敞的大厅，构成十字形平面，逊尼派四个支流的学校分设四处，每处都有一个较小的中庭和学生宿舍。清真寺的正面宏伟壮丽，灰石墙面简朴单纯，不加任何粉饰，墙上并列着一个个狭长的壁龛，每个龛开八扇纵列的长方形窗，一大一小，相互间隔。这种几何形构成，使建筑物正面具有垂直的节奏感，使人联想起现代的摩天大楼。艺术家用简单的手法创造出令人难忘的审美效果，整个建筑气势壮丽堂皇。

图11-4 蓝色清真寺大穹顶四面各有一直径为5.5米的半圆穹顶，半穹顶外又有3个更小的半穹顶进一步将力传递到大殿外墙的柱墩上，使它的结构体系合理。在环院回廊上方也覆盖着一连串的小穹顶，衬托出大穹顶统领气势。

图11-5 蓝色清真寺殿内4座巨大的大理石圆柱支撑着高43米，直径为22米的中央大圆穹顶。大穹顶和大殿侧面都开有窗户，共有260个，使殿内异常明亮。蓝色的瓷片使得整个清真寺内似乎都充满了蓝色，所以人们亲切地谓之为蓝色清真寺。

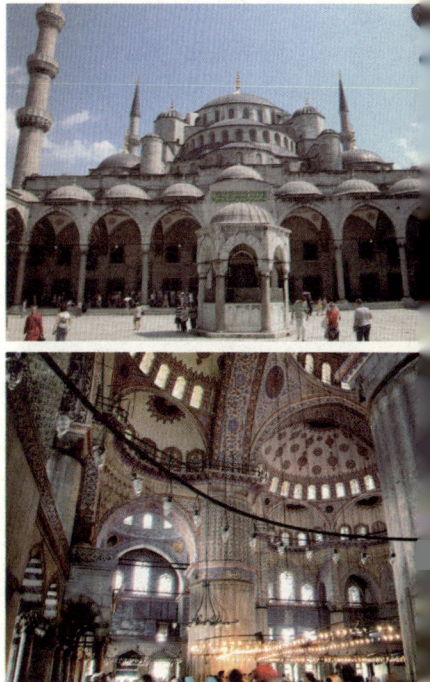

作业与点评

伊斯兰教空间设计形式与风格小空间创意设计要求

1. 分析伊斯兰教空间的设计风格、形式特征、设计特色。运用伊斯兰教空间设计的风格、形式主要元素，并强调伊斯兰教空间风格符号。运用大小穹顶、尖拱、尖顶穹隆、光塔及几何装饰纹样进行创意设计。
2. 运用建筑空间构成要素（地面、墙面、顶面、柱梁）表现建筑与室内空间。
3. 运用空间造型元素（点、线、面、体）与空间形态（几何形，有机形，偶然形，实虚、动静、开合空间）表现建筑与室内空间个性。
4. 运用界面形状、比例、尺度和式样的变化，表现建筑与室内空间。
5. 本创意设计是概念性建筑与室内抽象性创意形态，重点表现空间要素、空间功能、建筑构件、空间结构、空间形态、空间形式、造型手法、创意方法，创造简约的、概括的、抽象功能的空间，避免太实际又琐碎的造型与装饰。
6. 利用一个10m×10m×10m的正立方空间与一个10m×6m×6m的长方空间进行空间形式风格概念构成创意设计。

图11-6　伊斯兰风格广场空间入口　李玲
伊斯兰教认同真主的独一、全知、全能、本然自立、无始无终、无重量、无动静、无匹敌、不占据时空、无形无相、公正、是宇宙最高的完美实在。这座伊斯兰风格广场入口设计前后左右以无封闭、无连接来有意表达伊斯兰教无始无终的空间意念，用对称布局形式表达公正与本然自立的概念。前面独立的尖拱柱似乎表现空间形态无重量、无动静、无匹敌的概念，后面的三面墙似乎表现伊万的大厅或场所。

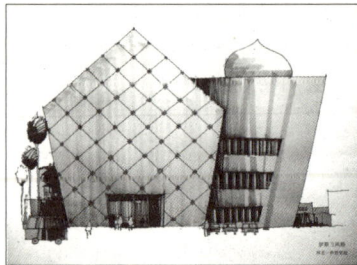

图11-7　伊斯兰风格酒店空间　曾荣彪
圆顶几乎是伊斯兰世界清真寺的标志，也可以说是伊斯兰教的一个完美的象征。这座伊斯兰风格酒店空间设计主要的装饰手法是在后面主楼顶覆盖穹顶，同时用大面积蓝色四方形几何图案釉面砖贴酒店立面。

图11-8　小清真寺　郭佳林
每周星期五中午，伊斯兰教成年男子必须全体去清真寺参加公共礼拜，为了召唤穆斯林和指引朝拜方向，清真寺都有"光塔"。这座小清真寺设计有两座"光塔"，清真寺顶部覆盖穹顶。

图11-9　伊斯兰风格休闲亭　邓奇红
伊斯兰教建筑装饰的母题总是围绕着重复、辐射、节律和有韵律的花纹，但在非宗教建筑中会存在人和动物。伊斯兰的阿拉伯式花纹艺术家也传递准确的精神性，而不是基督教艺术的象征化。对穆斯林而言，几何纹样图案放在一起组成了无限的空间并超越了肉眼见到的物质世界。这座伊斯兰风格休闲亭装饰是几何纹和花纹结合，以一个纹样为单位，四面反复连续使用，较好地运用了伊斯兰教建筑装饰的技法特征。

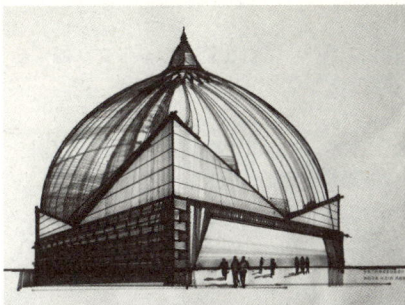

图11-10 伊斯兰风格会议厅 冼超媛
这座伊斯兰风格会议厅巨大的穹顶非常强烈地表达出伊斯兰风格特色，四周几何形玻璃墙面闪闪发光，超强的全能力量感隐形于整体空间方形平面与圆形穹顶的对比形式中，这座伊斯兰风格会议厅显得大气又耐看。

图11-11 伊斯兰风格长廊 郑一梅
这组伊斯兰风格长廊由三座穹顶亭优美地组合而成，空间布局向心对称，富有节奏感。

图11-12 伊斯兰风格围墙 吴恂
这座伊斯兰风格围墙的柱子采用清真寺"光塔"造型，铁栏杆也是伊斯兰风格特征几何图案，黄绿色的"光塔"与黑色的铁栏杆都具有伊斯兰风格特色。

图11-13 伊斯兰风格纪念塔 潘灶林
这座伊斯兰风格纪念塔金穹顶造型优美而神圣，洁白的大理石塔身精致，塔身下半部凸出，雕有尖拱及花纹。伊斯兰风格纪念塔结构及装饰都十分严谨动人。

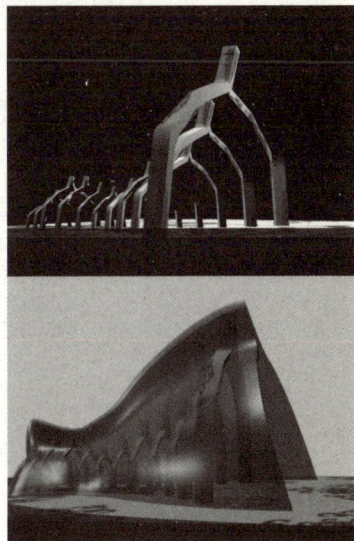

图11-14 伊斯兰风格地铁站入口棚架设计 李造
这座伊斯兰教风格地铁站入口棚架的拱券式样夸张，形态重复又大小渐变形式的拱券富有节奏韵律感。拱券表面覆以光滑的蓝色透明材料，整体流线形空间形态自然产生，伊斯兰教风格创意效果动人。

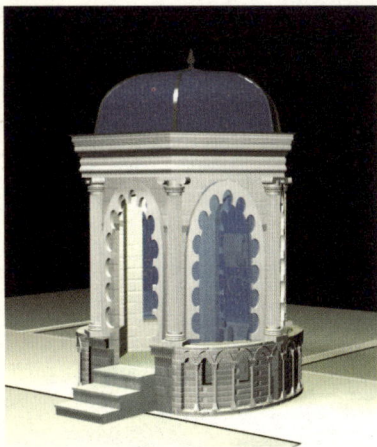

图11-15 伊斯兰风格入口门亭 陈国锋

伊斯兰建筑空间没有崇拜的偶像，因此天花板、梁柱、墙面上都装饰以经文、各种几何纹样或者植物纹样，如各种藤蔓、花卉、枝叶、果子。有的是彩绘，有的是石膏雕刻，有的用马赛克镶嵌，还有的用琉璃砖贴面或琉璃砖块砌筑。色彩多用淡雅的宝蓝、粉绿、深绿、孔雀蓝、白、黑等，在点缀上用少量的金粉、银粉，愈显得高雅。这座伊斯兰风格入口门亭亭墙采用几何形琉璃砖贴面及琉璃砖块砌筑门框，亭子色彩多用宝蓝、孔雀蓝、粉绿、深绿、白、黑等。

图11-16 伊斯兰风格围墙花池 方林辉

这座伊斯兰风格围墙花池设计现代活泼，富有伊斯兰风格特征的圆顶、几何直线图案、装饰花纹图案显得简练和概括。黑白大理石镶嵌色彩与绿叶植物形成生动对比，金黄色铁栏杆及园林灯成为优美的点缀。

图11-17 伊斯兰风格纪念碑 阮星明

伊斯兰建筑普遍使用多种拱券结构，门和窗的形式，一般是尖拱、马蹄拱或是多叶拱。壁龛亦有正半圆拱、圆弧拱。这座伊斯兰风格纪念碑把拱券解构错位连接而产生延续发展的效果，拱券杜高大而独立，拱券柱表面用马赛克镶嵌及琉璃砖贴面，装饰各种几何纹样或者植物纹样，极具纪念碑视觉冲击力。

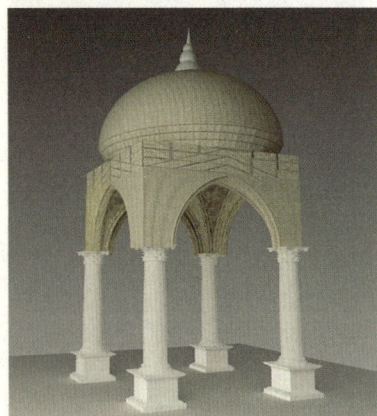

图11-18 伊斯兰风格入口亭 陈巍

伊斯兰艺术就像伊斯兰教那样兼收并蓄，不但继承了古波斯萨珊朝的艺术传统，同时还吸取了西方希腊、罗马、拜占庭艺术甚至东方中国、印度艺术的精华，从而创造出世界上灿烂而又独具一格的伊斯兰艺术。这座伊斯兰风格入口亭就把古希腊、古罗马柱式、尖拱与拜占庭穹顶优美地结合为一整体，入口亭庄重、有力而生动。

12

第十二讲
工业革命时期空间
设计形式与风格

作业与点评

建议课时　4课时

第十二讲
工业革命时期空间设计形式与风格

1782年瓦特发明蒸汽机对纺织、交通、机器制造业影响巨大，英国的生产技术不断改进，劳动工具日趋专门化，为过渡到大机器生产阶段准备了物质技术条件。在18世纪末，英国首先爆发了工业革命，之后，美、法、德等国也先后开始了工业革命，并于19世纪末达到高潮。工业革命对欧美各国社会、思想及建筑产生深远影响，这时期，社会生产技术、社会关系发生深刻变革，不断涌现新材料、新设备和新技术。与此同时，18世纪中期的欧洲，大部分国家还处于比较落后的农业经济阶段，他们大都沿袭自古典主义、文艺复兴以来的文化传统，存在两种不同的建筑：权贵的建筑和百姓的建筑。资产阶级在18世纪后半叶和19世纪，成为欧洲和美洲的新权力阶级，上层贵族的复古思潮是因为资产阶级政治上的需求，希望利用过去历史式样寻求思想共鸣，但他们又不希望采用老的建筑形式，于是，出现两种不同倾向：一方面开始采用各种历史风格的大混合（参见本书第七讲第四节《古典复兴空间形式风格》）。另一方面，钢铁、混凝土和玻璃在建筑上广泛应用。这使得建筑在平面与空间的设计上有了较大的自由度，建筑形式也发生巨大的变化。工业革命的发展为建筑准备了新技术、新形式，使建筑与室内空间设计处于新的探索期。这是一个新旧因素并存、孕育建筑新风格的时期。

第一节　工业革命时期空间设计形式与风格的概念

一、工业革命时期空间设计形式与风格的概念

工业革命的发展促进冶金、钢铁、玻璃等行业的迅速兴起，出现了钢铁、玻璃等新的建筑材料和结构。随着19世纪工业的大发展和城市的扩张，纪念性建筑退居次要地位，实用性成为建筑的主要目的。社会需要建造大批新型工业建筑、住宅建筑、办公建筑、公共服务建筑等。建筑形制变化迅速，照搬照抄传统的空间形式已经不能满足上述要求了。传统建筑不能适应新的社会需要，人们开始了对新的建筑空间形式的探求。这是一个孕育建筑空间新风格的时期，也是一个新旧因素并存、向现代建筑空间过渡的重要历史的时期。

这时期，社会经济高速发展，钢铁业兴起，钢铁梁柱截面小、强度大、跨度大，起先是厂房、桥梁，进而是图书馆、百货公司和博览会建筑等，纷纷采用钢铁解决空间问题。1775年—1779年第一座生铁桥在英国塞文河上建造起来；1786年巴黎法兰西剧院建造了铁结构屋顶。另外，为了采光的需要，铁和玻璃两种建筑材料配合应用，在19世纪建筑中取得了巨

大成就。如巴黎旧王宫的奥尔良廊、英国伦敦的水晶宫和法国巴黎埃菲尔铁塔，成为当时世界工业革命的象征。

二、工业革命时期空间设计形式与风格的特征

1．生产技术的根本变革。工业革命是社会生产从手工工场向大机器工业的过渡，是生产技术的根本变革，同时又是一场剧烈的社会关系的变革。城市化进入一个新的时期，一方面是生产方式和建造工艺的发展，另一方面，保守势力极力采用古典复兴空间式样。

2．新材料、新设备和新技术的产生。不断涌现的新材料、新设备和新技术，为近代建筑的发展开辟了广阔的前途。铁用于房屋结构上，如铁的房屋内柱、梁、屋架和穹顶。尤其以钢铁、混凝土和玻璃在建筑上的广泛应用最为突出。

3．突破传统建筑高度与跨度的局限。正是应用了这些新的技术可能性，突破了传统建筑高度与跨度的局限，建筑高度和跨度增加，出现了高300米的埃菲尔铁塔，跨度为115米的机器陈列馆。

4．空间施工期短。建筑结构合理、经济而坚固，施工期短。如"水晶宫"施工从1850年8月开始，到1851年5月1日结束，总共花了不到9个月时间便全部装配完毕，建筑造价也为此大为节省。

5．建筑空间自由度增大。建筑在平面与空间的设计上有了较大的自由度，同时影响到建筑形式的变化。

6．建筑空间功能增加。出现大批新型工业建筑、住宅建筑、办公建筑、公共服务建筑等。

第二节　工业革命时期空间设计形式与风格的代表作品

一、伦敦"水晶宫"展览馆

1．"水晶宫"展览馆空间设计历程

伦敦"水晶宫"是一座展览馆，专为1851年伦敦第一届世界工业产品大博览会而设计建造，它是工业革命探索建筑中新技术与新形式的代表作。19世纪中叶，英国工业革命百年来取得了举世瞩目的成就，英国决定于1851年在伦敦海德公园举行万国工业大博览会，这是世界上第一次国际工业博览会，举办这次博览会的目的即是为了炫耀英国工业革命后的伟大成就。

由于工业展览馆这种建筑类型以前从未有过，所以，英国特地在1850年举行了这一建筑的国际设计竞赛，以便寻找一个理想的建筑设计方案。结果，欧洲各国送了245个设计方案，无一被采纳。原因是这建筑要求在一年内建成，而且需要有宽敞明亮的内部空间，以供展览工业产品之用。同时，又因展览会的会址定在伦敦的海德公园内，公园内不可能永远保留这个建筑，要求这一建筑在展览会结束后能方便地拆迁。这些功能要求决定无法以传统的方式建造博览会建筑，当时的建筑师们束手无策。正当展览会准备者为此万分焦急的时候，英国一位熟悉用铁和玻璃建造园艺温室的园艺师帕克斯顿提出了仿照建造园艺温室的办法，用铁和玻璃做构件，利用预制装配的方

图12-1　水晶宫内景

法建造展览馆的设计方案。帕克斯顿以
在温室中培养和繁殖"维多利亚王莲"而
闻名，并擅长用钢铁和玻璃来建造温室。
他采用装配温室方法建成"水晶宫"玻璃
铁架结构的这一方案很快被采纳了，只用
半年时间就建成了一座有巨大室内空间的
大型展览馆。因为展馆大部分为铁结构，
外墙和屋面均为玻璃，整个建筑通体透明，
光线充足，宽敞明亮，故被誉为"水晶宫"
（见图12-1）。"水晶宫"的出现曾轰动一
时，人们惊奇地认为这是建筑工程的奇迹。

这次博览会在设计史上具有重要意义，它试图改善公众的审美情趣，
以制止对于旧有风格无节制的模仿，同时也暴露了设计中的各种问题，从
反面刺激了设计的改革。

2．"水晶宫"展览馆空间设计形式与风格的特征

（1）空间新结构技术。 "水晶宫"位于伦敦海德公园内，是英国工
业革命时期的代表性建筑。"水晶宫"总面积约796平方米；总长度达到
563米（1851英尺），用以象征1851年建造，宽度为124.4米，高3层，
共有5跨。其外形为一简单的阶梯形长方体，有一个垂直的拱顶，地层通
道和上层走廊贯穿整个建筑。整个结构采用标准预铸件组合，各面只显出
铸铁结构架与全玻璃幕墙，没有任何多余的装饰，旧式的墙体支撑已消
失，表明建筑预铸件和装配化在建筑工程中的优越性，体现了工业生产的
机械特色。水晶宫在利用预制件建造等方面是首创，在建筑史上具有划时
代的意义。

（2）空间新材料。 在整座建筑中，只用了铁、木、玻璃三种材料。
"水晶宫"共用去铁柱3300根，铁梁2300根，玻璃9.3万平方米。"水晶
宫"是钢铁和玻璃的巨型建筑，不断重复的横截面组成整个建筑，表现出
金属与玻璃在建筑上的巨大作用。

（3）空间高度功能化。 "水晶宫"是英国工业革命时期的代表性建
筑，它不仅在世界博览会历史上是一个里程碑，而且其建筑风格是19世
纪后半期以来"功能主义"的代表作。它所负担的功能是全新的，要求巨
大的内部空间、最少的阻隔，这与西方传统的神殿、教堂、宫殿建筑模式
是完全不同。正是因为"水晶宫"的几何形状，建筑尺度的模数化、定型
化、标准化，以及坚硬晶莹的玻璃墙壁和工厂化生产，使"水晶宫"成为
世界上第一个体现初期功能主义风格的重要作品。

（4）空间新形式。 "水晶宫"空间设计摈弃了古典主义的装饰风
格，显示出金属结构与玻璃材料在建筑中的发展前途，以及预制件和装配
化在建筑工程中的巨大优越性。向人们预示了一种新的建筑美学质量，其
特点就是轻、光、透、薄，开辟了建筑形式的新纪元。从历届世博会的场
馆设计、建造来看，世博会就像是一个建筑空间设计形式的竞技场，催生

了许多新的建筑空间形式和空间设计理念。

二、巴黎埃菲尔铁塔

1．埃菲尔铁塔空间设计历程

1884年法国政府为庆祝1789年法国资产阶级大革命一百周年，于1889年在巴黎举办了一次轰动世界的国际博览会。其中一个重要的项目，就是要在巴黎建造一座永久性纪念物。经部长洛克卢瓦和其他官员的会审，在700多个竞赛方案中选出了18个方案进行严格复审，最后法国著名工程师居斯塔夫·埃菲尔设计的铁塔方案脱颖而出，被评委会选中，并于1887年11月26日动工。250名工人冬季每天工作8小时，夏季每天工作13小时，1889年3月31日，历时21个月，这座钢铁结构的高塔建成（图12-2）。

人们为了纪念埃菲尔对法国和巴黎的这一贡献，该塔落成后便以设计者的名字命名为埃菲尔铁塔。

正如一切新事物一样，铁塔的诞生也曾受到过众多的非议与责备。这一工程一开始就引起了轩然大波，不少贵族和文艺界显赫人物，联名写信给政府反对建造铁塔。有些报纸也跟着推波助澜，群起鼓噪，说铁塔破坏了巴黎的美，它被称为"螺栓固定的铁皮柱子"、"空壳的蜡烛台"，"损害巴黎的盛名"等。在信上签名的有著名音乐家古诺，小说家莫泊桑、小仲马等。著名小说家莫泊桑说他对这座铁塔感到毛骨悚然，犹如芒刺在背。他说："这一大堆丑陋不堪的骸骨，真是令人神思恍惚，惶恐不安，我被迫逃出巴黎，远循异国了！"面对这种情况，埃菲尔毫不动摇，他愿意承担一切风险去完成这前人没有做过的但他对此充满信心的伟大事业。当初，法国政府虽然决定在巴黎建造一座世界最高的大铁塔，但提供的资金只是所需费用的1/5。埃菲尔为实现他的设计，曾将他的建筑工程公司和全部财产抵押给银行作为工程投资，事实证明埃菲尔的确是一位非常杰出的工程师。由此可见，一件新鲜事物的出现是多么不容易啊！但如今它的现代美已征服了法国和全世界。

2．埃菲尔铁塔空间设计形式与风格的特征

（1）新材料。埃菲尔铁塔耸立在巴黎市区塞纳河畔的战神广场上。除了4个脚是用钢筋水泥之外，全身都用钢铁构成，铁塔占地1万平方米，高约324米，重约7000吨，由18038个优质钢铁部件和250万个铆钉铆接而成。底部有4个腿向外撑开，在地面上形成边长为100米的正方形。塔腿分别由石砌座支撑，地下有混凝土基础。在塔身距地面57米、115和276米处分别设有平台，距地300米处的第4座平台为一气象站。

（2）新工艺。埃菲尔铁塔完全采用装配式工厂化生产方式，而且采用了工业革命带来的一切可能的科技成果。在设计、构件制作、装配组合方面，实现了大工业系列化生产

图12-2　埃菲尔铁塔采用交错式结构，由4条与地面成75度角的、粗大的、带有混凝土水泥台基的铁柱支撑着高耸入云的塔身，内设4部电梯，有3层平台供游览，上层274米、中层115米、下层57米，3个瞭望台可同时容纳上万人，给人震撼心灵的景象。第4层平台300米，设气象站，顶部架有天线，为巴黎电视中心。

模式，充分显示了现代工业的进步性。

（3）**新设计**。埃菲尔铁塔恰如新艺术派一样，代表着欧洲古典主义传统向现代主义过渡与转换的特定形式。整体空间形式设计上抛弃了传统造型式样，当然，传统文化的精神或多或少在科技进步和艺术探索中得到传承，如歌特式建筑垂直向上的动势造型（见图12-3、图12-4）。

（4）**新高度**。1889年以前，人类所造的建筑物的高度从来没有达到200米，埃菲尔铁塔把人工建造物的高度一举推进到300米,是近代建筑工程史上的一项重大成就。它表明了19世纪后期结构科学和施工技术的长足进步。1959年顶部增设了一根20多米高的巨型广播天线，塔增高到320米。

（5）**严密地设计与施工**。由于铁塔上的每个部件事先都严格编号，所以装配时没出一点差错。施工完全依照设计进行，中途没有进行任何改动，可见设计之合理、计算之精确。据统计，仅铁塔的设计草图就有5300多张，其中包括1700张全图。

（6）**新交通**。铁塔的东、西、南、北四个支柱都备有一个升降梯，可以把乘客送到一层和二层瞭望台，由二层到三层另有较小些的电梯。底部的东、西、北三个升降梯轮流开放供游人使用，而南部的已辟为二层餐厅专用。东、西两个升降梯是液压结构，均于1899年被安装起来，这在当时已属尖端技术。南、北两个升降梯都已改为电动，这四个升降梯都有自动平衡装置。从第二层到最上层瞭望台则有垂直电梯，设在中间，上下运送游人，升降梯内有上下两层，可同时容纳70至80人。由地面到顶端共有1711级台阶，人们可踏着阶梯一级级往上攀登。

（7）**新照明**。铁塔装有光彩闪亮的无数彩灯，但是这些彩灯也带来数目惊人的电费开支，政府把352盏节能灯装到塔身上，这些新彩灯能比从前节电38％。近年，巴黎政府还开展了规模浩大的"夜晚再亮工程"，历时5个月，耗资约500万欧元，为铁塔装上"永久性轮廓灯"。新更换的2万只灯泡平均使用寿命将在10年左右。从入夜到第二天凌晨1点，灯泡平均每小时"轮班闪动"10分钟，为铁塔"增光添彩"。

（8）**保护与管理**。铁塔每10年须涂漆一次，每次使用油漆50吨，但对铁塔1层至3层最易老化的部位，每5年油漆一次。1981—1983年巴黎

图12-3 埃菲尔铁塔一、二楼设有餐厅，第三楼建有观景台，从塔座到塔顶共有1711级阶梯，三个瞭望台各有不同的视野，也带来不同的情趣。

图12-4 埃菲尔铁塔是由18038个部件组成，重达1万吨，施工时共钻孔700万个，使用铆钉250万个。铁塔的设计草图就有5300多张，其中包括1700张全图。由于铁塔上的每个部件事先都严格编号，所以装配时没出一点差错。

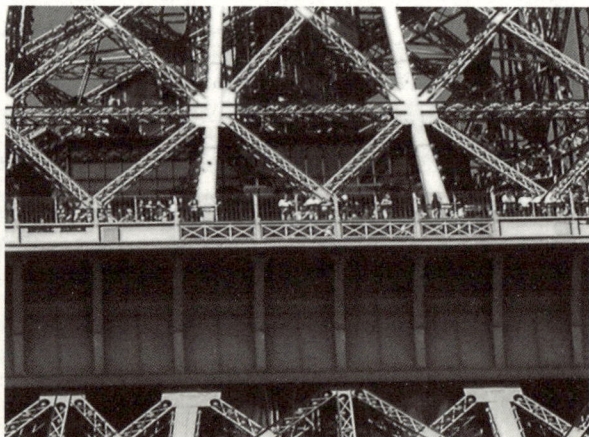

市政府为铁塔进行了大型整修工程，使铁塔整个重量减轻约1000吨。工程技术人员改造了升降梯，装上了现代化的消防与警报系统，增设了服务设施。铁塔将扩建地下博物馆、会议大厅、停车场、旅馆、商店及立体电影院。

三、巴黎世界博览会机械馆

1889年的巴黎世界博览会上，工业革命对建筑的影响得到了最充分的体现。机械馆是本次博览会上最重要的建筑之一，它运用当时最先进的结构和施工技术，采用钢制三铰拱，跨度达到115米，堪称跨度方面的大跃进。陈列馆共有20 这样的钢拱，形成宽115米、长420米，内部毫无阻挡的庞大室内空间。钢制三铰拱最大截面高3.5米，宽0.75米，而这些庞然大物越接近地面越窄，在与地面相接处几乎缩小为一点，每点集中压力有120吨。陈列馆的墙和屋面大部分是玻璃，继伦敦"水晶宫"之后又一次造出了使人惊异的建筑内部空间。这座陈列馆由康泰明（Victor Contamin，1840—1893）等三名工程师设计，建筑师都特（F.Dtert，1845—1906）配合。机器馆1920年被拆除。

作业与点评

工业革命时期空间设计形式与风格小空间创意设计要求

1. 分析工业革命时期空间的设计风格、形式特征、设计特色。运用工业革命时期空间设计的风格、形式主要元素，并强调工业革命时期空间风格符号。如运用铁、木、玻璃三种材料及大工业系列化生产模式、构件制作、装配组合，进行空间创意设计。
2. 运用建筑空间构成要素（地面、墙面、顶面、柱梁）表现建筑与室内空间。
3. 运用空间造型元素（点、线、面、体）与空间形态（几何形，有机形，偶然形，实虚、动静、开合空间）表现建筑与室内空间个性。
4. 运用界面形状、比例、尺度和式样的变化，表现建筑与室内空间。
5. 本创意设计是概念性建筑与室内抽象性创意形态，重点表现空间要素、空间功能、建筑构件、空间结构、空间形态、空间形式、造型手法、创意方法，创造简约的、概括的、抽象功能的空间，避免太实际又锁碎的造型与装饰。
6. 利用一个10m×10m×10m的正立方空间与一个10m×6m×6m的长方空间进行空间形式风格概念构成创意设计。

图12-5 工业革命时期形式与风格厂房空间 何有朋
工业革命时期空间设计形式与风格基本特征是运用铁、木、玻璃三种材料及大工业系列化生产模式、构件制作、装配组合，尤其以钢铁、混凝土和玻璃在建筑上的广泛应用最为突出。正是应用了这些新的技术可能性，所以突破了传统建筑高度与跨度的局限。这座工业革命时期形式与风格厂房空间的主体运用钢铁、混凝土和玻璃材料及系列化工业生产模式装配组合而成。主体厂房高度与跨度适应生产需求，主体厂房外工厂管理办公空间配合恰当。

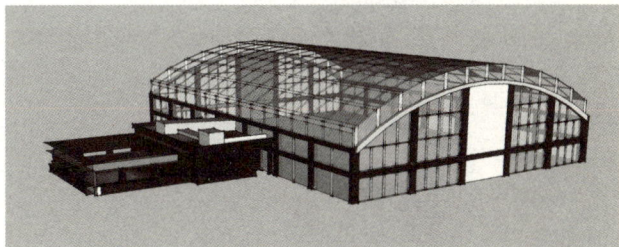

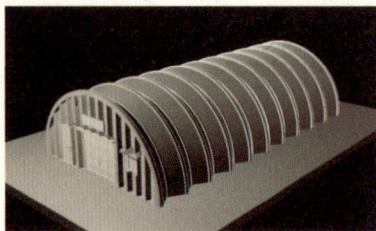

图12-6 工业革命时期形式与风格工业仓库 潘灶林

这座工业革命时期形式与风格工业仓库主要立面是混凝土支柱与钢铁架结构，库房中间由钢架结构支撑，局部用玻璃材料透光窗。所有建筑部件由系列化工业生产模式装配组合而成，重复半圆形态形成简洁的空间效果。

图12-7 工业革命时期形式与风格茶几 黄酌

这个工业革命时期形式与风格茶几采用宽扁铁条弯曲成曲线状形成支架，加上铁环装饰，茶几台面用木质圆角台面，造型有些复杂，但工业感也体现了工业革命时期形式与风格。

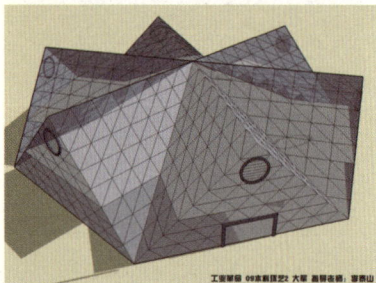

图12-8 工业革命时期形式与风格展厅 郑龙军

这个工业革命时期形式与风格展厅运用钢架与玻璃结构，所有造型材料及构件制作采用大工业系列化生产模式进行装配组合，展厅空间是六个现代三角体围绕角点对称构成，整体空间形态颇具新现代主义美感。

图12-9 工业革命时期形式与风格厂房 李欣睿

这个工业革命时期形式与风格厂房前部运用钢架与玻璃结构，所有造型材料及构件制作采用大工业系列化生产模式进行装配组合，产生全透光效果。厂房后部采用混凝土支柱与钢铁架结构，墙面及屋顶用钢板封闭，局部玻璃窗采光，整体空间形态颇具新现代主义美感。

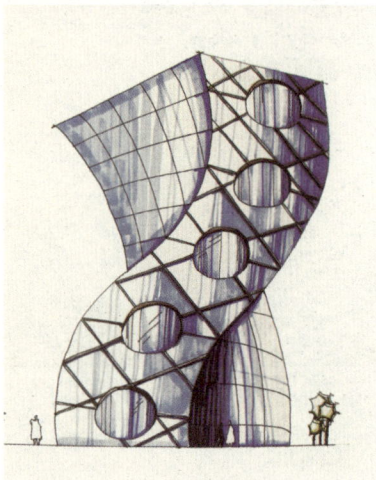

图12-10 工业革命时期形式与风格展览馆 郑均

这个工业革命时期形式与风格展览馆运用钢架与玻璃结构，所有造型材料及构件制作采用大工业系列化生产模式进行装配组合，产生全透光效果。整体空间形态扭曲颇具新现代主义美感。

第十三讲
20世纪新建筑空间设计

13

第十三讲
20世纪新建筑空间设计

　　19世纪西方建筑界占主导地位的建筑潮流复古主义者与折中主义者认为古希腊和古罗马等传统的建筑形式和风格是不可超越的永恒的典范，建筑主导思想是唯美主义。很多纪念性建筑和官方建筑以及一些大银行、大保险公司仍然应用古典柱式。但19世纪中叶，伦敦"水晶宫"的设计和建造事例表明保守的传统的建筑观念已不适应建筑发展的新形势。一战后初期，欧洲各国经济困难，促进了讲求实效的倾向，因循守旧会遇到难以克服的矛盾，建筑的设计和建造到了需要改造和发展的时候了。工业和科学技术的继续发展，建筑材料、结构和设备方面的进展，带来更多的新的建筑类型。俄国十月革命的成功震撼了世界，世界各国社会各个领域都出现许多新学说和新流派，建筑界也是新观念、新方案、新学派层出不穷。

第一节　新建筑运动空间设计

　　两次世界大战之间的二三十年代是建筑思潮十分活跃的时期。到19世纪末20世纪初，西欧大部分地区先后发生工业革命，出现工业化的经济技术基础，而且渐次出现社会文化方面的人变动。首先是西欧各国出现了文化方面的大震荡、大转变，形成反传统、破旧立新的文化大革命，被称为"狂飙运动"。其中哲学、美术、雕塑和机器美学等方面的变迁对建筑产生了深远的影响。建筑文化全面变革的内部和外部条件陆续成熟，不只是建筑的经济和技术因素要求变革，也是社会对建筑产生的新的精神和审美要求。这一时期在伦敦、布鲁塞尔、阿姆斯特丹、巴黎、维也纳、柏林以及米兰、巴塞罗那等地，建筑师中涌现了在理论和实践中进行新探索的个人或群体。他们的努力和影响超越了城市和国界，相互启发，相互促进，在20世纪初便在西欧地区形成彼此呼应的创新潮流。新派建筑师向原有的传统建筑观念发起一阵又一阵的冲击，西欧和美国一些建筑师提出了改革建筑设计的主张。例如法国建筑师H.拉布鲁斯特1830年写道："在建筑中，形式必须永远适合它所要满足的功能。"有的人运用新的建筑材料，如法国建筑师A.佩雷用钢筋混凝土建造了一批房屋；有的人在建筑形式和手法上进行创新，其中有以比利时为中心的新艺术运动、芝加哥学派、德国制造联盟、装饰艺术运动、奥地利的分离派，意大利的未来派等。1907年，德国成立"德国制造联盟"推动建筑设计改革，德国建筑师P.贝伦斯于1909年设计了反映新建筑观念的德国通用电气公司的涡轮机工厂。在美国，建筑师F.L.赖特进行建筑创新活动，他在美国中西部地区设计了许多创新小住宅和公共建筑，启发和鼓舞了当时欧洲的改革派建筑师。这些建筑师或流派求新的建筑活动被称为"新建筑运动"。

第二节 英国工艺美术运动空间设计

一、英国工艺美术运动空间设计的概念

19世纪末，在英国著名的社会活动家及工艺美术运动代表人物拉斯金与莫里斯的"美术家与工匠结合才能设计制造出有美学质量的为群众享用的工艺品"的主张影响下，英国出现了许多类似的工艺品生产机构。如1888年英国一批艺术家与技师组成了"英国工艺美术展览协会"，定期举办国际性展览会，并出版了《艺术工作室》杂志。这就是所谓的英国工艺美术运动。但是，由于工业革命初期人们对工业化的意识认识不足，加上第一次世界大战让人们产生的恐惧，忧患意识形成了一个特殊观点：如果机械失控会屠杀人类自身。这是人们对大规模的工业化产生的消极结果作出的判断。加上当时英国盛行浪漫主义的文化思潮，英国工艺美术的代表人物始终站在工业生产的对立面，力图阻止工业化的出现。进入20世纪，英国工艺美术转向形式主义的美术装潢，追求表面效果，结果使英国的设计革命未能顺利发展，反而落后于其他工业革命稍迟的国家。而欧美一些国家从英国工艺美术运动得到启示，又从其缺失之处得到教训，因而设计思想的发展演变快于英国，后来居上。

二、英国工艺美术运动空间设计的特征

1. 主张美术家与工匠结合。工艺美术运动代表人物莫里斯是英国著名社会活动家，就学于牛津大学，毕业后从事建筑设计工作，但他主要的事业在工艺美术设计方面。莫里斯有感于当时实用工艺美术品设计质量不高，主张美术家与工匠结合，认为这样才能设计制造出有美学质量的为群众享用的工艺品。

2. 反对机器和工业。莫里斯一生始终厌恶机器和工业，但他也反对沿袭旧有一套，他强调艺术与实用结合。

3. 向自然学习。莫里斯的设计思想是"向自然学习"，他主持做出的工艺品大量采用从植物形象得来的素材。产品注意结构合理，选材精当，装饰风格统一。莫里斯虽然不是建筑师，但他的工艺美术思想广泛传播并影响美国和欧洲大陆各国，演变出新艺术派、分离派等建筑流派。

三、英国工艺美术运动空间设计的代表作品

莫里斯红屋。魏布设计的莫里斯红屋和美国甘布尔兄弟设计的甘布尔住宅是工艺美术运动的代表建筑。以魏布为首的设计师，热衷于手工制品的艺术效果与自然材料的美，追求生活和艺术的真实，建筑上主张用田园式住宅来摆脱古典建筑形式。魏布仿效14、15世纪住宅的不规则构图，平面根据需要布置成"L"形。造型采用了尖拱顶、高坡度屋顶等哥特式细部。他一反古典主义的清规戒律，把外墙做成不加粉刷的清水红砖墙，表现出材料本身的质感。这种将功能、材料与艺术造型结合起来的尝试，对后来的建筑运动有一定的启迪（见图13-1）。

魏布首先提出了"美与技术结合"的原则，主张美术家从事设计，反对"纯艺术"，另外，还强调设计应"师承自然"、忠实于材料和适应使用目的，莫里斯为设计革新运动做出了杰出贡献。

第三节　新艺术运动空间设计

一、新艺术运动空间设计的概念

19世纪末20世纪初，工业革命使欧洲一些发达国家开始进入工业文明时代。手工业的生产方式逐渐被机械化的生产方式所替代，延续了一千多年的封建制度受到了民主思想的洗礼，欧洲开始从农业社会迈向工业社会。

社会转型期的新旧更替并不仅仅体现在时间上，还体现在生产方式、生活方式、审美观念，以及每天所使用的日用品中。这一时期，受英国工艺美术运动的启示，欧洲艺术家、手工艺人、建筑师所创造出来的新的艺术形式被称为"新艺术"（Art Nouveau）。"新艺术"风格的流行时间大约从1880年到1910年，是指当时在欧洲和美国开展的装饰艺术运动。这种艺术新形式带有欧洲中世纪艺术和18世纪洛可可艺术的造型痕迹和手工艺文化的装饰特色，同时还带有东方艺术的审美特点，也运用工业新材料，包含了当时人们的怀旧和对新世纪的向往情绪，是人们从农业文明进入工业文明过渡时期所有复杂情感的综合反映。这一运动带有较多感性和浪漫的色彩，表现出怀旧和憧憬兼有的世纪末情绪，是传统的审美观和工业化发展进程中所出现的新的审美观念之间的矛盾产物。新艺术运动的最初的中心在比利时首都布鲁塞尔，随后向法国、奥地利、德国、荷兰以及意大利等地区扩展。"新艺术派"建筑空间是努力使工业艺术与艺术融合起来的一次尝试。新艺术运动发展的最高峰是1900年在巴黎举行的世界博览会，如今，新艺术运动被视为20世纪文化运动中最有创新力的先行者。

二、新艺术运动空间设计的特征

1. 新装饰纹样。受英国工艺美术运动的影响，"新艺术派"的思想主要表现在用新的装饰纹样取代旧的程式化的图案。

2. 自然植物造型素材。主张运用高度程序化的自然元素，主要从植物形象中提取造型素材，如海藻、草、昆虫。

3. 自由曲线和曲面。广泛使用有机形式、曲线，特别是花卉或植物等。大量采用自由连续弯绕的曲线和曲面，形成自己特有的富于动感的造型风格。其实洛可可时期就大量使用植物形象进行装饰，但都是局限在二维的平面里，新艺术运动不仅把这些形象从二维的平面中解放出来，而且使它们恣意伸展，不再拘泥于对称的形态。

4. 发挥机器、玻璃和锻铁的作用。在建筑、室内、家具、灯具、广告画和壁纸装饰中，朴素地运用新材料与新结构的同

图13-1　莫里斯红屋

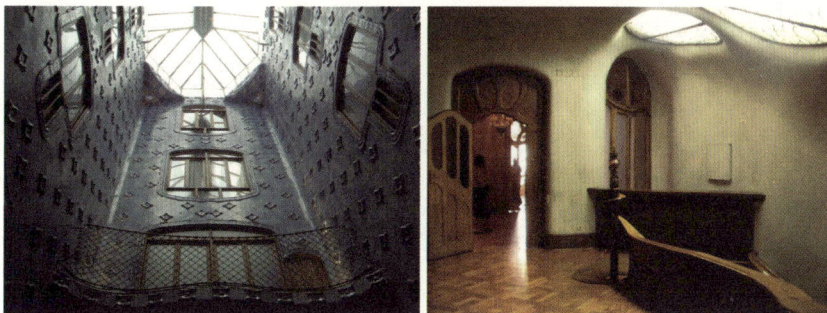

时，处处浸透着艺术的考虑。新艺术运动没有像工艺美术运动那样否定机器的作用，而是发挥玻璃和锻铁所长，建筑内外的金属构件有许多柔化了的或繁或简的曲线，结构显出韵律感。

三、新艺术运动空间设计的代表作品

代表建筑有戈地设计的米拉公寓、巴特罗公寓和比利时建筑师霍尔塔设计的布鲁塞尔住宅、索尔威旅馆与法国建筑师吉马尔德等人的作品。

1. 巴特罗公寓。由西班牙建筑设计师戈地设计。（见图13-2至图13-4）。

2. 米拉公寓。米拉公寓位于街道转角，地面以上共六层，公寓建筑造型仿佛是一座被海水长期浸蚀又经风化布满孔洞的岩体，墙体本身也像波涛汹涌的海面，富有动感。（见图13-5）。

3. 巴黎地铁站入口。法国建筑师吉马尔德设计的巴黎地铁站入口，铁艺和玻璃的配合的确给人以强烈的"新"的视觉冲击。更重要的是，新艺术运动的大师们找到了适合表现曲线的材料——铸铁。这是一种塑性很好的材料，强度也很高，因此构件的截面可以很小，纤细而自由的曲线，加上透明的玻璃作为围护，使建筑空间似乎失去了重量，完全改变了建筑空间在人们印象中的固有形象。

第四节 芝加哥学派空间设计

一、芝加哥学派空间设计的概念

19世纪以前芝加哥是美国中西部的一个小镇，1837年仅有4000人，到1890年人口已增至100万。经济的兴旺发达、人口的快速膨胀刺激了建筑业的发展，1873年的芝加哥有不少棚户区。一天夜里，在一户爱尔兰移民的乳牛棚，一头母牛把提灯踢翻，结果酿成一场大火，芝加哥全城几乎毁掉1/3建筑。为了在有限的市中心建筑尽可能多的房屋，现代城市钢铁结构的高层建筑艺术便在芝加哥诞生了。芝加哥出现了一个主要从事高层商业建筑的建筑工程师的群体，该学派的创始人是工程师坚尼（W.Jenny，1832—1907）。1879年他建造了七层货栈"第一埃特大厦"。1887年理查逊设计的"菲尔德百货批发商店"在芝加哥落成。它那简洁、明快的风格是对哥特式的超越，后来被称作"芝加哥学派"。芝

图13-2 巴特罗公寓的入口和下面二层的墙面都故意模仿溶岩和溶洞，上面几层的阳台栏杆做成假面舞会的面具模样，屋脊如带鳞片的兽类脊背，屋顶上的尖塔及其他突出物体都各有其怪异形状，表面贴以五颜六色的碎瓷片。

图13-3 巴特罗公寓室内天井采光效果贯穿各层，天井内墙立面贴满蓝色瓷片，中间镶嵌有细腻耐看的小方块凸出花纹装饰瓷片。

图13-4 巴特罗公寓的平面布置墙线曲折弯扭，房间的平面形状、房间内天花角线、门窗及天顶窗也几乎全是离方遁圆，没有一处是方正的矩形。

图13-5 米拉公寓的墙面凸凹不平，屋檐和屋脊有高有低，呈蛇形曲线。它的阳台栏杆由扭曲回绕的铁条和铁板构成，如同挂在岩体上的海草。米拉公寓的平面墙线布置曲折弯扭，房间的平面形状全是圆角，没有一处是方正的矩形。公寓屋顶上有六个大尖顶和若干小的突出物体，其造型似螺旋体、花蕾、骷髅、天外来客……

加哥学派设计的许多幢钢铁大厦正好体现了迅速到来的工业化和"钢铁时代"的时代精神。

二、芝加哥学派空间设计的特征

1. 形式随从功能。芝加哥学派中最著名的建筑师是路易·沙利文。他的创作格言是："形式永远随从功能，只要功能不变，形式就不变。"他们使用铁的全框架结构，使楼房层数超过10层甚至更高。由于争速度、重时效、尽量扩大利润是当时压倒一切的宗旨，这使得楼房的立面大为净化和简化。

2. 高层、铁框架、横向大窗、简单的立面。为了增加室内的光线和通风，出现了宽度大于高度的横向窗子，被称为"芝加哥窗"。高层、铁框架、横向大窗、简单的立面成为芝加哥学派的建筑特点。这是芝加哥建筑学派对20世纪世界大城市建筑艺术的重要贡献和意义。

3. 采用新材料、新结构、新技术。芝加哥学派的建筑师和工程师们积极采用新材料、新结构、新技术，认真解决新高层商业建筑的功能需要，创造了具有新风格新样式的新建筑。但是，由于当时大多数美国人认为它们缺少历史文化传统，只是权宜之计，使这个学派只存于芝加哥一地，很快就消失了。然而，新建筑的大潮势不可挡，改革者仍然此伏彼起，影响渐渐扩大。

三、芝加哥学派空间设计的代表作品

芝加哥卡森·皮里·斯各特百货公司大楼。芝加哥卡森·皮里·斯各特百货公司人楼建于1899年—1903年，是美国芝加哥学派的代表建筑，由路易·沙里文设计。卡森·皮里·斯各特百货公司大楼是最早采用防火钢框架结构的百货公司之一，在这个建筑中充分体现了"高层、铁框架、横向大窗、简单的立面"等建筑特点。百货公司大楼钢框架结构使得内部支撑减少，为商品陈列提供了更多开敞空间与光线。它为美国及欧洲的建筑师们提供了一个现代类型建筑的样板，它也是路易·沙利文"形式永远随从功能"的设计思想的具体体现。1944年美国建筑师学会追授他该组织最高荣誉——AIA金奖（见图13-6）。

1903年建成的芝加哥卡森.皮里.斯各特百货公司大楼充分体现了"高层、铁框架、横向大窗、简单的立面"等建筑特点。它是沙利文"形式永远随从功能"的设计思想具体体现，为美国及欧洲的建筑师们提纲了一个现代类型建筑的样板。

图13-6　卡森·皮里·斯各特百货大楼

第五节　德国制造联盟空间设计

一、德国制造联盟空间设计的概念

在西欧各国中，德国原是一个后进国家，当经济实力增长以后，他们特别注意改进产品质量，注意吸取别人的经验教训，德国建筑师穆特

休斯在对英国的设计风格和建筑发展进行了细心的考察后，于1907年成立了"德国制造联盟"。德国制造联盟的宗旨是促进企业界同美术家、建筑师之间的共同活动以推动设计改革，目标是改进设计，提高产品和建筑质量，肯定标准化和用机器大量生产的方式。德国制造联盟在第一次世界大战前后的活动在欧洲产生了广泛影响，拥有贝伦斯等一大批优秀的建筑师，同时培养和影响了一批年轻的建筑师和设计家，其中有后来"现代建筑"的旗手大师格罗皮乌斯、密斯凡德罗及勒·柯布西耶。德国制造联盟及有关的一些建筑师的活动为20世纪20年代的建筑设计改革奠定了基础。1933年希特勒在德国执政，德国制造联盟至此解散。

二、德国制造联盟空间设计的代表作品

涡轮机工厂厂房。1907年贝伦斯在杜塞尔多夫美术学院任教时，受德国最大的电器公司"德意志电器联营"（A.E.G）委托，担任A.E.G的董事，负责大型电力收获机广告和包装的设计。他设计了世界上的第一个企业总体形象，为A.E.G设计了涡轮机工厂厂房，以及在柏林郊区的综合性厂房建筑。贝伦斯把自己的新思想灌注到设计实践当中，大胆地抛弃了流行的传统式样，采用新材料与新形式，使厂房建筑面貌一新。他设计的透平机（turbine，即涡轮机）车间成为当时德国最有影响的建筑物，被誉为第一座真正的"现代建筑"。透平机车间主跨采用大型门式钢架，柱间为大面积的玻璃窗，屋顶上开有玻璃天窗，车间有良好的采光和通风，外观体现了工厂车间的性格。厂房砖石砌筑角墩，上部是弓形山墙，这些处理给这个车间建筑加上了古典的品格。厂房采用三铰拱，钢柱坦露在外墙表面，钢结构的骨架清晰可见，宽阔的玻璃嵌板代替了两侧的墙身。屋顶轮廓与折线形钢架配合，建筑造型贴近结构与功能要求。其简洁明快的外形是建筑史上的革命，具有现代建筑新结构的特点，强有力地表达了德意志设计联盟的理念（见图13-7）。

第六节　装饰艺术运动空间设计

一、装饰艺术运动空间设计的概念

1910年至1935年的装饰艺术运动发源于法国，这场运动在法国被称为"现代艺术运动"。"装饰艺术运动"的名称出自1925年在巴黎举办的"巴黎国际现代化工业装饰艺术展览会"(The exposition des Arts Decoratifs)，这个展览旨在展示新艺术之后在应用美术和建筑上的一种新风格。装饰艺术运动与欧洲的现代主义运动几乎同时发生，是一场国际性设计运动，受到了现代主义运动的很大影响，发展成为装饰主义风格。装饰艺术运动以法国、美国、英国的设计为代表，对20世纪40年代以后的设计艺术产生了深远影响。

知识链接

彼得·贝伦斯（Peter Behrens，1868—1940）是德国制造联盟空间设计的代表人物，德国现代主义设计的重要奠基人之一，他在建筑和设计方面的深远影响一直延续到今天。早在1904年他就参加了德意志工业同盟的组织工作。1910年间建筑家、理论家的先驱勒·柯布西耶、米斯·凡·德·洛和格罗皮乌斯等，都在柏林贝伦斯的办公室一起工作过，所以他更重要的意义是影响和教育了一批新人。他的设计才能同样体现在产品设计中，他是第一个改革产品设计使之适合工业化生产的设计师。

图13-7　涡轮机工厂厂房

装饰主义与包豪斯一样成为现代设计的主流，也采用新技术、新材料和几何形，例如：高迪的建筑，美国的摩天大楼。装饰主义风格既是新艺术的延续又是反叛。新艺术强调中世纪的、哥德式的、自然风格的装饰，强调手工艺的美，否定机械化时代特征。装饰主义反对古典义的、自然的、单纯手工艺的趋向，而主张机械化的美。装饰艺术运动与现代主义运动都主张采用新的材料，如钢铁、玻璃等，主张机械美，主张采用大量新的装饰手法使机械形式及现代特征变得更加自然和华贵。两者共同信奉的机械美学在寻找艺术和工业生产的结合点上表现出各自的个性，装饰艺术在装饰样式和色彩上发现了结合点。但是装饰艺术更强调的是色彩和形态而不是功能，而现代主义则在功能和实效那里找到了归宿。同时，在服务对象方面，装饰艺术是为富裕的上层阶级服务，而现代主义则强调设计为大众服务。

二、装饰艺术运动空间设计的特征

1. 造型语言趋于非严格的几何形与直线。装饰艺术风格的艺术家们不受现代艺术严密的、毫无装饰的线条为主的理念拘束和影响。他们的作品中有大胆的颜色，几何造型的组合，闪闪发光的表面，充满自然风格与形态。如树木、瀑布、云朵、植物及动物以及其他的抽象形态等等。造型语言趋于非严格的几何形与直线，不强调对称与直线，几何扇形、放射状线条、曲折形、重叠闪烁的几何构图的造型是其设计造型的主要形态。它通过贵重金属、宝石或象牙等高档材料表现出新奇和时髦的造型感受，弥漫着贵族高雅的情调。从色彩的运用而言，它具有鲜明、强烈的色彩持征，鲜红、鲜蓝、鲜黄、鲜橙以及金属色受到了特别的重视。

2. 古埃及装饰形式的因素。1922年古代图坦哈姆墓，展示出一个绚丽的古典艺术世界，震动了欧洲的新进设计师们，给予设计师强而有力的启示。古代埃及的建筑装饰纹样，盛开的纸草形式的柱头，特别是具有简单几何图形的图坦哈姆的金面具，达到高度装饰的效果，都成为被借鉴的对象。因此，装饰艺术运动的设计师常对自然抽象出来的几何图案加以变形处理，将其运用到设计中，很快使自然装饰题材和绚丽的装饰色彩成为一种流行时尚。

3. 非洲原始部落艺术特点。装饰艺术家从毕加索、蒙克等为代表的一批著名画家身上受到启发，对非洲部落舞蹈面具的象征性和夸张性，木雕、土人面具及纹身的明快简练，表现出了极大的兴趣，以至这些原始艺术成为设计师进行构思和创作的形式素材。

4. 舞台艺术的影响。芭蕾舞剧中，前卫的舞台设计和服装设计给装饰艺术设计师提供了许多启示。此外，美国的爵士文化和爵士音乐中特有的表现方式影响着装饰艺术运动的风格。

5. 汽车设计样式的影响。汽车的前卫设计风格也成为装饰运动设计师模仿的对象，尤其是美国的流线形设计深深影响到产品设计、平面设计等各个设计领域。

三、装饰艺术运动空间设计的代表作品

克莱斯勒大厦。纽约是装饰艺术运动风格最初发生地，重要的建筑物包括洛克菲勒中心大厦、帝国大厦、克莱斯勒大厦等。这些建筑拥有大量有棱角的装饰，豪华而现代的室内设计，大量的壁画、漆器装饰，强烈而绚丽的色彩计划，普遍采用金属作为装饰材料用来炫耀权势和财富。美国纽约市克莱斯勒大厦是受克莱斯勒汽车制造公司的创建者沃尔特·P.克莱

特·P.克莱斯勒要求将它们制成看上去与汽车散热器帽盖的装饰物一样，作为他显赫的汽车制造帝国的标记（见图13-8）。

第七节　维也纳分离派空间设计

一、维也纳分离派空间设计的概念

维也纳分离派是新艺术运动在奥地利的产物。由奥地利建筑师瓦格纳的学生奥别列兹、霍夫曼与画家克里木特等一批30岁左右的艺术家组成名为"分离派"的团体，意思是要与传统的和正统的艺术分手。瓦格纳（Otto Wagne，1841—1918）是奥地利著名的建筑师，他在1895年出版的专著《论现代建筑》中提出：新建筑要表现当代生活。他认为没有用的东西不可能美，主张坦率地运用工业提供的建筑材料，推崇整洁的墙面、水平线条和平屋顶，认为从时代的功能与结构形象中产生的净化风格具有强大的表现力。1904年他在设计维也纳邮政储金银行时首次运用了简洁创新的建筑手法，被认为是现代建筑史上的里程碑。瓦格纳的观念和作品影响了一批年轻的建筑师，他们的作品不但各自具有鲜明的独创性和很强的感染力，甚至初具19世纪20年代"方盒子"建筑的雏形。

二、维也纳分离派空间的特征

1. 简洁创新"方盒子"建筑雏形。运用工业提供的建筑材料，推崇整洁的墙面、水平线条和平屋顶。

2. 对比手法。运用矩形的大与小的对比、横与纵的对比、方与圆的对比、明与暗的对比、石材与金属的对比等。

三、维也纳分离派空间设计的代表作品

维也纳分离派会馆。1898年维也纳分离派建筑师奥别列兹设计。奥别列兹在设计这个建筑时受到了维也纳分离派画家克里木特一张草图的启示。（见图13-9）会馆看起来庄重、典雅，而安装在建筑顶部的大金属镂空球使这个厚重的纪念性建筑变得轻巧活泼起来。维也纳分离派会馆是维也纳分离派最具代表性的建筑，它的建成使维也纳分离派声誉大增。维也纳分离派的主要作品有：维也纳分离派展览馆、维也纳玛约利卡住宅、维也纳邮政储蓄银行、维也纳美国酒巴间、维也纳米歇尔广场等。

第八节　未来主义空间设计

一、未来主义空间设计的概念

1914年—1918年，意大利出现了一种名为"未来主义"的社会思潮。意大利诗人、作家兼文艺评论家马里内蒂于1909年2月在《费加罗报》上发表了《未来主义的创立和宣言》一文，标志着未来主义的诞生。他强调

图13-8　克莱斯勒大厦共77层，其顶部标高与纽约市地平线标高相差319.4米。大厦呈几何状和流线形，顶部由五层向上逐层缩小的不锈钢拱门形成针形尖塔，每层拱门上都设有锯齿型的三角窗，曲线形和锯齿形的结合表现了古代玛雅人和埃及的装饰形式。由于楼顶用不锈钢来覆盖，在阳光的反射下闪闪发光，更增添了它的魅力。

图13-9　维也纳分离派会馆建筑外表有整洁的墙面、水平的线条和平屋顶。整体空间运用对比手法，室内外空间表现出的各种矩形有大与小的对比、横与纵的对比、方与圆的对比、明与暗的对比、石材与金属的对比等，它与传统建筑风格不同，具有全新的建筑形式。

图13-10 圣伊里亚的建筑想象画同他在"宣言"中提出的观念一样形象地表现了未来主义的建筑理想。这些建筑想象画表现出未来的城市应该有大的旅馆、火车站、巨大的公路、海港、商场、明亮的画廊、笔直的道路以及对我们还有用的古迹和废墟。

图13-11 爱因斯坦大文台建筑上部的圆顶是一个天文观测室，下面则是若干个天体物理实验室，整幢建筑物的最初设计都是采用钢筋水泥建造，由于材料供应发生了问题，改用砖砌，用水泥将整个建筑的外立面装饰一遍，给人一种浑然一体感。

近代的科技和工业交通改变了人的物质生活方式，人类的精神生活也必须随之改变。1914年7月，意大利年青的建筑师圣伊里亚发表了《未来主义建筑宣言》，激烈批判了复古主义，认为：历史上建筑风格的更迭变化只是形式的改变，未来的城市应该有大的旅馆、火车站、巨大的公路、海港、商场、明亮的画廊、笔直的道路以及对我们还有用的古迹和废墟……在混凝土、钢和玻璃组成的建筑物上，没有图画和雕塑，只有它们天生的轮廓和体形给人以美。这样的建筑物将是粗犷得像机器一样简单，需要多高就多高，需要多大就多大……城市的交通用许多交叉枢纽与金属的步行道和快速输送带有机地联系起来。……建筑艺术必须使人类自由地、无拘无束地与他周围的环境和谐一致，也就是说，使物质世界成为精神世界的直接反映……"未来主义"的建筑观点带有一些片面性和极端性质，但它的确是到第一次世界大战前为止，西欧建筑改革思潮中最激进、最坚决的一部分，其观点也最肯定、最鲜明、最少含糊和妥协。它是近半个世纪以来许多改革者的零散思想的集大成和深化的产物。不仅如此，直到20世纪后期，在世界上一些著名建筑作品中，我们还能看到这样那样的未来主义建筑师的思想火花，如巴黎蓬比杜艺术与文化中心（1972—1977）和香港汇丰银行大厦（1979—1985）等。

二、未来主义空间设计的代表人物

圣伊里亚。圣伊里亚（Antonio Sant-Elia，1888—1916）出生于意大利北部的科摩市，1912年，在米兰工作，但主要是为别的建筑师工作，没有留下属于他的建筑作品。在米兰期间，圣伊里亚与"未来主义"者来往，在他们的影响下他于1912年—1914年间画了一系列以"新城市"为题的城市建筑想象图，大约有数百幅之多（见图13-10）。其中一些于1914年5月在名为"新趋势"的团体举办的展览会上展出，展品目录上有圣伊里亚署名的《前言》，这就是著名的《未来主义建筑宣言》。圣伊里亚的建筑想象画同他在《宣言》中提出的观念形象地表达了未来主义的建筑理想。第一次世界大战爆发后，无情的炮火吞噬了他仅仅28岁的年轻生命，不公平的命运没有给他实施自己观念的机会。

第九节　表现派空间设计

一、表现派空间设计的概念

20世纪初在德国、奥地利首先产生了表现主义的绘画、音乐和戏剧。表现主义者认为艺术的任务在于表现个人的主观感受和体验。例如，画家心目中认为天空是蓝色的，他就会不顾时间地点，把天空都画作蓝色的。绘画中的马，有时画成红色的，有时又画成蓝色的，一切都取决于画家主观的"表现"的需要，他们的目的是引起观者情绪上的激动。在这种艺术观点的影响下，第一次大战后出现了一些表现主义的建筑。这一派建筑师常常采用奇特、夸张的建筑体形来表现某些思想情绪，象征某种时代精神。

二、表现派空间设计的代表作品

爱因斯坦天文台。德国建筑师门德尔松在20年代设计过一些表现主义的建筑，其中最有代表性的是1919年—1920年建成的德国波茨坦市爱因斯坦天文台。1917年爱因斯坦提出了广义相对论，这座天文台就是为了研究相对论而建造的。相对论是一次科学上的伟大突破，它的理论很深奥，对于一般人来说，它既新奇又神秘。门德尔松在爱因斯坦天文台的设计中抓住这一印象，把它作为建筑表现的主题。他用混凝土和砖塑造了一座混混沌沌的形体，上面开出一些形状不规则的窗洞，墙面上还有一些莫名其妙的突起。整个建筑造型奇特，难以言状，表现出一种神秘莫测的气氛（见图13-11）。

爱因斯坦天文台是门德尔松强调表现主义而设计的奇特空间形态。建筑空间抽象的构图传达表现性意念。墙面屋顶浑然一体，圆滑性的曲面与弧线屋顶表现宇宙的无穷概念，也表达出对爱因斯坦智慧的崇敬。

第十节　风格派空间设计

一、风格派空间设计的概念

1917年，荷兰一些青年艺术家组成了一个名为"风格派"的造型艺术团体。主要成员有画家蒙德利安（Piet Mondrian，1872—1944）、万·陶斯柏（Theo Van Doesberg），雕刻家万顿吉罗（G. Vantongerloo）、建筑师奥德（J. J. P. Oud）、里特维德（G. T. Rietveld）等。他们认为最好的艺术就是基本几何形象的组合和构图。蒙德利安认为绘画是由线条和颜色构成的，所以线条和色彩是绘画的本质，应该它们允许独立存在。他说用最简单的几何形和最纯粹的色彩组成的构图才是有普遍意义的永恒的绘画。他的不少画就只有垂直和水平线条，间或涂上一些红、黄、蓝的色块，题名则为"有黄色的构图"，"直线的韵律"，"构图第×号，正号负号"等等。风格派雕刻家的作品，则往往是一些大小不等的立方体和板片的组合。

二、风格派空间设计的代表作品

荷兰乌德勒支（Utrecht）的斯罗德住宅。风格派和构成派热衷于几何形体、空间和色彩的构图效果。最能代表风格派建筑特征的是荷兰乌德勒支的斯罗德住宅。1924年由里特维德设计的这座住宅像横竖凹凸变化的立方形体，光光的墙面，大片的玻璃错落起伏、纵横穿插，加上深色窗框边线勾勒墙面，红蓝线块点缀，整座住宅可以说是风格派画家蒙特里安的绘画的立体化表现（见图13-12、图13-13）。

图13-12　里特维德设计的斯罗德住宅是一个立方体，住宅的墙板、屋顶板和几处楼板伸出，墙体板片形成横竖相间与纵横穿插的造型，墙板与透明的玻璃窗形成虚实对比、明暗对比，创造出活泼新颖的空间形象。

图13-13　斯罗德住宅室内简洁大方，大片的玻璃窗既采光良好又获得大量室外景色，各种室内界面多以四方形结合线条造型。室内陈设也具有风格派几何形体、空间和色彩的构图效果。

第十一节　构成派空间设计

一、构成派空间设计的概念

第一次大战爆发后，俄国十月革命取得成功，世界上成立了第一个社会主义国家，设计家开始为革命进行设计探索，利用各种形式来支持革命，鼓舞士气。从一小批先进的知识分子当中产生的前卫艺术运动和设计运动，无论从深度还是从探索的广度来说，都毫不逊色于德国包豪斯或者荷兰的风格派运动。有些青年艺术家把抽象几何形体组成的空间当作绘画和雕刻的内容。他们的作品，特别是雕刻，很像是工程结构物。这一派别被称为构成派。构成派在旨趣和做法上和风格派没有什么重要的区别。实际上两派的有些成员到后来也在一起活动了。构成派的代表人物有马列维奇（Kasimir Malevitsch）、塔特林（Vladimir Tatlin）、加博（Naum Ga-bo）等。构成派的代表作品是莫斯科工人俱乐部和由塔特林设计的俄国第三世界纪念碑。这个纪念碑由抽象几何体与线条组成的雕塑看起来像个工程构筑物，体现了构成派的追求。由于这种前卫的探索在1925年就遭到斯大林的反对，因此没有能够像德国的现代主义那样产生世界性的影响。

二、构成派空间设计的特征

俄国构成主义者把结构当成是建筑设计的起点，以结构的表现为最后终结，以此作为建筑空间表现的中心，这个立场成为世界现代建筑的基本原则。

三、构成派空间设计的代表作品

第三国际塔方案。最早的建筑之一弗拉基米尔·塔特林设计的第三国际塔方案，完全体现了构成主义的设计观念。这座塔比艾菲尔铁塔高出一半，里面包括国际会议中心、无线电台、通讯中心等。这个现代主义的建筑，其实是一个无产阶级和共产主义的雕塑，它的象征性比实用性更加重要。虽然未能最终建成，但其方案及模型却给人留下了深刻印象（第八届苏维埃代表大会展出），成为现代艺术运动中的结构主义功利精神的标志。在俄国构成主义设计中，以雕塑见长的佩夫斯纳，在这场艺术设计运动中创作了《投向空中》《球形主题》等优秀作品，后者标志着他的技巧体系已趋于完善。苏联文化部在柏林举办的苏联新设计展览，不仅让西方系统地了解了构成主义的探索和成果，而且了解到设计观念背后的社会观念和社会目的。俄国的构成主义在艺术上具有极大的突破，并对世界艺术和设计的发展起到很大的促进作用，特别是对德国产生了很大影响。受此影响，格罗佩斯立即调整了包豪斯的教学方向，抛弃无病呻吟的表现主义艺术方式，转向理性主义，这是包豪斯自1919年开办以来第一次政策上的重大调整。

两次世界大战之间的二三十年代是建筑空间设计思潮十分活跃的时期，在这一时期中保守和革新两种趋向激烈斗争。以上这些建筑师个人或流派虽然在思想观点和建筑风格上差异很大，但都是在寻求新的建筑空间表现。新建筑运动终于由弱而强，取得成功，在新建筑运动发展过程中形成的现代主义建筑和有机建筑两个流派，对20世纪的建筑发展影响重大。

新建筑运动空间设计小空间创意设计要求

1. 分析新建筑运动空间的设计风格、形式特征、设计特色。运用新建筑运动空间设计的风格、形式主要元素，并强调新建筑运动空间风格符号。如运用植物曲线和曲面、装饰性几何与直线及蒙德利安的线与色进行空间创意设计。
2. 运用建筑空间构成要素（地面、墙面、顶面、柱梁）表现建筑与室内空间。
3. 运用空间造型元素（点、线、面、体）与空间形态（几何形，有机形，偶然形，实虚、动静、开合空间）表现建筑与室内空间个性。
4. 运用界面形状、比例、尺度和式样的变化，表现建筑与室内空间。
5. 本创意设计是概念性建筑与室内抽象性创意形态，重点表现空间要素、空间功能、建筑构件、空间结构、空间形态、空间形式、造型手法、创意方法，创造简约的、概括的、抽象功能的空间，避免太实际又锁碎的造型与装饰。
6. 利用一个10m×10m×10m的正立方空间与一个10m×6m×6m的长方空间进行空间形式风格概念构成创意设计。

图13-14 新艺术派停车站 黄美欢

新艺术派设计特征主要是运用高度程序化的自然植物造型素材形象元素，大量形成特有的富于动感的造型风格。这座新艺术派停车站采用自由连续弯绕构架，红色曲线铁管构件和曲面遮阳顶棚，具有强烈节奏与韵律，简洁的四方形广告标识栏版与曲线面遮阳顶棚形成对比形式，整体空间形态显示出后现代主义的"新艺术派"设计特色。

图13-15 新艺术派停车站 刘志高

新艺术派设计广泛使用有机形式、曲线，特别是花卉或植物等。这座新艺术派停车站采用自由弯曲构架，蓝色大曲线铁管构件和曲面遮阳顶棚具有强烈节奏与韵律，简洁的四方形广告标识栏版与曲线面遮阳顶棚形成对比。

图13-16 新艺术派接待装饰台 陈俨

新艺术派设计不拘泥于对称的形态，各种动感形态恣意伸展发挥成美妙的自由曲线和曲面。新艺术运动没有像工艺美术运动那样否定机器的作用，而是发挥玻璃和锻铁所长，建筑内外的金属构件有许多柔化了的或繁或简的曲线，结构显出韵律感。这座新艺术派接待装饰台采用镀铬钢版卷曲成型，台两边钢版卷曲形状一大一小，一紧凑一松弛，形成优美的韵律。

图13-17 新艺术派文化中心 许何展

这座新艺术派文化中心设计主要是运用钢架玻璃结构，几组富于动感的弧形曲面形成有高低起伏的屋棚。整体空间形态符合新艺术派设计强调大曲线的特征，同时，空间形态完整富有当代设计的新意。

图13-18 新艺术派文化中心 彭福龙
这座新艺术派文化中心采用自由连续弯绕构架，构思创意像盛开的自然花蕾造型，建筑内外的金属构件有许多曲线，或繁或简，冷硬的金属材料看起来柔化了，结构显出韵律感。

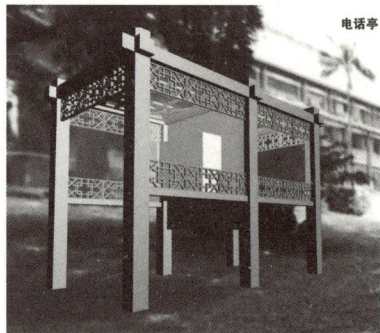

图13-19 装饰艺术风格电话亭 郑磊
各国地域风情、芭蕾舞剧、前卫的舞台设计和服装设计给装饰艺术设计师提供了许多启示，此外，美国的爵士文化和爵士音乐中特有的表现方式影响着装饰艺术运动的风格。装饰艺术风格电话亭设计采用木结构，简洁的方形窗边装饰岭南艺术图案，装饰艺术风格特色明显。

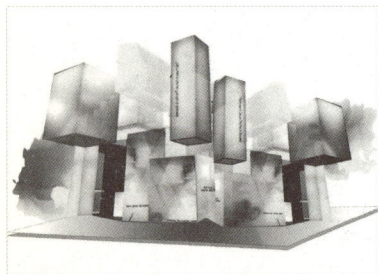

图13-20 构成主义展示空间 朱莹莹
构成主义强调的是空间中的势，空间组构和结合而不是空间体积量感。运用几何抽象理念，对现代雕塑有决定性影响。这座构成主义展示空间利用四方体组合，强调形体数量、位置、尺度、比例、模块和节奏的表达，把抽象形态与空间功能的实用性结合起来。

图13-21 构成主义休闲公寓 黄安磊
构成主义者把结构当成是建筑设计的起点，以结构的表现作为最后终结。这座构成主义休闲公寓运用椭圆形构建建筑外部阳台空间，各种椭圆体围绕方体建筑构成建筑整体形态而又兼顾阳台功能。

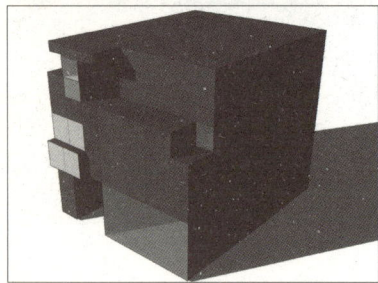

图13-22 构成主义展览馆 学生作业
构成主义以抽象的雕塑结构来探索材料的效能，与绘画、雕塑等传统美术相脱离，研究金属、玻璃、木块、纸板或塑料组构结合成的形态空间。这座构成主义展览馆强调四方体点线面构成关系，凹凸起伏的空间形态表面配合红、黄、蓝、黑色构成非传统的建筑空间形式。

图13-23 构成主义办公楼 冯显铟
构成主义强调建筑空间结构设计，以结构的表现作为最后终结。这座构成主义办公楼各种空间以长短方形体、大小方形体及水平垂直方向的变化来构成简洁的功能空间系统。

第十四讲
现代主义空间设计
形式与风格

第十四讲
现代主义空间设计
形式与风格

20世纪20年代前后，欧洲一批先进的设计家、建筑家形成一个强力集团，他们主张建筑师摆脱传统建筑形式的束缚，大胆创造适应于工业化社会的条件和要求的崭新的建筑，具有鲜明的理性主义和激进主义的色彩，推动所谓的新建筑运动。这场运动的内容非常庞杂，其中包括精神上的、思想上的改革——设计的民主主义倾向和社会主义倾向，也包括技术上的进步，特别是新的材料——钢筋混凝土、平版玻璃、钢材的运用。新的形式反对任何装饰的简单几何形状，以及功能主义倾向，从而把千年以来的设计为权贵服务的立场和原则打破了，也把几千年以来建筑完全依附于木材、石料、砖瓦的传统打破了。

第一节　现代主义空间设计形式与风格的概念

一、现代主义空间设计形式与风格的概念

现代主义的生存土壤是以商品生产为目的的工业社会。19世纪末20世纪初，欧美国家的工业技术发展迅速，建筑设计却并没有一个可以依据的模式。工艺美术运动、新艺术运动、装饰艺术运动，它们反对工业技术，反对工业化。表现派、风格派、构成派等原是美术方面的派别，它们对建筑创作的影响主要是在造型风格方面。要解决建筑向何处去的问题，还需要回答一系列实际的与理论的课题。其中包括建筑如何满足现代生产和生活提出的功能要求，建筑如何同工业和科学技术相配合，建筑如何适应新的社会经济条件，建筑师如何改进自己的工作方法等等。因此，必须有新的设计方式出现，来解决新的问题，来为现代社会服务。必须迅速地形成新的策略、新的体系、新的设计观、新的技术，来解决社会需求和商业需求。要以新的设计理论和原则，为大众服务。第一次世界大战后，西欧一批青年建筑师提出了比较系统比较激进的改革建筑创作的主张，并且推出一批大胆创新的优秀作品，出现了现代设计体系，形成了现代主义设计思想，大大推动建筑改革走向高潮。

20世纪20年代的欧洲，现代主义建筑空间兴起，至30年代中期以后取得惊人的成就。第二次世界大战爆发，使大量欧洲的设计家流亡到美国，从而把欧洲的现代主义与美国丰裕的市场需求结合，在战后造成空前的国际主义风格高潮。由于钢筋混凝土浇铸技术的推广，建筑空间结构出现了根本性的转变，大型框架预制构件的使用使施工的速度大大提高，

成本大为降低。简洁的方块结构空间逐渐取代了繁缛的表面装饰，城市的面貌在迅速地变化着。在这场革命性的运动中，具有较大影响力的设计师和理论家主要有德国建筑师W.格罗皮乌斯和L.密斯·范德罗、法国建筑师勒·柯布西耶、美国建筑师F.L.赖特以及芬兰人阿尔瓦·奥图。这些被誉为"现代建筑支柱"的著名国际设计大师，以他们各具特色的设计风格和设计观念，在不同领域丰富的设计实践中，完善并发展了新建筑运动。到70年代现代主义发展遍及世界各地，人类文明史中，还没有哪一个设计风格能有如此广泛和深远的影响。

二、现代主义空间设计形式与风格的特征

1. 功能主义。空间设计突出功能主义为设计的中心和目的，强调科学性、方便性、经济效益性。

2. 新材料、新技术、标准化、批量化。运用新材料、新技术，建造适应现代生活的建筑，建立标准化，提高建筑的效率、速度，降低成本为大众服务等，达到实用、经济的目的。

3. 非装饰几何造型。形式上提倡非装饰的简单几何造型，外观宏伟壮观，很少使用装饰。设计存在着严重的单一化倾向，但是，其所追求的功能第一、形式第二的设计理念，使产品的生产实现了标准化、批量化，提高了生产效率，促进了生产力的发展。

第二节 现代主义空间设计形式与风格的代表——包豪斯与格罗皮乌斯

一、包豪斯与格罗皮乌斯

"包豪斯"是德国魏玛市的"公立包豪斯学校"的简称，后改称"设计学院"，习惯上仍沿称"包豪斯"。包豪斯是德语"Bauhaus"的译音，由德语"Hausbau"（房屋建筑）一词倒置而成。以包豪斯为基地，20世纪20年代形成了现代建筑空间中的一个重要派别——现代主义建筑空间，是主张适应现代大工业生产和生活需要，以讲求建筑功能、技术和经济效益为特征的学派。包豪斯教师阵容整齐，人才辈出。1919年，格罗皮乌斯任校长。1925年，包豪斯由于在学术见解上同当地名流发生分歧，迁至德绍，改名为"设计学院"。1928年—1930年，瑞士建筑师H.迈耶任院长。1930年—1932年，L.密斯·范·德·罗任院长。包豪斯于1932年迁柏林，不久停办。教师大多流往国外，包豪斯的学术观点和教育观点随之传播四方，一度为欧美许多大学所采纳。

二、包豪斯的特征

1. 现代设计理论观点。包豪斯提倡客观地对待现实世界，在创作中强调以认识活动为主，并且猛烈批判复古主义。设计理论上提出了三个基

图14-1 法古斯工厂
当时厂房大多没有窗户，格罗皮乌斯大胆地引入玻璃窗，给昏暗的厂房带来光明。德国法古斯工厂建筑给当时的建筑业带来一场变革。2011年法古斯鞋楦工厂建筑被纳入世界文化遗产名单，将与科隆大教堂等建筑一样享受世界文化遗产的特殊保护。

本的观点：艺术与技术的新统一，设计的目的是人而不是产品，设计必须遵循自然与客观的法则来进行。

2．现代设计教学方法。在教学方法上包豪斯认为指导如何着手比传授知识更为重要。为此，学院教育必须把车间操作同设计理论教学结合起来，学生只有通过手眼并用，劳作训练和智力训练并进，才能获得高超的设计才干。同时强调设计中的集体协作。

3．现代设计研究实践。包豪斯在十多年中设计和试制了不少宜于机器生产的家具、灯具、陶器、纺织品、金属餐具、厨房器皿等工业日用品，大多达到"式样美观、高效能与经济的统一"的要求。在建筑方面，师生协作设计了多处讲求功能、采用新技术和形式简洁的建筑。如德绍的包豪斯校舍、格罗皮乌斯住宅和学校教师住宅等。他们还试建了预制板材的装配式住宅，研究了住宅区布局中的日照以及建筑工业化、构件标准化和家具通用化的设计和制造工艺等问题。包豪斯的设计和研究工作对建筑的现代化影响很大。

三、包豪斯与格罗皮乌斯空间设计形式与风格的代表作品

1．法古斯工厂。格罗皮乌斯积极提倡建筑设计与工艺的统一，艺术与技术的结合，讲究功能、技术和经济效益。这些观点首先体现在同迈耶合作设计的法古斯工厂中。建筑均为框架结构，外墙与支柱脱开，大片连续轻质幕墙由大面积玻璃窗和下面的金属板裙墙组成，室内光线充足，缩小了同室外的差别。房屋的四角没有角柱，充分发挥了钢筋混凝土楼板的悬挑性能，这在80多年前是一个巨大突破（图14-1）。德国法古斯工厂的设计开创性地运用功能美学原理，其大面积使用玻璃构造幕墙的方式对包豪斯的设计作品风格产生了影响，也成为欧洲及北美建筑发展的里程碑。

图14-2 包豪斯校舍的实验工厂
包豪斯校舍形体和空间布局自由，按功能分区，又按使用关系而相互连接。实验工厂是一大通间，采用钢筋混凝土框架和悬挑楼板，外墙采用玻璃幕墙，建筑空间没有任何装饰，体现出重视功能、技术和经济效益，艺术和技术相结合等原则。

2．包豪斯校舍的实验工厂。格罗皮乌斯在他设计的包豪斯校舍的实验工厂中更充分地运用玻璃幕墙。这座四层厂房，二、三、四层有三面是全玻璃幕墙，成为后来多层和高层建筑采用全玻璃幕墙的先声。把大量光线引进室内是当时现代主义建筑学派主张的现代功能观点的一个主要方面。欧洲传统建筑大多室内幽暗，阳光很少，而格罗皮乌斯设计的房屋有较大的窗户，有阳台。在总体布局上，为了保证阳光照明和通风，摒弃了传统的周边式布局，提倡行列式布局（图14-2）。

第三节 有机建筑与赖特

一、有机建筑与赖特

"有机建筑"的理论是认为每一种生物所具有的特殊外貌，是它能够生存于世的内在因素决定的。同样地每个

建筑的形式、构成，以及与之有关的各种问题的解决，都要依据各自的内在因素来思考，力求合情合理。这种思想的核心就是中国的老子哲学"道法自然"，就是要求依照大自然所启示的道理行事，而不是模仿自然。自然界是有机的，因而取名为"有机建筑"。

赖特于1869年出生在美国威斯新州，他在大学中原来学习土木工程，后来转而从事建筑。赖特对现代大城市持批判态度，他很少设计大城市里的摩天楼。赖特对于建筑工业化不感兴趣，他一生中设计的最多的建筑类型是别墅和小住宅。从19世纪末到20世纪最初的十年中，他在美国中西部的威斯康新州、伊利诺州和密执安州等地设计了许多小住宅和别墅。这些住宅大都属于中等阶级，坐落在郊外，用地宽阔，环境优美。材料是传统的砖、木和石头，有出檐很大的坡屋顶。赖特更早地解决了盒子式的建筑，他的建筑空间灵活多样，既有内外空间的交融流通，同时又具备安静隐蔽的特色。他既运用新材料和新结构，又始终重视和发挥传统建筑材料的优点，并善于把两者结合起来。同自然环境的紧密配合则是他的建筑作品的最大特色。赖特的建筑使人觉着亲切而有深度，不像勒·柯布西耶那样严峻。

二、有机建筑空间设计形式与风格的特征

1. 由内到外的空间设计。赖特是"有机建筑"的代表人物，他主张设计每一个建筑，都应该根据各自特有的客观条件，形成一个理念，把这个理念由内到外，贯穿于建筑的每一个局部，使每一个局部都互相关联，成为整体不可分割的组成部分。他认为建筑之所以为建筑，其实质在于它的内部空间。他倡导着眼于内部空间效果来进行设计，"有生于无"，屋顶、墙和门窗等实体都处于从属的地位，应服从所设想的空间效果。这就打破了过去着眼于屋顶、墙和门窗等实体进行设计的观念，为建筑学开辟了新的境界。

2. 与自然和谐的空间设计。对待环境，赖特主张建筑应与大自然和谐，就像从大自然里生长出来似的，并力图把室内空间向外伸展，把大自然景色引进室内。相反，城市里的建筑，则采取对外屏蔽的手法，以阻隔喧嚣杂乱的外部环境，力图在内部创造生动愉快的环境。

3. 发挥材料的长处。对待材料，赖特主张既要从工程角度，又要从艺术角度理解各种材料不同的天性，发挥每种材料的长处，避开它的短处。

4. 自然、简洁的装饰。认为装饰不应该作为外加于建筑的东西，而应该是建筑上生长出来的，要像花从树上生长出来一样自然。它主张力求简洁，但不像某些流派那样，认为装饰是罪恶。

三、赖特空间设计形式与风格的代表作品

赖特的主要作品有：东京帝国饭店、流水别墅、约翰逊蜡烛公司总部、西塔里埃森冬季营地、古根海姆美术馆、普赖斯大厦、唯一教堂、佛罗里达南方学院教堂等。德国建筑师H.沙龙的柏林爱乐音乐厅也是有机建筑的实例。

1. 西塔里埃森。1911年，赖特在威斯康星州斯普林格林建造了一处居住和工作的总部，他按照祖辈给这个地点起的名字，把它叫做"塔里埃森"（Taliesin）。1938年起，他在亚利桑那州斯科茨代尔附近的沙漠上又修建了一处冬季使用的总部，称为"西塔里埃森"。西塔里埃森坐落在沙荒中，是一片单层的建筑群，其中包括工作室、作坊、赖特和学生们的住宅、起居室、文娱室等等。那里气候炎热，雨水稀少，西塔里埃森的建筑方式也就

小知识

1959年，赖特以89岁的高龄离开人世。有机建筑的理论对建筑师创作思想的影响也很深远，在世界许多地区都有有机建筑的追随者。德国建筑师H.沙龙和H.赫林是有机建筑派的代表，芬兰建筑师A.阿尔托设计的许多建筑也被认为是体现了有机建筑原则的成功作品。

图14-3 西塔里埃森。赖特那里经常有一些他的追随者和从世界各地去的学生，他的学生和他住在一起，一边为他工作一边学习，工作包括设计画图，也包括家事和农事活动，时时还做建筑和修理工作，形成以赖特为中心的半工半读的学员和工作集体。

西塔里埃森为混凝土结构，以当地的巨大圆石头为骨料，加上木屋架和帆布篷的有机结合体，使得该建筑与亚利桑那沙漠融为一体。西塔里埃森的建造没有固定的规划设计，经常增添和改建。石墙原始粗糙，有的空间位置像临时搭设的帐篷。室内开阔明亮，大玻璃窗与沙漠荒野相通，体现了赖特"有机建筑"在于依照大自然启示行事，而不是模仿自然。

图14-4 古根海姆博物馆。建筑物的外部向上、向外螺旋上升，内部的曲线和斜坡则通到6层。螺旋的中部形成一个敞开的空间，从玻璃圆层顶采光。1959年建成后，一直被认为是现代建筑艺术的精品，建筑外观简洁，白色，螺旋形混凝土结构，1969年又增加了一座长方形的3层辅助性建筑，1990年古根海姆博物馆再次增建了一个矩形的附属建筑，形成今天的样子。

图14-5 美术馆陈列大厅是一个倒立的螺旋形空间，高约30米，大厅顶部是一个花瓣形的玻璃顶，四周是盘旋而上的层层挑台，地面以3%的坡度缓慢上升。参观时观众先乘电梯到最上层，然后顺坡而下，美术馆的陈列品就沿着坡道的墙壁悬挂着，观众边走边欣赏。

很特别，先用当地的石块和水泥筑成厚重的矮墙和墩子，上面用木料和帆布遮盖。需要通风的时候，帆布板可以打开或移走。西塔里埃森的建造没有固定的规划设计，经常增添和改建。这所建筑的形象十分特别，粗厉的乱石墙、没有油饰的木料和白色的帆布板错综复杂地组织在一起，有的地方像石头堆砌的地堡，有的地方像临时搭设的帐篷。在内部，有些角落如洞天府地，有的地方开阔明亮，与沙漠荒野连通一气。这是一组不拘形式的、充满野趣的建筑群，它同当地的自然景物倒很匹配，给人的印象是建筑物本身好像沙漠里的植物，也是从那块土地中长出来的（图14-3）。

2．古根海姆博物馆。 古根海姆是一个富豪，他请赖特设计这座博物馆展览他的美术收藏品。博物馆坐落在纽约第五号大街上，螺旋形建筑，内部是30米高的圆筒形空间，28米的底部直径，向上逐渐加大。周围有盘旋而上的螺旋坡道，坡道下部5米宽，上宽10米，美术作品就沿坡道陈列。他说："在这里，建筑第一次表现为塑性的，一层流入另一层，代替了通常那种呆板的楼层重选，……处处可以看到构思和目的性的统一。"在盘旋而上的坡道上陈列美术品确是别出心裁，它能让观众从各种高度随时看到许多奇异的室内景象。博物馆开幕之后，许多评论者就着重指出古根海姆博物馆的建筑设计同美术展览的要求是冲突的，建筑压过了美术，赖特取得了"代价惨重的胜利"（图14-4、图14-5）。他们认为弧线形的展览区是对绘画艺术的亵渎。这是由于对现代艺术的误解造成的，现在，对现代艺术和古根海姆博物馆的误解已经完全消除。

赖特设计的古根海姆博物馆采用单纯的曲线组成封闭的结构，为博物馆设施安排、展览展示和艺术的审视与思考提供了一种新的可能性。

3．流水别墅。 位于美国匹兹堡市郊区的熊溪河畔，由赖特设计。别墅主人为匹兹堡百货公司老板德国移民考夫曼，故又称考夫曼住宅。别墅选择在一个地形复杂、溪水跌落的地点，建在小瀑布之上。别墅共三层，面积约380平方米。别墅外形强调块体组合，每一层都如同一个钢筋混凝

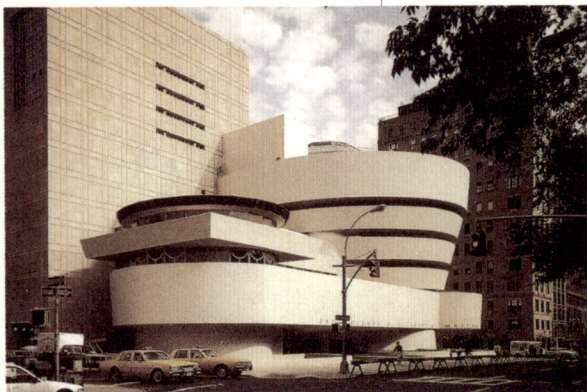

土的托盘，使建筑带有明显的雕塑感。以二层的起居室为中心，其余房间向左右铺展开来，两层巨大的平台高低错落，一层平台向左右延伸，二层平台向前方挑出，几片高耸的片石墙交错着插在平台之间，很有力度。溪水由平台下怡然流出，建筑与溪水、山石、树木自然地结合在一起，像是由地下生长出来似的。别墅的室内空间处理也堪称典范。室内空间自由延伸，相互穿插；内外空间互相交融，浑然一体。别墅以疏密有致、有虚有实的形体与所在环境的山石、林木、流水紧密交融，建筑物与大自然相互渗透。流水别墅在空间的处理、体量的组合及与环境的结合上均取得了极大的成功，为有机建筑理论作了确切的注释，在现代建筑历史上占有重要地位（图14-6）。

图14-6　流水别墅建筑。别墅外形强调块体组合，富有雕塑感，别墅共三层，面积约380平方米，上下巨大的平台错落伸展，高耸的石墙交错着插在平台之间。建筑与溪水、山石、树木自然地结合在一起，象是由地下生长出来似的。室内空间自由延伸，相互穿插；内外空间互相交融，一些被保留下来的岩石好像是从地面下破土而出，成为壁炉前的天然装饰，一览无余的带形窗使室内与四周浓密的树林相互交融。

第四节　机械美学与勒·柯布西耶

一、机械美学与勒·柯布西耶

勒·柯布西耶是现代建筑运动的激进分子和主将，1887年出生于瑞士一个钟表制造者家庭。他早年学习雕刻艺术，第一次世界大战前曾在巴黎A.佩雷和柏林P.贝伦斯处工作。1927年勒·柯布西耶在瑞士拉萨拉兹发起"现代建筑国际会议"，成为国际风格现代建筑的中心组织。1928年他与W.格罗皮乌斯、密斯·范·德·罗组织了国际现代建筑协会。勒·柯布西耶的建筑思想可分为两个阶段：50年代以前是合理主义、功能主义和国家样式的主要领袖，以1929年的萨我伊别墅和1945年的马赛公寓为代表，许多建筑结构承重墙被钢筋水泥取代，而且建筑往往腾空于地面之上。50年代以后勒·柯布西耶转向表现主义、后现代，朗香小教堂以其富有表现力的雕塑感和它独特的形式使建筑界为之震惊，完全背离了早期古典的语汇，这是现代人所建造的最令人难忘的建筑之一。勒·柯布西耶本人是非常矛盾的，他的观念和他的实践中存在大量的知识分子理性主义的成分，但他在现代主义设计运动萌芽时提出的机械美学，推动运动的整体发展。这个时期的代表作是萨伏伊别墅、巴黎瑞士学生公寓、平台别墅。

二、机械美学空间形式的特征

1. 功能至上，强调机械美。勒·柯布西耶是现代主义大师中著书立说最丰富的一个。他的现代主义思想理论集中反映在1923年出版的《走向新建筑》中。他否定设计上的复古主义和折中主义，强调设计的功能至上，强调机械的美。高度赞扬飞机、汽车和轮船等新科技结晶，认为这些产品的外形设计不受任何传统式样的约束，完全是按照新的功能要求设计成的，它们只受到经济因素的约束，因而，更加具有合理性。

2. "居住的机器"。勒·柯布西耶作为现代主义建筑的主要倡导者及机械美学理论的奠基人，在《走向新建筑》书中提出了住宅是"居住的机器"。他认为：住宅是供人居住的机器，书是供人们阅读的机器，在当代社会中，一件新设计出来为现代人服务的产品都是某种意义上的机器。他的革新思想和独特见解是对学院派建筑思想的有力冲击。

3. 几何计算的技术原则。勒·柯布西耶强调以数学计算和几何计算为设计的出发点，一方面使建筑具有更高的科学性和理性特征，同时也体现了技术的原则。

4. 新建筑的5个特点。勒·柯布西耶1926年提出了新建筑的5个特点：自由平面，自由的立面，房屋底层采用独立支柱，横向长窗，屋顶花园。

三、勒·柯布西耶空间设计形式的代表作品

1. 萨伏伊别墅。勒·柯布西耶于1928年设计的萨伏伊别墅是现代主义建筑的经典作品之一，位于巴黎近郊的普瓦西。勒·柯布西耶的意图是用简约的、工业化的方法去建造大量低造价的平民住宅，但却获得各阶层欢迎。萨伏伊别墅采用了钢筋混凝土框架结构，平面和空间布局自由，空间相互穿插，内外彼此贯通。别墅轮廓简单而富有雕塑感，像一个白色的方盒子被细柱支起。水平长窗平阔舒展，外墙光洁，无任何装饰，但光影变化丰富。别墅外形简单，但内部空间复杂，如同一个内部精巧镂空的几何体，又好像一架复杂的机器。萨伏伊别墅是勒·柯布西耶提出的新建筑5个特点的具体体现，对建立和宣传现代主义建筑风格影响很大（图14-7、图14-8）。

萨伏伊别墅空间体现了现代主义建筑形体和内部功能的配合，钢筋混凝土框架结构，建筑空间构图上灵活均衡而非对称，体型简洁，水平长窗平阔舒展，白色外墙光洁，无任何装饰，空间充满动态、开放效果。

2. 朗香教堂。第二次世界大战后，勒·柯布西耶开始对自由的有机形式及材料的表现进行探索，创造脱模后不加装修的清水钢筋混凝土粗野主义风格。勒·柯布西耶的粗野主义代表作品有马赛公寓、朗香教堂、昌迪加尔法院、拉吐亥修道院等，其中朗香教堂的外部形式和内部神秘性已超出了基督教的范围，回复到巨石时代的史前墓穴形式，被认为是现代建筑中的精品。朗香教堂又被译为洪尚教堂，是位于法国东部浮日山区的一个小山顶上的天主教堂，1950年由勒·柯布西耶设计。朗香教堂规模不大，仅能容纳200余人，教堂前有一可容万人的场地，供宗教节日时来此朝拜的教徒使用。勒·柯布西耶把重点放在建筑形体给人的感受上，他摒弃了传统教堂的模式和现代建筑的一般手法，把它当作一件混凝土雕塑作品加以塑造。教堂造型奇异，平面不规则；东南高，西北低；大坡度的屋顶有收集雨水的功能，屋顶雨水全都流向西面的水口，经过一个伸出的泄水管注入地面的水池。墙体几乎全是弯曲的，有的还倾斜。塔楼式的祈祷室的外形像座粮仓，三个竖塔上开有侧高窗，天光从窗孔进去，循着井筒曲面折射下去，照亮底下小祷告室，光线神秘而柔和。沉重的屋顶向上

图14-7 萨伏伊别墅长22.5米，宽为20米，共3层，底层支柱架起，三面透空，内有门厅、车库和仆人用房。二层有起居室、卧室、厨房、餐室、屋顶花园和休息空间。三层为主人卧室和屋顶花园，各层之间以楼梯和坡道相连。建筑室内外都没有装饰线脚，用了一些曲线形墙体以增加变化。

图14-8 别墅室内空间像复杂的机器，平面和空间布局自由，空间相互穿插，内外通透，外观轻巧，装修简洁。尤其是螺旋形的楼梯和折形的坡道充满灵活与动感，整体空间表现出"房屋是居住的机器"的理念。

翻卷着，它与墙体之间留有一条40厘米高的带形空隙。粗糙的白色墙面上开着大大小小的方形或矩形的窗洞，上面嵌着彩色玻璃。入口在卷曲墙面与塔楼的交接的夹缝处。室内主要空间也不规则，墙面呈弧线形，光线透过屋顶与墙面之间的缝隙和镶着彩色玻璃的大大小小的深凹投射下来，造成一种神秘的气氛。带有讲经台的东立面布置得如同露天剧场的台口。在朗香教堂的设计中，勒·柯布西耶的创作风格脱离了理性主义，转为浪漫主义和神秘主义。朗香教堂突破基督教堂历来的式样，以歪扭的造型隐喻人的超常的精神和情绪。它超乎传统的建筑构图模式，充满了表意性，是20世纪具有非凡想象力和创造力的建筑作品（图14-9、图14-10）。

3. "现代城市"设想。勒·柯布西耶根据城市发展的历史和对巴黎市的调查研究，提出一个300万人口的"现代城市"设想方案。勒·柯布西耶认为从中古时期发展起来的城市，包括巴黎在内，已不能适应现代社会经济发展的需要，必须进行彻底改造。改造城市的基本原则是：城市按功能分成工业区、居住区、行政办公区和中心商业区等。城市中心地区向高空发展，建造摩天楼以降低城市的建筑密度。他提出建筑物用地面积应该只占城市用地的5%，其余95%均为开阔地，布置公园和运动场，使建筑物处在开阔绿地的围绕之中。他认为城市道路系统应根据运输功能和车行速度分类设计，以适应各种交通的需要。他主张采用规整的棋盘式道路网，采用高架、地下等多层的交通系统，以获得较高运输效率，各种工程管线布置在多层道路内部。他强调现代城市建设要用直线式的几何体形所体现的秩序和标准来反映工业生产的时代精神。

1922年巴黎秋季沙龙展览会曾展出勒·柯布西耶的现代城市规划设想草图。其布局设想是：城市中心是铁路、航空和汽车交通的汇集点，站屋广场采用多层空间处理。市中心区布置24幢60层的摩天办公楼，人口密度为每1万平方米3000人。中心区西侧布置市政府、博物馆、市级管理机构以及一个英国式花园。中心区东侧为工业区、仓库和铁路货运站。中心区的南北两侧为住宅区，人口密度约为每公顷300人。城区四周为保留的发展用地，布置绿地和运动场。城市郊区布置若干个田园城镇。城区住100万人，田园城镇容纳200万人。1925年巴黎万国博览会上展出了勒·柯布西耶的巴黎市中心改建规划方案，提出要拆除大量旧建筑，拓宽道路，修建18幢高层办公楼，但可惜这个方案没有实施。勒·柯布西耶的城市规划思想影响深远，例如，在城市采用立体式的交通体系，在市区修建高层楼房，扩大城市绿地，创造接近自然的生活环境等原则，已被许多城市的规划全部或部分地采用。具有代表性的实例有昌迪加尔规划、巴西利亚规划和巴黎德方斯区规划等。

图14-9　勒·柯布西耶把朗香教堂设计重点放在空间造型和形体给人的感受上。大坡度的屋顶由宽渐窄尖飘起，似乎悬在卷曲墙面上。屋顶、墙身和门窗脱离了常见的形态。朗香教堂的形象处理中最大限度地利用了"陌生化"的效果。

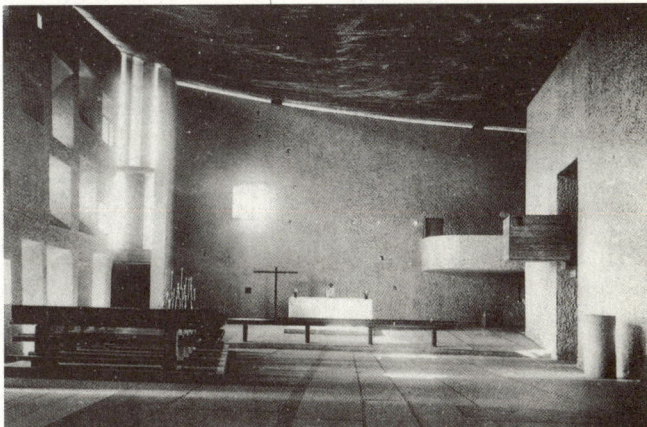

图14-10　朗香教堂室内外白色墙壁开着大大小小的方形或矩形的窗洞，上面嵌着彩色玻璃。室内主要空间也不规则，墙面呈弧线形，光线透过屋顶与墙面彩色玻璃的窗洞投射下来，产生了一种特殊的气氛。朗香教堂空间与形态具有多义性带来的神秘感。

第五节 "少就是多"与密斯

一、"少就是多"与密斯

密斯是现代建筑大师。1886年生于德国亚琛，未受过正规的建筑训练，幼从其父学石工，对材料的性质和施工技艺有所认识，又通过绘制装饰大样掌握了绘图技巧。21岁时设计了第一件作品，以其娴熟的处理手法引起当时德国最著名的建筑师贝伦斯的注目，而于1908年进入贝伦斯事务所任职。1919年开始在柏林从事建筑设计，1926年—1932年任德意志制造联盟第一副主任，1930年—1933年任德国公立包豪斯学校校长。1937年移居美国，1938年—1958年任芝加哥阿莫尔学院（后改名伊利诺工学院）建筑系主任。

密斯通过对钢框架结构和玻璃在建筑中应用的探索，发展了一种古典式的均衡和极端简洁的风格。这就是密斯1928年提出的"少就是多"（Less is more），即是建筑设计遵循最经济的原则，最简洁的构造，最简单的结构体系，最简约的空间形式，集中反映了他的建筑观点和艺术特色。

二、"少就是多"的空间形式特征

1. 流动空间。这个理论的提出是对现代建筑的重要贡献。它打破封闭空间，在空间的流动中体验功能平面。代表作：巴塞罗那博览会德国馆。主要特点是隔墙有玻璃的和大理石两种，位置灵活，形成半封闭半开敞的空间，室内和室外互相穿插。形体处理简单，没有任何线脚，不同构件和不同材料之间不作过渡性处理。简单明确，干净利索。突出材料的固有颜色、纹理和质感。在这里实现了他的技术与文化融合的理想，这是一件现代主义建筑的精品。

2. 通用空间。范思沃思住宅是密斯"少就是多"的完美体现。完全是一个长方形的玻璃盒子，中间有一个小的封闭空间，其他地方全部是开敞的。白色钢铁构架，巨大的玻璃幕墙，简单到无法复加的地步。也是他国际主义风格达到一个新高度的标志。与约翰逊在纽约设计的西格拉姆大厦，共同为国际主义风格的顶峰。

3. 技术精美。密斯在60年代把自己的设计形式提高到精益求精的高度。比较重要的有芝加哥联邦政府大楼，联邦德国的柏林新国家艺术博物馆。整个建筑空旷单一，仅仅是一个大屋顶下的巨大方形空间而已，钢铁构架和巨大的玻璃幕墙，简单到无以复加的地步，是当时世界建筑界顶礼膜拜的圣殿。

密斯垄断了世界建筑的面貌20年之久，但是，必须明确的是：密斯的设计和国际主义风格是工业化时代的必然产物，集中地表现了工业化的特征，任何拿后工业化的价值和审美标准批判他的方式，都是毫无意义的。

三、密斯空间设计形式的代表作品

巴塞罗那博览会德国馆。巴塞罗那博览会德国馆建于1929年，博览会结束后拆除。德国馆占地长约50米，宽约25米，由一个主厅、两间附属用房、两片水池、几道围墙组成。除少量桌椅及著名的巴塞罗那椅外，没有其他展品。其目的是显示这座建筑物本身所体现的一种新的建筑空间效果和处理手法。这一建筑是现代主义建筑最初成果之一，它突破了传统砖石承重结构必然造成的封闭的、孤立的室内空间形式，采取一种开放的、连绵不断的空间划分方式。主厅用8根十字形断面的镀镍钢柱支承一片钢筋混凝土的平屋顶，墙壁因不承重而可以一片片地自由布置，形成一些既分隔又连通的空间，互相衔接、穿插，以引导人流，使人在行进中感受到丰富的空间变化。

德国馆在建筑形式处理上也突破了传统的砖石建筑的以手工业方式精雕细刻和以装饰效果为主的手法，而主要靠钢铁、玻璃等新建筑材料表现其光洁平直的精确的美、新颖的美，以及材料本身的纹理和质感的美。墙体和顶棚相接，玻璃墙也从地面一直到顶棚，而不像传统处理手法那样需要有过渡或连接部分，因此给人以简洁明快的印象。建筑物采用了不同色彩、不同质感的石灰石、玛瑙石、玻璃、地毯等，显出华贵的气派。德国馆在建筑空间划分和建筑形式处理上创造了成功的新经验，充分体现了设计人密斯的名言"少就是多"，用新的材料和施工方法创造出丰富的艺术效果（图14-11、图14-12）。

图14-11 巴塞罗那博览会德国馆室内外空间既分隔又联系，建筑形体简单，不加装饰，利用钢、玻璃和大理石的本色和质感，突破了传统砖石承重结构必然造成的封闭的、孤立的室内空间形式。建筑物采用了不同色彩、不同质感的石灰石、玛瑙石、玻璃、地毯等，显出华贵的气派。

第六节 "有机疏散"论

有机疏散论——芬兰建筑师E.沙里宁为缓解由于城市过分集中所产生的弊病而提出的关于城市发展及其布局结构的理论。沙里宁在他1942年写的《城市，它的生长、衰退和将来》一书中对有机疏散论作了系统的阐述。他认为今天趋向衰败的城市，需要有一个以合理的城市规划原则为基础的革命性的演变，使城市有良好的结构，以利于健康发展。沙里宁提出了有机疏散的城市结构的观点。他认为这种结构既要符合人类聚居的天性，便于人们过共同的社会生活，感受到城市的脉搏，而又不脱离自然。

有机疏散的城市发展方式能使人们居住在一个兼具城乡优点的环境中。沙里宁认为，城市作为一个机体，它的内部秩序实际上是和有生命的机体内部秩序相一致的。如果机体中的部分秩序遭到破坏，将导致整个机体的瘫痪和坏死。为了使今天城市免趋衰败，必须对城市从形体上和精神上全面更新。再也不能听任城市凝聚成乱七八糟的块体，而是要按照机体的功能要求，把城市的人口和就业岗位分散到可供合理发展的离开中心的地域。有机疏散论认为没有理由把重工业布置在城市中心，轻工业也应该疏散出去。当然，许多事业和城市行政管理部门必须设置在城市的中心位置。

城市中心地区用于工业外、应该用来增加绿地，而且也可以供必须在城市中心地区工作的技术人员、行政管理人员、商业人员居住，让他们就

图14-12 巴塞罗那博览会德国馆充分体现了密斯的"少就是多"的设计原则，空间墙体和顶棚相接，玻璃墙也从地面一直到顶棚，省去过渡部分，给人简洁感受。室内各部分之间、半封闭半开敞的室内外之间的空间相互贯穿，空间划分具有灵活方式。

近享受家庭生活。很大一部分事业，尤其是挤在城市中心地区的日常生活供应部门将随着城市中心的疏散，离开拥挤的中心地区。挤在城市中心地区的许多家庭疏散到新区去，将得到更适合的居住环境。中心地区的人口密度也就会降低。

有机疏散的两个基本原则是：把个人日常的生活和工作即沙里宁称为"日常活动"的区域，作集中的布置；不经常的"偶然活动"的场所，不必拘泥于一定的位置，则作分散的布置。日常活动尽可能集中在一定的范围内，使活动需要的交通量减到最低程度，并且不必都使用机械化交通工具。往返于偶然活动的场所，虽路程较长亦属无妨，因为在日常活动范围外缘绿地中设有通畅的交通干道，可以使用较高的车速迅速往返。

有机疏散论认为个人的日常生活应以步行为主，并应充分发挥现代交通手段的作用。这种理论还认为并不是现代交通工具使城市陷于瘫痪，而是城市的机能组织不善，迫使在城市工作的人每天耗费大量时间、精力作往返旅行，且造成城市交通拥挤堵塞。

有机疏散论在第二次世界大战后对欧美各国建设新城、改建旧城，以至大城市向城郊疏散扩展的过程有重要影响。70年代以来，有些发达国家城市过度地疏散、扩展，又产生了能源消耗增多和旧城中心衰退等新问题。

作业与点评

现代主义空间设计形式与风格小空间创意设计要求

1. 分析现代主义空间的设计风格、形式特征、设计特色。运用现代主义空间设计的风格、形式主要元素，并强调现代主义空间风格符号。如运用功能主义、标准化、"少就是多"、与自然和谐的有机空间等理念进行空间创意设计。
2. 运用建筑空间构成要素（地面、墙面、顶面、柱梁）表现建筑与室内空间。
3. 运用空间造型元素（点、线、面、体）与空间形态（几何形，有机形，偶然形，实虚、动静、开合空间）表现建筑与室内空间个性。
4. 运用界面形状、比例、尺度和式样的变化，表现建筑与室内空间。
5. 本创意设计是概念性建筑与室内抽象性创意形态，重点表现空间要素、空间功能、建筑构件、空间结构、空间形态、空间形式、造型手法、创意方法，创造简约的、概括的、抽象功能的空间，避免太实际又锁碎的造型与装饰。
6. 利用一个10m×10m×10m的正立方空间与一个10m×6m×6m的长方空间进行空间形式风格概念构成创意设计。

图14-13　包豪斯现代主义风格工作室　刘智伟
现代主义空间设计形式与风格特征是以功能为设计的中心和目的，强调科学性、方便性、经济效益性。这个包豪斯现代主义风格工作室以几个大小不同、虚实不同、材料不同的简洁四方体作穿插连接，强调隐私空间的封闭与公共空间的通透开朗。

图14-14　包豪斯现代主义风格展览馆　李玲
现代主义设计风格特点是空间形式上提倡非装饰的简单几何造型，追求功能第一、形式第二的设计理念，使产品的生产实现了标准化、批量化，提高了生产效率，促进了生产力的发展。这个源于包豪斯现代主义风格的展览馆设计由简单四方几何体造型以大小渐变形式构成，形成新现代主义创意趣味的空间形式。

图14-15　包豪斯现代主义风格办公楼　刘智伟
现代主义设计风格强调运用新材料、新技术，建造适应现代生活的建筑，建立标准化，提高建筑的效率、速度，降低成本为大众服务等，达到实用、经济的目的。这座包豪斯现代主义风格办公楼四条简洁长四方体建筑空间排列堆叠，钢筋混凝土框架结构与钢架玻璃结构结合的办公空间体现了功能主义的设计特征。

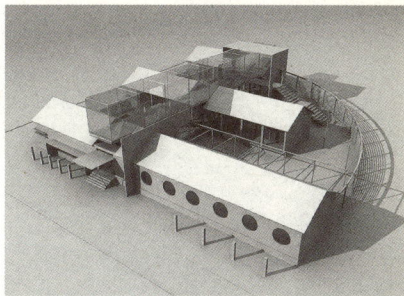

图14-16　有机建筑风格展览馆　彭福龙
设计形式与风格特征是主张建筑应与大自然和谐，就像从大自然里生长出来似的，并力图把室内空间向外伸展，把大自然景色引进室内。这座有机建筑风格展览馆空间形态水平及垂直面同时具有多层次弧形曲面，较好地表现了像花从树上生长出来一样自然的有机建筑空间形态。

图14-17　粗野主义风格展览馆　许何展
粗野主义风格设计与追求典雅精致的传统美学观念作反叛，粗野主义设计对建筑材料和施工方法的痕迹不作修饰，保持其原始、粗犷的表面特点。这座粗野主义风格展览馆建筑为混凝土框架结构，墙立面及屋顶表面全表现水泥混凝土本身的质感，长短不一的条形窗及凹入的入口前台也有明显构成形式。

图14-18　有机建筑风格休闲别墅　郭佳林
这座有机建筑风格休闲别墅群是钢筋混凝土结构，外形像山坡中的岩石形状，且表面粗糙自然，像是建筑本身生长出来的一样自然。

图14-19　有机建筑风格地铁站入口　刘志高
这座有机建筑风格地铁站入口采用自然曲线有机形状渐变层叠构成地铁站入口外部有机形态造型，侧立面及顶部都有大玻璃窗采光取景。整体空间形式不是简单模仿自然而是"道法自然"，即依照自然环境因素的启示设计创意。

图14-20　粗野主义风格展览馆　阮星明
勒·柯布西耶粗犷的建筑风格特征是讲究建筑的形式美，他把表现与混凝土的性能及质感有关的沉重、毛糙、粗野作为建筑自然美的标准。英国建筑师史密森夫妇追随勒·柯布西耶粗犷的建筑风格，将表现建筑材料特性设计形成系统理论和设计方法。这座粗野主义风格展览馆正圆形的空间形式感单纯且强烈，建筑为水泥混凝土框架结构，墙立面及屋顶表面全表现水泥混凝土本身的质感，展览馆显示出粗野主义风格特点。

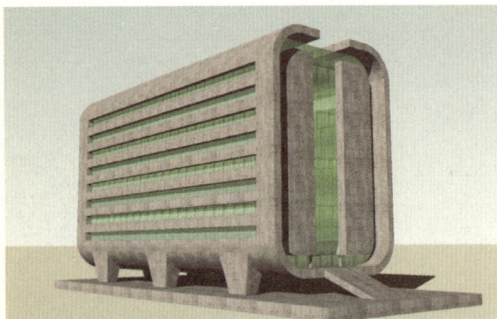

图14-21 粗野主义风格展览馆 许何展
粗野主义风格与米斯精细的钢架玻璃盒子建筑完全不同，粗野主义风格特点是对空间形态表面混凝土模板留下的痕迹不作修饰。这座粗野主义风格展览馆突出地表现了混凝土"塑性造型"的特征，建筑表面用喷沙或水刷石处理，展览馆显示出不修边幅的粗犷美和原始美。

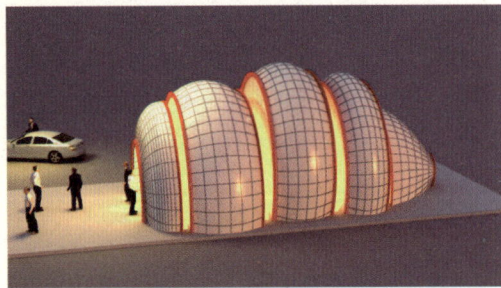

图14-22 有机建筑风格美术展览厅 吴健聪
与自然和谐的空间设计——对待环境，赖特主张建筑应与大自然和谐，就像从大自然里生长出来似的，并力图把室内空间向外伸展，把大自然景色引进室内。相反，城市里的建筑，则采取对外屏蔽的手法，以阻隔喧嚣杂乱的外部环境，力图在内部创造生动愉快的环境。

图14-23 粗野主义风格办公空间 郭佳林
这座粗野主义风格办公空间为混凝土框架结构，空间墙面有的是毛糙的清水泥表面，有的是钢架结构玻璃幕墙，形成沉重与轻透的组合。

图14-24 "少就是多"特征地铁入口 程茵
密斯的"少就是多"特征在于通过对钢框架结构和玻璃在建筑中的应用，获得典雅式的均衡和极简风格。这座"少就是多"特征地铁入口空间设计，设计师采用极简风格的四方钢构架和玻璃组合，创造出单纯而有个性的空间效果。

图14-25 "少就是多"特征汽车停靠站 陈浩亮
密斯的"少就是多"特征是用直线形态进行设计：对公共空间采用对称、正面描绘以及侧面描绘进行设计；对居民空间选用不对称、流动性等方法设计。这座"少就是多"特征汽车停靠站以六组直线八边形钢框架结构和玻璃构成为极简风格空间形态。

第十五讲
后现代主义空间
设计形式与风格

60年以来的建筑师，由于反对功能主义国际化风格缺乏人文关注，在美国和西欧掀起了反对或修正现代主义建筑的思潮，逐渐产生了多元化的后现代式建筑设计。后现代主义设计师主要关心的是空间的装饰、象征、隐喻传统等，在形式问题上，他们追求新折中主义和手法主义。后现代主义设计师反对连贯的、权威的、确定的解释，空间设计全凭个人的经验、背景、意愿作为创造之源，从而产生许多空间的相对性和多元性建筑作品。同时，也有人认为：现代主义把建筑设计和建筑艺术创作同社会物质生产条件结合起来是正确的，而后现代主义不过是建筑中的一种流行款式，不可能长久，两者的社会历史意义不能相提并论。

第一节 后现代主义空间设计形式与风格的概念

一、后现代主义空间设计形式与风格的概念

20世纪30年代以来，以讲求理性与功能为特征的现代主义一直是西方建筑的主流。在这股主流之下，建筑美学思想是建立在理性、结构、功能的基础之上，忽视了建筑形式对人的作用，片面强调功能性和经济性，走向纯粹理性的极端，忽视了人的情感和环境的作用，形成了单调、统一的建筑形式的。这种风格到70年代初发展到极端，多元化设计探索微弱无声，世界的大都会几乎都形成形式风格同一的国际功能主义。人们逐步地发现了现代主义的弱点：设计风格单一，缺少个性、民族性和地方性。加之西方大集团的对抗，越战等原因，造成了青少年的反叛思想、反叛现代主义的设计思潮，导致了声势浩大的波普文化运动。自60年代起，人们以各种方式又开始探讨新的设计语言和方法。有的设计师从满足人的心理需求出发，力图沟通传统与现代的联系，主张兼收并蓄、丰富多彩和含混模糊，而不强调统一和明晰清澈；有的设计师主张矛盾和冗长累赘超过和谐统一和单纯简洁；有的设计师追求含义、交际、象征性，而倍受世人的青睐。新的设计语言和方法迅速地发展，70年后期最终成为建筑的主流风格与形式。80年代后，各种各样的设计风格在全世界涌现出来，欧美兴起了反叛现代主义的设计运动——后现代主义。1980年，威尼斯双年艺术节建筑展览会被认为是后现代主义建筑的世界性展览。展览会设在意大利威尼斯一座16世纪遗留下来的兵工厂内，从世界各国邀请20位建筑师各自设计一座临时性的建筑门面，在厂房内形成一条70米长的

街道，展览会的主题是"历史的呈现"。被邀请的建筑师有美国的文丘里、斯特恩、格雷夫斯、史密斯，日本的矶崎新，意大利的波尔托盖西，西班牙的博菲尔等。这些后现代派或准后现代派的建筑师企图打破现代主义的枷锁和规范，从历史传统、本地文化或现代文化中汲取营养，将历史上的建筑形式的片断，各自按非传统的方式表现在自己的作品中。同时他们从现代社会思想及文化的发展中寻找灵感，从而走出一条"新路"来。理论家们以各种名称来概述这种现象，称呼其为"反现代主义"、"现代主义之后"和"后现代主义"。

二、后现代主义空间设计形式与风格的特征

后现代主义风格是以反现代主义设计艺术为思想基础，在设计方法、设计语言及表现形式方面，表现出复杂多样的特征，出现了各种设计模式，流派纷呈，但没有一个占主导趋势的流派或思想。

1. 主张设计形式多样化。现代主义空间设计强调非装饰化特点，夸大无装饰化外形特点，在设计形式上陷入了减少主义风格的泥淖中。后现代主义强调空间设计的精神功能，注重设计形式的变化。这与现代主义所追求的与工业社会的标准化、专业化、同步化和集中化等高效率、高技术原则相一致的做法是有明显区别的。"功能"已不再被视为产品设计的第一要素，主张以"游戏的心态"来处理作品。

2. 反对理性主义、关注人性。现代主义强调功能与结构的合理性与逻辑性，强调理性主义，而后现代主义则与后工业社会相一致，认为现代主义建筑空间设计的"方盒子"缺乏人性，主张空间设计应该而且必须有装饰。在空间设计的细节上，往往采用各种古典装饰，运用变形、分裂、删节、夸张、矛盾等手段使装饰充满趣味性和象征性。空间设计倾向于幽默，满足人性的本能需要。

3. "文脉主义"。后现代主义空间设计强调历史文化，即所谓"文脉主义"。后现代主义的设计师们在抛弃现代主义平滑的"方盒子"空间设计形式时，认为决定空间设计外观的不单纯是内部功能，而且还受到群体、环境、地区、历史等的影响。重视传统历史风格，主张对历史风格采用抽出、混合、拼接等方法，并且将这种折中处理建立在现代主义设计的构造基础之上。主张新旧糅合，主张兼容并蓄，注重空间的人文含义。所以后现代主义设计大量创造性地运用符号语言，按照空间的实际功能定向和人们的生理、心理以及社会历史的文脉联系，对产品进行解构、组合和调整，创造了许多丰富、复杂、多元的空间形态。

4. 设计语言的双重性。现代主义空间设计形态语言基本上是单一的，只出于对功能的认识；而后现代主义空间设计所使用的空间形式往往包含有一系列现代符号学的内容，通过点、线、面和色彩的变化，多用夸张、变形、断裂、折射、叠加等手法，表现为空间设计造型与装饰上的娱乐性和处理装饰细节上的含糊性，空间形态语言具有了"隐喻"、"象征"和"多义"的含义以及戏谑、调侃的色彩。形成用传统建筑元件通过新的手法加以组合和将传统建筑元件与新的建筑元件相混合的空间造型手法，最终求得设计语言的双重解码。

5. 关注设计作品与环境的关系。后现代主义设计者认为，设计的人性化、幽默化和自由化的最终持续实现，是与空间的使用环境和人类的生存环境息息相关的。任何设计必须适应环境，而不能改变环境，所以绿色环保设计被后现代主义设计者视为最基本的法则之一。

设计师们认识到了设计是造成环境污染的源头之一，因此，在经济利益，人性的舒适、方便与环保问题上，人类由现代主义时代的注重经济利益，人性的舒适、方便，到后现代主义时代转变为更加注重后者环保问题。

第二节　后现代主义空间设计形式与风格的理论探索

　　后现代主义设计的各种流派虽然具有某些共同的特点，但从总体上说，它们并没有形成共同的风格，也没有一致的思想。因为，随着现代社会的发展，社会的分工越来越细，各种类别的设计之间差异加大，共性减少；在全球经济一体化之下，世界的联系日益密切，对于民族的、传统的文化的立场及其出路，人们在深入发掘、研究之余，对其本身及其在现代设计中的运用有不同的看法。因此，在进入后现代主义设计时代以后，其理论体系的建立和认同显得模糊、滞后。在众多设计理论探索的人物中，来自建筑领域的罗伯特·文丘里和查尔斯·詹克斯作了一些积极的研究，代表了后现代主义设计思潮的主流，具有广泛的代表性。

一、简·雅各布斯的《伟大的美国城市的死与生》(1961)

　　简·雅各布斯早年做过记者、速记员和自由撰稿人，1952年任《建筑论坛》助理编辑。在负责报道城市重建计划的过程中，她逐渐对传统的城市规划观念发生了怀疑，并由此写作了震撼当时的美国规划界的《美国大城市的死与生》一书。书中，雅各布斯批评了现代主义城市改造方案的死板和单调，她认为城市生活是多元化的，旧日的街道，往昔的建筑，自有其不可磨灭的生机和活力。

二、查尔斯·詹克斯的《后现代主义建筑语言》

　　詹克斯于60年代毕业于哈佛大学建筑和英国文学专业，他曾以当代建筑艺术的古典回潮为主题，主编过两期《建筑设计》，先后出版过《建筑上的现代主义运动》《今日建筑》《后现代主义》《后现代主义建筑语言》等多部专著。

　　在《后现代主义建筑语言》一书中，他在批评现代主义建筑缺乏人性的同时，系统阐述了后现代主义建筑的理论与手法，把"后现代主义建筑"看成是对"现代主义建筑"的批判和发展，把后现代风格概括为"折中调和"、"或是对各种现代主义风格进行混合，或是把这些风格与更早的样式混合在一起"。

　　詹克斯为后现代主义下的定义是：后现代主义风格是一种历史主义的倾向，是一种象征主义的倾向，隐喻的手法，是一种文脉主义的倾向，乡土风格、地方风格、历史的归宿感、反国际风格。表现为空间的层次性和戏剧性，建筑的复杂性，外简内繁的矛盾性。他把1972年7月15日下午3点32分美国圣路易市炸毁由日本建筑师山畸实设计的典型的现代主义住宅区，作为现代主义建筑设计的死亡时刻。詹克斯详尽地列举和分析了一切建筑新潮，并把它们归于后现代主义范畴，使后现代主义一词开始广为流传。查尔斯·詹克斯为确立建筑设计的后现代主义理论做出了重要贡献。

三、罗伯特·文丘里的《建筑中的复杂性与矛盾性》

　　罗伯特·文丘里1957年—1965年在宾夕法尼亚大学建筑系任教，1958年起在费城开设共同事务所，1964年和洛奇一起开办事务所，1965年曾代表美国国务院赴苏联讲学，1966年任罗马美国艺术学院住宅建筑师及该学院理事（1966—1971），1977年任普林斯顿大学建筑与城市设计学院顾问。他是"后现代主义设计"理论的真正奠基人，也是后现代主义建筑设计师的代表之一。1966年，他将自己50年代以来的研究心得写成专著《建筑中的复杂性与矛盾性》。这本书成了后现代主义最早的宣言，他针对米斯·凡·德·罗提出的"少就是多"，提出了"少令人生厌"，用"少即是无聊"来挑战现代主义"少就是多"的信条。他宣扬一种杂乱的、复杂的、含混的、折中的、象征主义和历史主义的建筑空间设计；他主张以"杂乱的活力"取代现代主义"明显的统一"；他提出宁愿"混杂"而不要"纯粹"，以杂种取代现代主义"纯种"；他认为宁要扭曲不要直率；他主张模棱两可而不主张清晰明确；他主张变化无常而非一成不变和直截了当。

第三节　后现代主义空间设计的代表流派——历史古典主义

历史古典主义致力于在设计中运用传统美学法则，主张用现代材料与结构创造空间设计的端庄、典雅、高贵感。号召设计师到"历史中去寻找灵感"，设计上用现代材料和加工技术去追求传统样式大的轮廓特点，对历史样式用简化的手法，注意装饰效果，用室内陈设艺术品来增强历史文脉特色。

一、历史古典主义代表人物及作品——罗伯特·文丘里与费城母亲之家

1. 罗伯特·文丘里。罗伯特·文丘里是美国建筑师，其作品与著作与20世纪美国建筑设计的功能主义主流分庭抗礼，成为建筑界中非正统分子的机智而又明晰的代言人。他的著作《建筑的复杂性和矛盾性》（1966年）和《向拉斯维加斯学习》（1972年）被认为是后现代主义建筑思潮的宣言。他反对密斯·范·德·罗的名言"少就是多"，认为"少就是光秃秃"。他认为现代主义建筑语言群众不懂，而群众喜欢的建筑往往形式平凡、活泼，装饰性强，又具有隐喻性。他认为赌城拉斯维加斯的面貌，包括狭窄的街道、霓虹灯、广告牌、快餐馆等商标式的造型，正好反映了群众的喜好，建筑师要同群众对话，就要向拉斯维加斯学习。于是过去认为是低级趣味和追求刺激的市井文化得以在学术舞台上立足。文丘里声明自己是"现代的"建筑师，他批评后现代派"只强调回收历史，是复旧"。

罗伯特·文丘里的代表作品有费城母亲之家、费城富兰克林故居、伦敦国家美术馆、俄亥俄州奥柏林大学的艾伦美术馆、新泽西州大西洋城马尔巴罗·布朗赫姆旅馆的改建等。

2. 费城母亲之家。费城母亲之家位于费城栗子山，1963年建成。在为母亲设计这座住宅时，文丘里一反现代主义建筑常用的平屋顶方盒式的造型，采用传统建筑的坡屋顶，显示对建筑传统的重新重视。但他并非完全回到过去，这座住宅的门窗布置似乎很偶然，正中有一个大裂口，大门是歪斜的，门上还有一条弧线。另外，整个建筑形体小，便宜，功能简单，但空间从内到外都充满了矛盾性。如内部功能空间压挤，没有矩形平面，建筑的外观用了古典的山墙对称的构图，把象征庄严、宏伟的符号用在这里，所以人们会觉得这所房子的外墙是贴上去的。对称的墙立面在面积比例上是相同的，但是分割的方式却是"平衡而不对称"。空间设计表现出传统的、复杂的、奇形怪状的特色，但内部装修却完美地结合起来，从而具有了后现代主义的拼贴性趣味。文丘里在充分考虑功能和使用效果的基础上，将居住者的注意力引向了一种相互矛盾、相互对立的私立场所，它模棱两可，武断而含混，当然也是隐喻式的。费城母亲之家的设计体现出一种不合逻辑的非理性的美学意趣，显示了文丘里后来提出的以非传统手法对待传统的主张。1989年，因为这个住宅，美国建筑师学会授予文丘里25年成就奖（见图15-1、图15-2）。

图15-1 费城母亲之家外景。费城母亲住宅用古典庄严对称的构图，把象征庄严、宏伟的符号用在这里，外墙像是拼贴的。对称轴线的细部有圆拱、横梁和方门洞，还有轴线上一道深深裂隙。紧贴轴线后部，有工作室和壁炉上方的烟道高起。右边是以五个正方形窗口，左边是一个小窗口和大窗口，显出"平衡而不对称"。

图15-2 费城母亲之家内景。费城母亲之家"母亲住宅"建筑规模不大，结构也很简单，但是，功能周全，满足了家庭的实际活动需要。除了餐厅、起居合一的厅和厨房以外，有一间双人卧室、一间单人卧室，二楼另有一间工作室，外带各处配备的极小卫生间。

图15-3 新奥尔良市意大利广场。新奥尔良广场一系列弧形的墙面，高高低低地排列着，中央是一个高大的拱门，拱门背后还有一个小的拱门，拱门两侧是弧形的廊子。建筑作品广泛地采用了后现代主义代表的"拼贴"手汰，将各种古典柱式加以引用和变形并漆上光亮的赫色、黄色或者橙红色，有些柱子或柱头是用闪亮的不锈钢包裹起来的。喷泉的水在层层叠叠的广场地面上倾泻奔流着，水池中有一个由卵石、板石和大理石砌成的意大利地图。

二、历史古典主义代表人物及作品——查尔斯·摩尔与新奥尔良市意大利广场

查尔斯·摩尔。他是一位美国的园林设计师，一直投身于后现代主义的设计。

新奥尔良市意大利广场是查尔斯·摩尔的代表作。新奥尔良是美国南方城市，1973年，市政当局决定在该市意裔居民集中的地区建造意大利广场。新奥尔良市的意裔居民多源自西西里岛，查尔斯·摩尔是通过暗喻的设计手法对历史符号进行变形移植和拼贴，整个广场以长约24米地图模型中的西西里岛为中心，铺地材料组成一圈圈的同心圆。广场一侧设置了一组台阶式大型喷泉，背景是一大拱泉水从象征着阿尔卑斯山的台阶流下，注入到"第勒尼安海"和"亚得里亚海"，最后汇入广场中央的"地中海"。在"海"的中心设置了一个"西西里岛"，它隐喻着意大利移民与这个岛的文脉关系。意大利广场中心部分开敞，一侧有祭台，祭台两侧有数条弧形的由柱子与檐部组成的单片"柱廊"，前后错落，高低不等。这些"柱廊"上的柱子分别采用不同的罗马柱式，祭台带有拱券，下部台阶呈不规则形，前面有一片浅水池，池中是石块组成的意大利地图模型。这些建筑除大理石和花岗岩外，还使用不锈钢板、钢管、镜面瓷砖、霓虹灯等现代材料。建筑造型和色彩并非完全遵从古典范式，而是自由地变化处理。广场有两条通路与大街连接，一个进口处有拱门，另一处为凉亭，都与古代罗马建筑相似。广场上的这些建筑形象明确无误地表明它是意大利建筑文化的延续。整个意大利广场的处理既古又新，既真又假，既传统又前卫，既认真又玩世不恭，既严肃又嬉闹，既俗又雅，有强烈的象征性、叙事性、浪漫性。建成后，意裔居民常在这里举行庆典仪式和聚会，它同时也是一处休憩场所，受到群众的欢迎。但建筑界贬褒不一。有文章说意大利广场使人快乐、浪漫、高兴和有爱的感情，又有人说它极端令人厌恶，喷泉是一连串的玩闹（见图15-3）。

三、历史古典主义代表人物及作品——菲利普·约翰逊与美国电话电报公司大楼

1. 菲利普·约翰逊。美国建筑师与建筑理论家，曾在哈佛大学学习哲学。1939年进哈佛大学建筑研究生院，从师M.布劳耶学习，但其真正的导师是密斯·范·德·罗。1945年开设设计事务所，1946年—1954年重任纽约市现代艺术博物馆建筑部主任。他的专著《密斯·范·德·罗》于1947年出版，颇负盛名。1949年设计了自己的住宅，确立了他作为建筑师的声望。约翰逊的早期作品明显受密斯·范·德·罗的影响。50年代中期开始由密斯风格转向新古典主义。70年代同J.伯吉合作开设事务所，合作设计了一系列建筑，较重要的作品是明尼苏达州明尼阿波利斯IDS中心（1973年）、休斯顿的潘索尔大厦（1976年）、加利福尼亚州加登格罗芙的"水晶教堂"等。

2. 美国电报电话公司大楼。1983年建成的位于纽约曼哈顿区的美国电话电报公司大楼，结构是现代的，但在形式上则一反现代主义、国际主义的风格。约翰逊把历史上古老的建筑构件进行变形，加到现代化的大楼上，有意造成暧昧的隐喻和不协调的尺度。大楼墙面采用传统的材料——石头贴面，顶部采用三角山墙，并在三角山墙中部开一个圆形缺口，首层大门及室内墙面采用罗马古典圆拱造型。大楼设计体现了后现代主义设计手法：装饰主义和现代主义的结合、历史建筑构件的借鉴、折中式地混合采用历史风格、游戏性和调侃性地对待装饰风格（见图15-4）。这座建筑已成为后现代主义的代表作。同样的作品有：匹兹堡平板玻璃公司大厦、耶鲁微生物学楼、休斯顿银行大厦等。

四、历史古典主义代表人物及作品——迈克尔·格雷夫斯与波特兰市政大楼

1. 迈克尔·格雷夫斯。迈克尔·格雷夫斯是美国后现代主义建筑师。1964年开设事务所，1972年成为普林斯顿大学教授。格雷夫斯首先以一种色彩斑驳、构图稚拙的建筑绘画，而不是以其建筑设计作品在公众中获得了最初的声誉。有人认为，他的建筑创作是他的绘画作品的继续与发展，充满着大笔涂抹的色块堆砌。迈克尔·格雷夫斯的代表作品有波特兰市政厅和佛罗里达天鹅饭店，这两座建筑都是后现代主义的代表作。

2. 波特兰市政大楼。1982年落成的美国波特兰市政大楼，是美国第一座后现代主义的大型官方建筑，楼高15层，呈方块形。波特兰大厦敦厚的外观，既非现代的又不是复古主义的。立面用台座、墙身、顶部三段式建筑，大的壁柱和拱心石使人联想到古希腊古罗马柱式，墙体的带饰和色彩具有市俗情趣，整个形象既质朴严肃又多变有趣。外部大面积的抹灰墙面，开着许多小方窗，每个立面都有一些古怪的装饰物，排列整齐的小方窗之间又夹着异形的大玻璃墙面，屋顶上还有一些比例很不协调的小房子。格式塔心理学派称其为"异质同构"，被称作"隐喻的建筑"，有人赞美它是"以古典建筑的隐喻去替代那种没头没脑的玻璃盒子"，它蕴涵

图15-4　美国电报电话公司大楼
美国电报电话公司大楼结构是现代的，但在形式上则一反现代主义、国际主义的风格。建筑主体37层，分成3段。顶部是一个三角形山墙，中央上部形成一个圆形凹口，加强了建筑的对称性和古典性。基座高达36.576米，中间有一个30.48米的拱券。墙和窗户的比例参照了二三十年代曼哈顿其他的摩天大楼。约翰逊先考虑了纽约高层办公楼的文脉，公共门厅中央矗立着巨大的太阳神雕像，这个建筑为改变现代建筑单调面貌开创了先导。

图15-5　波特兰市政楼高15层，外观四方墩形，墙立面开着许多小方窗。下部基座外表以灰绿色的陶瓷面砖和粗壮的柱列构成，上部主体为奶黄色，立面中隐喻的壁柱、拱心石等反映了美国后现代主义的精神和旨趣。建筑师格雷夫斯将棕红色、蓝色、象牙色以及各种含义的装饰构件组合在一起，使这个体态方拙的大房子成为一幅抽象拼贴画。

图15-6 波特兰市政楼室内过厅与形状复杂多变的外墙装饰来比，室内主要墙部有大面积的抹灰处理，加上排列整齐的方柱，空间显得干净单纯。

着比拟和隐喻的文化连续性（见图15-5、图15-6）。

第四节 后现代主义空间设计的代表流派——高技派

"高技派"是指那些不仅在建筑中坚持采用新技术，而且在美学上极力鼓吹表现新技术的倾向。广义来说，它包括战后"现代建筑"在设计方法中所有"重理"的方面，特别是以密斯·凡·德·罗为代表的讲求精美的倾向及创新地采用与表现预制的装配化与标准化构件方面的倾向。它主张用最新的材料，如高强钢、硬铝、塑料和各种化学制品来制造体量轻、用料少，能够快速与灵活地装配、拆卸与改建的结构与房屋。"高度工业技术"努力表现"机器美"，注重工业技术的最新发展，及时地把最新的工业技术应用到建筑中去，使高度工业技术接近于人们所习惯的生活方式与美学观，在设计上它们强调系统设计和参数设计。"高技派"的特色：第一，采用当时的最新建筑科技，并尽力表现或宣扬它；第二，模数制、大开间、灵活分割；第三，暴露结构与管道。

一、后现代主义空间设计的代表人物——理查德·罗杰斯与蓬皮杜艺术和文化中心及劳埃德大厦

1. 理查德·罗杰斯。理查德·罗杰斯是英国建筑师。1933年，他出生于意大利佛罗伦萨，1962年毕业于美国耶鲁大学。在耶鲁，他结识了同学诺曼·福斯特，两人回英格兰即组建了四人小组，成员为他俩及其各自的夫人苏·罗杰斯和温蒂·切斯曼。他们很快以"高技"设计知名。理查德·罗杰斯于2007年获得普利兹克建筑奖，评委会称赞他的作品"表现了当代建筑历史的片断"。擅长以外露结构而表明其"高技派"风格的理查德·罗杰斯是当今世界最著名的建筑师之一。代表作品有他和伦佐·皮亚诺在1977年设计的巴黎蓬皮杜中心，2000年1月1日在英国格林尼治启用的千禧年穹顶建筑，2005年建成的马德里国际机场，为世贸遗址设计的新楼及伦敦劳埃德大厦。

2. 蓬皮杜艺术和文化中心。蓬皮杜艺术和文化中心建于1972年—1977年，简称蓬皮杜中心，坐落在巴黎拉丁区北侧、塞纳河右岸的博堡大街，距卢浮宫和巴黎圣母院各约1千米。蓬皮杜中心主要包括四个部分：公共图书馆，建筑面积约16000平方米；现代艺术博物馆，约18000平方米；工业美术设计中心，约4000平方米；音乐和声响研究中心，约5000平方米。连同其他附属设施，总建筑面积为10万平方米。除音乐和声响研究中心单独设置外，其他部分集中在一幢长166米、宽60米的6层大楼内。大楼的

图15-7 蓬皮杜中心建筑物最大的特色，就是外露的钢骨结构以及复杂的管线。这些外露复杂的管线，空调管路是蓝色，水管是绿色，电力管路是黄色而自动扶梯是红色。它是一座新型的、现代化的知识、艺术与生活相结合的宝库。人们在这里可以通过现代化的技术和手段，吸收知识、欣赏艺术、丰富生活。

图15-8 蓬皮杜中心一反传统的建筑艺术，将所有柱子、楼梯及各种设备管道等设置在室外，空出室内空间。大厦像被五颜六色的管道和钢筋缠绕的化工厂房，它由28根圆形钢管柱支撑。其中除去一道防火隔墙以外，没有一根内柱，也没有其他固定墙面。各种使用空间由活动隔断、屏幕、家具或栏杆临时大致划分，内部布置可以随时改变，使用灵活方便。

每一层都是一个长166米、宽44.8米、高7米的巨大空间。整座建筑不同于传统的混凝土建筑，它通体采用金属架构，具有强度高、自重轻、抗震性能好、施工速度快、地基费用省、外形美观等优点。整个建筑物由28根圆形钢管柱支撑，其中除去一道防火隔墙以外，没有一根内柱，也没有其他固定墙面。各种使用空间由活动隔断、屏幕、家具或栏杆临时大致划分，内部布置可以随时改变，使用灵活方便。设计者曾设想连楼板都可以上下移动，来调整楼层高度，但未能实现。

蓬皮杜中心外貌奇特，钢结构梁、柱、桁架、拉杆等，甚至涂上颜色的各种管线都不加遮掩地暴露在立面上。红色的是交通运输设备，蓝色的是空调设备，绿色的是给水、排水管道，黄色的是电气设施和管线。人们从大街上可以望见复杂的建筑内部设备，五彩缤纷，琳琅满目。在面对广场一侧的建筑立面上悬挂着一条巨大的透明圆管，里面安装有自动扶梯，作为上下楼层的主要交通工具。设计者把这些布置在建筑外面，目的之一是使楼层内部空间不受阻隔。罗杰斯在解释他的设计意图时说："我们把建筑看作同城市一样的灵活的永远变动的框架……它们应该适应人的不断变化的要求，以促进丰富多样的活动。"又说："建筑物应设计得使人在室内和室外都能自由自在地活动。自由和变动的性能就是房屋的艺术表现。"罗杰斯等人的这种建筑观点代表了一部分建筑师对现代生活急速变化的特点的认识和重视。

蓬皮杜中心的建筑设计在国际建筑界引起广泛注意，对它的评论分歧很大。有的赞美它是"表现了法兰西的伟大的纪念物"，有的则指出这座艺术文化中心给人以"一种吓人的体验"，有的认为它的形象酷似炼油厂或宇宙飞船发射台。普利兹克奖评委认为，蓬皮杜中心令人震惊的外表——用HVAC管道、自动扶梯和其他原本放在建筑核心位置的服务设施装点，是"石堆博物馆"设计的一次革命，将博物馆的纪念碑式的精华形象转变为社会和文化交流的流行地点（见图15-7至图15-11）。

3. 劳埃德大厦。 劳埃德大厦（1978—1986）位于伦敦金融区的中心，是劳埃德保险集团公司的办公大楼。大厦包括一个12层能同时容纳10000人工作的保险业务大厅以及侧翼呈阶梯状布局的写字楼。其主体结构是一连串环形楼面安装在混凝土中央立柱上，另有外部加固立柱，共同支撑起钢管格栅框架，还有6座预浇混凝土辅助卫星塔楼紧挨着主构架的外部。建筑师考虑到公司的持续扩展和建筑的分期扩建的可能，在设计中有意将用钢板包裹的楼梯塔和主要管线，以及结构部分均暴露在建筑外

图15-9 蓬皮杜中心一楼大厅是一座新型的、现代化的知识、艺术与生活相结合的宝库。人们在这里可以通过现代化的技术和手段，吸收知识、欣赏艺术、丰富生活。这座博物馆一反传统的建筑艺术，将所有柱子、楼梯及以前从不为人所见的管道等一律请出室外，以便腾出空间，便于内部使用。

图15-10 现代艺术博物馆集中突出了"现代"二字，专门介绍20世纪以来的西方各种造型艺术。包括立体派、抽象派、超现实主义派、结构派、概念艺术及流行艺术等各种流派的2000幅作品。馆内按时间顺序在一条主要线路排列着各个流派艺术的代表作，周围分设许多小展室，分别介绍某流派某作家的作品，使观众既可以了解现代西方艺术的概貌，又可以对某一感兴趣的流派或作家进行深入的研究。

图15-11 蓬皮杜中心充满现代几何形态的楼顶"georges"餐厅，由雅各布和麦克法兰设计。餐厅设有一个宽敞的室外平台，餐厅内部包含了几个不规则形态空间造型，创造出了独特的室内外景观。

知识链接

普利兹克建筑奖 是"建筑界诺贝尔奖"，每年大约有来自47个国家的500多个人被提名。

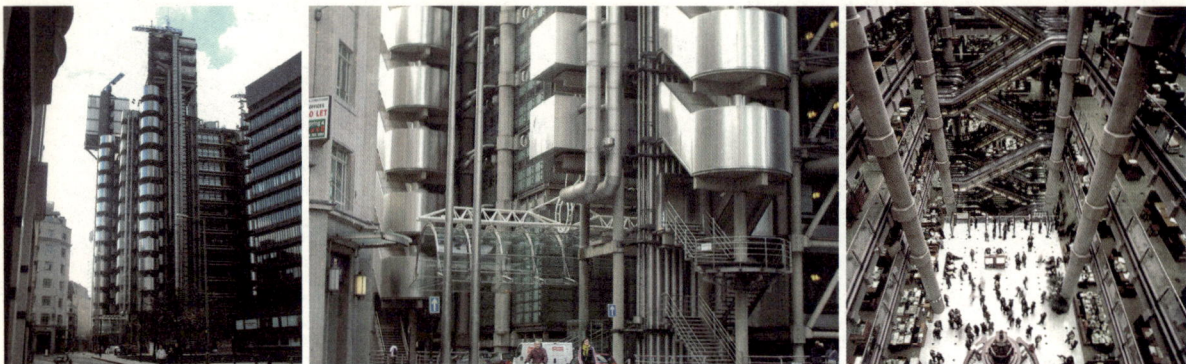

图15-12 劳埃德总部大厦包括一个12层，能同时容纳1万人工作的保险业务大厅以及侧翼呈阶梯状布局的写字楼。建筑师在设计的时候，充分考虑到了公司的持续扩展和建筑的分期扩建的可能，在设计中有意将用钢板包裹的楼梯塔和主要管线，以及结构部分均暴露在建筑外部。

图15-13 罗杰斯在这个设计上，更加夸张地使用高科技特征，不断暴露结构，大量使用不锈钢、铝材和其他合金材料构件，使整个建筑闪闪发光。他特意把所有楼梯、升降机、水管和洗手间等别人觉得不甚美观的楼宇设计外露，并将他们设计成外墙的一部分，使室内办公室的空间能被更有效地运用。这个像科学幻想一般的建筑，比他过去的"蓬皮杜艺术中心"更夸张、更突出，也使得"高技派"风格更为成熟。

图15-14 整栋建筑由大量的不锈钢、玻璃、钢架构所组成，无论在任何时候似乎都无法一窥其全貌，充满了繁复的机械结构感。罗杰斯说"如果在建筑成本上没有超出预算，为什么不可以尝试新的概念！"他在设计时也预想到了公司的发展前景，并为此特别设计了灵活多变的内部格局。内外倒置的设计，也有利于保持大厦各个部位的历久长新，便于更换那些残旧的零件。外露的结构与管线能最大限度地获得内部的有效与灵活的使用空间。

诺曼·福斯特于1935年出生在曼彻斯特，1961年自曼彻斯特大学建筑与城市规划学院毕业后，获得耶鲁大学亨利奖学金而就读于Jonathan Edwards学院，取得建筑学硕士学位。1967年福斯特成立了自己的事务所，至今其工程遍及全球，并获得190余项评奖，赢得50个国内及国际设计竞赛。诺曼·福斯特因其建筑方面的杰出成就，于1983年获得皇家金质奖章，1990年被册封为骑士，1997年被女皇列入杰出人士名册，1999年获终身贵族荣誉，是第21届普利策建筑大奖得主。

观，使建筑物具有持续"生长"的可能。建筑的内部颇似哥特式大教堂，洋溢着大教堂般威严而宏伟的气氛，深若陡谷的中庭被灯光从上方照得通亮，天花板上内嵌式灯槽内另有灯光与排风装置。

罗杰斯亦十分重视可持续的概念和生态节能技术的应用，劳埃德大厦的外部玻璃幕墙系统被设计成能有效地调节室内环境，使空调系统和照明系统更有效率。劳埃德大厦的突出特征是技术在建筑中的表现和运用，如钢结构和现浇及预制混凝土的创造性的结合，结构与管道等设施和其他构件完美的结合。它体现了高度发达的工业化水平所赋予建筑的新形象，结构上的全部细节展露无遗，使人一望即可知整个建筑如何构筑成型。设计师的构思就是：要让它看起来仿佛是从一个零件箱中随意拿出的部件拼凑而成（见图15-12至图15-14）。

二、后现代主义空间设计的代表人物与作品——福斯特与香港汇丰银行大厦

1. 福斯特。诺曼·福斯特是当今国际上最杰出的建筑大师之一，被誉为"高技派"的代表人物。作为先锋人物，他通过自己的作品将后现代主义建筑发展到精细阶段，使之从实用的技术演变为完美的艺术。福斯特特别强调人类与自然的共同存在，而不是互相抵触，强调要从过去的文化形态中吸取教训，提倡那些适合人类生活形态需要的建筑方式。

2. 香港汇丰银行。香港汇丰银行被认为是未来派建筑的典范。香港汇丰银行总行大厦位于香港中环，是汇丰银行于香港的总部。香港汇丰银行于1985年建成，由构思到落成用时6年。整座建筑物高180米，共有46层楼面及4层地库，使用了30,000吨钢及4,500吨铝建成。耗资52亿港元。在建筑的整个高度上，5组2层高的桁架将钢柱连接起来，各组楼层就悬挂在桁架上。3跨结构的高度不同，形成了一个错落的轮廓。地面以上43层，采用巨型桁架，分5屋悬挂在8根巨型格构式柱上。

整个设计的特色在于内部并无任何支撑结构，所有支撑结构均设于建筑物外部，使楼面实用空间更大。而且玻璃幕墙的设计，能够善用天然光，加上其设计灵活，可按实际需要轻易进行扩建工程而不影响原有楼层。这座银行建筑拥有一个公共的底层，一个私密的顶层由半私密半公共空间组成的中间楼层。在街面层，有一个12米高的公共步行广场在建

图15-15　建筑底层为12米高的步行大厅，完全为公共空间，大厅门向着正南正北，冬夏都能保持大堂凉爽，节省不少冷气费。一对自动扶梯可直达主要营业大厅及10层高的中庭。银行主体沿西立面玻璃电梯井布置三组调整电梯，来访者由类似低层建筑内的自动扶梯每两层高度停留。

图15-16　整个设计的特色在于内部并无任何支撑结构，可自由拆卸。所有支撑结构均设于建筑物外部，使楼面实用空间更大。而且玻璃幕墙的设计，能够善用天然光，加上其设计灵活，可按实际需要轻易进行扩建工程而不影响原有楼层。

图15-17　银行生动的外观将钢结构及透明的面板结合在一起，以表现内部空间的丰富、多样。1985年投入使用10年后，建筑的灵活性由于需要增加一新的交易厅而得到证实。汇丰银行以最小的代价与最短的时间（不足6周）在其总部大厦内插入新的交易大厅。

筑下面穿过，2部自动梯通向主要银行大厅（半公共空间）和10层高的中庭。由3部设在西立面玻璃电梯井中的高速电梯可到达银行的主体。过去的高层建筑都把管道、电梯、卫生间等安排在中心位置，而在香港汇丰银行，我们则把这些设施放到了建筑的两侧，使内部成为一个大空间，不但能灵活地使用，还可将太阳能从顶部引入，并予以重新利用。这种全新的结构，已使这个建筑成为当地的象征，并被印到了港币上（见图15-15至图15-18）。

第五节　后现代主义空间设计的代表流派——新现代主义

图15-18　建筑采用钢柱结构悬挂体系，分为3段。钢柱由两层高的衔架连接于建筑的5个点上，而楼层则从衔架上开始悬挂，由底部的8层减至顶部4层，每段上升至不同高度，28层、35层及41层，交错的楼层高度使室内空间具有多种宽度及高度、花园式平台和生动活泼的东西立面。

　　70年代初，经过后现代主义和解构主义的冲击，仍继续从事现代主义设计的设计家以"纽约五人"为中心，另外还有其他几个独立设计家，包括美籍华人建筑家贝聿铭，他们的设计已经不是简单的现代主义重复，而是在现代主义基础上的发展。他们仍坚持理性和功能化，并逐步加以提炼完善在美国逐渐形成了新现代主义。新现代主义坚持现代主义的传统，完全依照现代主义的基本语汇进行设计，他们根据新的需要给现代主义加入了新的简单形式的象征意义，他们可以说是现代主义继续发展的后代。新现代主义设计师以理性主义、功能主义、减少主义方式进行设计探索。现代主义在发展的过程中，一直强调功能、结构和形式的完整性，极端排斥装饰，而对设计中的人文因素和地域特征缺乏兴趣，而新现代主义在这些方面却给予很充分的关注，侧重民族文化表现，走向一个肯定装饰的、多风格的、多元化的新阶段。在装饰语言上更关注新材料的特质表现和技术构造细节，更强调作品与人文环境和生态环境的关系。

一、新现代主义空间设计的代表人物与作品——贝聿铭与香港中国银行大厦及卢浮宫扩建工程

　　1. 贝聿铭。世界著名的华裔美国建筑师，1917年生于中国广东，

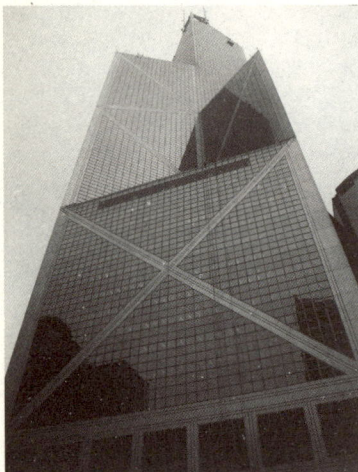

图15-19 中银大厦结构采用4角12层高的巨型钢柱支撑,室内无一根柱子,就像"节节高升"的竹笋一样。

图15-20 中银大厦一至三层为石质墩座,其上是玻璃帷幕墙楼层,石墩座是因应基地的斜坡为增强稳定感而设计。大厦两侧各有一个庭园,园中有流水、瀑布、奇石与树木,流水顺着台阶流下。水声可以消灭周围高架道路的交通噪音,不息水流,隐喻财源广进。大楼入口大门的左侧立有青铜雕塑"和谐共处"。

图15-21 中银大厦入口大堂服务台置于中心位置,显示中银服务第一的意识,高宽的拱形的入口通道加有为形体展示宣传空间,既活泼又强化商业气氛。

图15-22 中银大厦整栋大楼以3楼营业厅,17楼高级职员专用餐厅兼宴客厅与顶端70层的"七重厅"等处最受瞩目。两层楼的营业空间恢弘,以石材为室内主要建材更增加其气派,位在该层中央直达第17楼的内庭,其在询问服务台上方的天花处形成一个金字塔,中银大厦是在一个实体空间中塑出虚体的空间。

在上海受中等教育,1935年赴美国入麻省理工学院,1940年获学士学位,1946年获哈佛大学硕士学位,留校任教,1948年起任W.泽肯多夫房地产公司建筑部负责人,1955年他集合了一批从整体规划到室内设计的专家,在纽约开业。他是美国设计科学院和国家艺术委员会成员,1979年获美国建筑师协会金奖,1983年获普里兹克建筑艺术奖。贝聿铭以设计大规模城市建筑和建筑群著称,他认为应从整个城市的规划结构出发,而不能孤立地对待个体建筑。他坚持理性和功能化,依照新现代主义的基本语汇进行设计,空间设计根据需要加入新的简单形式的象征概念。他在建筑空间设计中善于运用抽象的几何形体及现代建筑的材料和结构,作品的雕塑感强、象征性强。在设计中,他引入了许多中国传统建筑符号,但反对把中国传统建筑的某些构件生硬地附加到现代建筑上,主张寻找恰当的途径来表达中国建筑传统的本质,而不是肤浅地因袭过去的形式。设计界认为贝聿铭作为新现代主义代表人物,他的建筑设计特色:一是建筑造型与所处环境自然融化,二是空间处理独具匠心,三是建筑材料考究和建筑内部设计精巧。他的代表作品有科罗拉多州美国大气研究中心、纽约肯尼迪国际机场候机楼、哈佛大学肯尼迪纪念图书馆、波士顿基督教科学教会中心、达拉斯市政厅、波士顿汉考克大厦、华盛顿国家美术馆东馆,以及80年代的巴黎卢浮宫新馆扩建、香港中国银行大厦和北京香山饭店等。其中,华盛顿国家美术馆东馆的落成在世界建筑界引起轰动,被普遍认为是现代建筑的精品,北京香山饭店是贝聿铭探索中国建筑传统继承途径的一次成功的尝试。

2. 香港中国银行大厦。香港中国银行大厦由贝聿铭设计,1990年完工。总建筑面积12.9万平方米,地上70层,总高369米。中国银行大厦的设计灵感来源于古老的中国谚语:芝麻开花节节高。建筑外形为棱柱状,是仿照竹树不断向上生长,象征着力量、生机、茁壮和锐意进取的精神;基座的麻石外墙代表长城,则代表中国。结构上,整座建筑物的拐角由四根加强混凝土柱支撑,有三角形框架将建筑的压力转移到四根柱子上,外面用玻璃幕覆盖。其正方平面,对角划成四组三角形,每组三角形的高度不同,节节高升,使得各个立面在严谨的几何规范内变化多端。主体结构为八巨型桁架,其中四沿正方形平面的周边布置,另四沿对角线方向布置。平面为52m×52m,四角为型钢配筋的大型钢骨钢筋混凝土结构(SRC)立柱,底部最大截面为4.8m×4.1m,直接落地深入基础,向上逐渐减小截面。正方形平面中心外的立柱由顶层向下通到第25层结束,支撑在金字塔形的空间桁架中心。在巨型桁架平面内还设置若干吊杆,将楼

层荷载通过巨型桁架斜杆传给角柱。使角柱承担几乎全部全力荷载，增强了巨型桁架的抗倾覆能力。香港中国银行大厦充分体现了巨型桁架体系的结构优越性，更以其多棱形晶体的独特造型而光彩夺目，可谓现代巨型桁架体系的的典范（见图15-19至图15-22）。

3. 卢浮宫扩建工程。巴黎卢浮宫扩建工程建于1984年—1988年，由贝聿铭设计。作品没有繁琐的装饰，结构上和细节上都遵循了新现代主义的功能主义、理性主义基本原则，并赋予它们象征主义的内容。如卢浮宫扩建工程玻璃金字塔空间造型结构，就不仅仅是功能的需要，而且具有历史性的、文明象征性的含义。玻璃金字塔高21米，底宽30米，四个侧面由673块菱形玻璃拼组而成，总平面面积约2000平方米。塔身总重量为200吨，其中玻璃净重105吨，金属支架仅有95吨。金字塔是入口大厅的自然采光的顶棚，它的一边是大门，其余三边是另外安排的3个小金字塔，由三角形水池和喷泉连成整体。这座玻璃金字塔不仅是体现现代艺术风格的佳作，也是运用现代科学技术的独特尝试。贝聿铭在建筑中借用古埃及的金字塔造型，采用了玻璃材料，创造性地解决了把古老宫殿改造成现代化美术馆的一系列难题，取得极大成功，享誉世界。巴黎卢浮宫扩建工程总建筑面积7万多平方米，整个建筑是一座只在地面上露出玻璃金字塔形采光井的地下宫，它包括入口大厅、剧场、餐厅、商场、文物仓库、一般仓库和停车场等。这一建筑正如贝聿铭所称："它预示将来，从而使卢浮宫达到完美。"1988年在卢浮宫玻璃金字塔落成典礼上，密特朗总统授予贝聿铭"光荣勋章"（见图15-23至图15-28）。

4. 华盛顿国家美术馆东馆。美国国家美术馆（即西馆）的扩建部分，1978年落成。它包括展出艺术品的展览馆、视觉艺术研究中心和行政管理机构用房。该建筑在美国华盛顿市内议会大厦与白宫之间，东望国会大厦，南临林阴广场，北面斜靠宾夕法尼亚大道，附近多是古典风格的重要公共建筑，位置极为重要。东馆位于一块36400平方米形状不规则的梯形地段上，贝聿铭用一条对角线把梯形分成两个三角形，一个为陈列馆，一个为研究中心，整座建筑的构思是由三角形演变而来的，没有一般的矩形空间。陈列馆的中心是个多层空间，有天桥相连，中央大厅顶部为玻璃天窗，中间有纵横跨过的栈桥或廊子。展览馆和研究中心的入口都安排在西面一个宽阔醒目的长方形凹框中，展览馆入口北侧有大型铜雕，无论就其位置、立意和形象来说，都与建筑紧密结合。东西馆之间的小广场铺花岗石地面，与南北两边的交通干道区分开来。广场中央布置喷泉、水幕，还

图15-23 扩建部分的入口放在卢浮宫的主要庭院的中央，这个入口设计成一个边长35米，高21.6米的玻璃金字塔。扩建的部分放置在卢浮宫地下，避开了场地狭窄的困难和新旧建筑矛盾的冲突。

图15-24 卢浮宫扩建工程是一座只在地面上露出玻璃金字塔形采光井的地下宫，它包括入口大厅、剧场、餐厅、商场、文物仓库、一般仓库和停车场等。金字塔是入口大厅的自然采光的顶棚，它的一边是大门，其余三边是另外安排的3个小金字塔，由三角形水池和喷泉连成整体。贝聿铭设计玻璃金字塔时，希望拿破仑广场白天是人群集聚之地，玻璃金字塔有"桥"的功能，将来各自各方的人"引渡"到不同的三个殿翼，夜晚，玻璃金字塔在灯光照耀下，吸引人们来到广场，让公共空间更能充分得以运用。

图15-25 卢浮宫扩建工程的关键在于新创造的空间完全建于地下，玻璃的金字塔覆盖着主要入口并给下面各层带来自然光线和活力。玻璃金字塔是新卢浮宫美术馆的大门，人们可借电扶梯从广场到达拿破仑厅。

图15-26 卢浮宫扩建工程地下厅配备有完善的交通设施，各种走梯、垂直升降梯、手扶斜梯使参观人流通畅无阻。

图15-27 卢浮宫扩建工程在地下设置了商店、餐厅、快餐部、影剧院、图书馆以及卢浮宫最缺乏的后勤部分如贮藏室和各种车辆的车库等等。更重要的是这样便把卢浮宫的各个组成部分在地下完全联系了起来，综合解决了功能和交通等问题。这部分的总建筑面积约为46450平方米。

图15-28 在大厅的周边，有一个可容百人的餐厅，两个简易自助餐厅，宽敞的书店与商店是另外一个特色。所有地下的商店，由EGPC与商家签约，获得70年的经营权，商家则提供兴建地下停车场的经费作为权利金。这种联合开发的情形在法国是颇新的尝试，而这种建筑模式，使得公私两皆利，可为公共建筑拓展更宏观的美景，十分值得推广。

有五个大小不一的三棱锥体，是建筑小品，也是广场地下餐厅借以采光的天窗。东馆的展览室可以根据展品和管理者的意图调整平面形状和尺寸，有些房间还可以调整天花高度。按照布朗的要求，视觉艺术中心带有中世纪修道院和图书馆的色彩（见图15-29、图15-30）。

二、新现代主义空间设计的代表人物与作品——理查德·迈耶与罗马千禧教堂

1. 理查德·迈耶。理查德·迈耶是新现代主义的主要代表人物。他生于1934年，是"纽约五人"设计集团的成员之一。曾就学于纽约州伊萨卡城康奈尔大学，早年曾在纽约的S.O.M建筑事务所和布劳耶事务所任职，并兼任过许多大学的教职，1963年自行开业。由于受到勒·柯布西耶的影响，其大部分早期的作品都体现出了勒·柯布西耶的风格。他认为现代主义具有非常完善的理论内核，不是后现代主义能够轻而易举推翻的。他喜欢现代主义大师科布西耶的简单格子结构，同时采用现代主义的白色为自己的色彩计划中心，极端地发展了这种冷漠的白色方块，并成为他的标志。迈耶说：白色能将建筑和当地的环境很好地分隔开，用它可以阐明建筑学理念并强调视觉影像的功能。白色也是在光与影、空旷与实体展示中最好的鉴赏，白色是纯洁、透明和完美的象征。迈耶设计的空间都颇为简练，他将斜格、正面以及明暗差别强烈的外形等方面和谐地融合在一起。注重立体主义构图和光影的变化，强调面的穿插，讲究纯净的建筑空间和体量。理性思维和高度精细的构件处理使他获得了成功，创造出全新的现代建筑空间模式。迈耶的作品充满了沃尔特·格罗佩斯包豪斯建筑的冷漠、功能和理性的特点，所有现代主义的语汇和方法都被他采用了，建筑整体高度理性化，全部用白色，安静地、冷漠地传达了新现代主义的原则和立场。迈耶的代表作品包括罗马千禧教堂、新哈莫尼游客中心、法兰克福的装饰艺术博物馆、巴黎的戛纳总部大厦、亚特兰大的艺术博物馆、

图15-29 华盛顿国家美术馆。华盛顿国家美术馆馆长J.C.布朗认为：欧美一些美术馆过于庄严，类若神殿，使人望而生畏；还有一些美术馆过于崇尚空间的灵活性，大而无当，往往使人疲乏、厌倦。因此，他要求东馆应该有一种亲切宜人的气氛和宾至如归的感觉。安放艺术品的应该是"房子"而不是"殿堂"，要使观众来此如同在家里安闲自在地观赏家藏珍品。

图15-30 华盛顿国家美术馆。三角形大厅作为中心，展览室围绕它布置。观众通过楼梯、自动扶梯、平台和天桥出入各个展览室。透过大厅开敞部分还可以看到周围建筑，从而辨别方向。厅内布置树木、长椅，通道上也布置一些艺术品。大厅高25米，顶上是25个三棱锥组成的钢网架天窗。自然光经过天窗上一个个小遮阳镜折射、漫射之后，落在华丽的大理石墙面和天桥、平台上，非常柔和。天窗架下悬挂着美国雕塑家A.考尔德的动态雕塑。

保罗·盖蒂中心等。

2. 罗马千禧教堂。罗马千禧教堂是迈耶设计的第三座教会建筑，前两座分别是美国加利福尼亚州的水晶教堂(2003)和康涅狄格州的哈特福德神学院(1981)。罗马千禧教堂于1998年动工，经过五年的建造过程，新的教堂于2003年10月正式揭幕。教堂位于意大利罗马东部地区郊区，附近是一片20世纪70年代修建的中低收入居民住宅楼以及一座公共花园。教堂建筑面积1万平方米，中央的大堂为主教堂，右边为神职人员办公室，左边为小型的教堂，两个教堂之间是神父的小型办公室。教堂特色之一是外形为三片白色双曲面弧形墙，如船帆状，高19米—30米不等。建筑材料包括混凝土、石灰华和玻璃。墙在这栋建筑里占有决定性的因素，这些墙以极简的方式勾勒区隔内外，并于内部分隔出了礼拜室。天主教廷更是视这三座墙为圣父、圣子、圣灵三位一体的象征，虽然迈耶本人予以否认。教堂特色之二是透光性能好，教堂的屋顶设有向北的天窗，这样可以让阳光间接射入教堂的本堂，可避免夏天炽热的阳光直接射进室内。教堂特色之三是室内与室外的空间连成一体，三道墙强烈地使人领略宗教空间的神秘与神圣，同时又与周围环境有机结合。它的外墙上分为两个主要部分，正方的一端为神职人员的空间，弯弯曲曲的一端为教堂，这样便能从外形上清楚地看出公用和私用空间之分。三层帆形外墙代表三个不同的入口，第一个是主堂的入口，第二个是神父的入口，第三个是小礼堂的入口（见图15–31、图15–32）。

第六节　后现代主义空间设计的代表流派——解构主义

解构，即分解结构，一切传统的、既定的概念和分类法都是解构的对象。解构主义建筑的特征，即：运用后现代主义词汇，打散重构的形式，却从逻辑上否定传统的基本设计原则。解构主义建筑空间是指对于传统与现代正统原则与正统标准的否定和批判；设计语言晦涩、无绝对权威、是个人的、非中心的；空间形式追求毫无关系的复杂性与爆炸性，表现出多元化、破碎、凌乱、模糊；作品没有预定设计，具有很大的随意性，盖里等很多解构主义建筑家甚至连完整的工程图也没有，仅仅以草图和模型来设计，完全依靠电脑来归纳。

一、解构主义空间设计的代表人物与作品——盖里与盖里的住宅及哥根翰博物馆

1. 盖里。盖里1929年生于加拿大多伦多，1947年移居美国洛杉矶。先后在南加州大学、马萨诸塞州理工学院和哈佛大学攻读建筑学。1953年起与人合作从事建筑设计，1962年起独立主办建筑事务所。起初主要搞室内装修和商店设计，70年代以来主要从事住宅设计，创造了个性鲜明的独特风格。他于1978年建在桑塔·蒙尼卡的私宅摒弃了任何豪华气派，仅用一些低廉的建材组合出崭新的平民风格。80年代盖里转向

图15–31　罗马千禧教堂建筑外观。三座曲面墙是用三百多片预先铸好的灰白色混凝土版所制成，彼此交叉的巨大球体教堂与北侧严谨的方形混凝土构造空间产生对比。空间设计舍弃了几百年来的教堂建筑原形，成功地融合了许多不同的象征与需求。

图15–32　教堂内部。由于天窗的设置，人们可以沐浴在阳光里。

> **知识链接**
>
> 解构主义的哲学根源比较复杂，自60年代后期由法国哲学家贾奎斯·德里达在其《论语法学》一书中确定，他的理解是：一段给定的文字的意义不是由组成它们的各个单词所形成的，而是取决于它们之间的不同组合。当把一段文字原来的组合架构打散时，它所表达的意思也随之改变。贾奎斯·德里达的观点作为一种批评类型被理论家们用于对一切研究领域里的方法问题的全面探讨。德里达以一种极端的思考重新批判了西方文化传统，并在某种程度上动摇了它，并最终影响到建筑和景观领域。80年代一些建筑师将解构主义应用到建筑设计中，他们将建筑空间结构进行肢解或是重新组合，以赋予空间新的意义。这样给空间设计带来了形式上的创新，也留给观众以更多更复杂的印象。

图15-33 盖里住宅是解构主义住宅代表作。盖里分别在中、东、西三面扩充，新添部分形体极不规则，所用材料有瓦楞铁板、铁丝网、木条、粗制木板等，不同材质、不同形状强行拼接，造成强烈的支离破碎的效果。解构主义否定和批判传统设计中的正统和标准，充满了反叛的色彩，提倡没有次序、没有固定形态，反对二元对抗方式，在欧洲广受推崇。

图15-34 盖里住宅厨房天窗的奇特造型好像一个灰色的苍蝇罩，这也是盖里最得意的一笔，所有这些古怪的处理手法与整条街道的住宅建筑都显得格格不入。

图15-35 盖里住宅厨房天窗的造型杂乱无序，所用材料有瓦楞铁板、铁丝网、木条、粗制木夹板、钢化玻璃等等，全都裸露在外，不加掩饰。立方体的天窗凹入房顶，其余的屋顶铁丝网片支离破碎，使添建部分的轮廓线复杂错乱。内部墙面被剥去抹灰层，赤裸着水板条，表达了一种特定的新建筑审美形式。

了公共建筑，在欧美各地设计了一系列博物馆、校舍、商厦直至巴黎的欧洲迪斯尼游乐园等，重要的有洛杉矶航天博物馆、罗拉法拉学院、德国魏尔市维特拉家具博物馆、瑞士巴塞尔维特拉家具公司总部建筑设计。盖里的设计反映出对形式、风格和材料的执著追求，他的建筑理论与实践概括起来说就是：解构传统技术，把被拆散的建筑几何条块重新加以有层次的组合与堆积；强调自然光与艺术光的调和；追求建筑的艺术个性和审美价值，并主张尽量缩小建筑与艺术之间的鸿沟，为此他经常与艺术家来往、交流。从他的建筑要素中，不难看出有毕加索的立体主义、杜尚的达达主义、马格利特的超现实主义等成分。盖里具有震撼力的解构主义建筑作品奠定了他作为国际一流建筑师的地位，成了在国际建坛声名卓著的建筑先锋派中的佼佼者，从而连连获得国际重奖，1989年获得国际建坛最高奖——普里兹克奖。

2. 盖里的住宅。盖里住宅位于加利福尼亚州圣莫尼卡，住宅空间形体像一堆混乱的垃圾放置在街头。 1978年盖里的住宅落成之时，引起人们的迷惑和混乱。盖里住宅原本是一幢普通的两层荷兰式小住宅，盖里保留原有房屋基本空间，但添建的部分空间形体极度不规则，不同材质、不同形状生硬组合。特别是厨房天窗的造型杂乱无序，所用材料有瓦楞铁板、铁丝网、木条、粗制木夹板、钢化玻璃等等，全都裸露在外，不加掩饰。立方体的天窗凹入房顶，其余的屋顶铁丝网片支离破碎，使添建部分的轮廓线复杂错乱。盖里住宅设计无论在材料上、形体上，还是在风格、观念上都形成强烈的超常对比，人们无法接受盖里的设计。虽然有人不欣赏他的住宅建筑，但慢慢地，越来越多的人认同并喜爱上他的解构主义空间新风格。他后来的一系列建筑空间形象，从正统的审美观看，会觉得怪诞不经，而从否定传统美学与正统设计原则看，他创作的怪异的建筑形象可透出一种深层、复杂和有震撼力的艺术感染力。总之，盖里的建筑作品从一个侧面反映了它所处的社会和时代精神，又具有特定的审美价值，或者说他发展了一种特定的建筑审美范畴。终于盖里声名日振，成为当年西方世界一流活跃的建筑大家（见图15-33至图15-35）。

3. 古根海姆博物馆。古根海姆博物馆是索罗门·R.古根海姆基金会旗下所有博物馆的总称，它是世界上最著名的私人现代艺术博物馆之一，也是全球性的一家以连锁方式经营的艺术场馆。1997年10月开幕的西班牙巴斯克自治区首府毕尔巴鄂市古根海姆博物馆由盖里设计，它是一座典型的解构主义建筑空间作品。古根海姆博物馆建筑面积达2.4万平方米，位于勒维翁河滨，主要的建筑体量异常弯扭复杂，那些难以名状的流动弯曲的体量，内部是钢架，外表覆盖钛板，使用了33000块厚度为0.38毫米的钛板，钛板的总面积达2.787万平方米，2500块玻璃，它们反射太阳光但不会晃眼，隔音、隔热性能良好。博物馆空间结构方式同造船相近，结构设计由 SOM 事务所承担。这座建筑几乎不用人工绘图，全部依靠电脑，如果没有电脑，这样造型复杂的建筑物是难以完成的。由于造型极度不规则，内部钢构件没有长度是完全相同的，建筑物的造价达到1.357亿美元。1996年7月盖里到工地察看，他说建造中的建筑物与原来的构想吻合，那30米高的空中曲线准确地与草图相同。它新奇的造型、特异的结构和新型金属材料获得举世瞩目，被报界惊呼为"一个奇迹"。有人说它像"一艘怪船"、"一朵金属花"，有人说它是"世界上最有意义、最美丽的博物馆"。从此它与坐落在大西洋彼岸纽约市内那座建筑大师赖特设计的同名博物馆遥相呼应（见图15-36、图15-37）。

二、解构主义空间设计的代表人物与作品——屈米与拉维莱特公园

1. 屈米。伯纳德·屈米1944年生于瑞士洛桑，1963年在巴黎和苏黎士学习。1983年，他在纽约和巴黎开设建筑设计事务所。1988年以来长期担任哥伦比亚大学建筑学院院长。伯纳德·屈米是第一位，也是最为理论化的解构主义建筑师，他引发了建筑界对于解构思潮的积极关注。作为建筑师、理论家和教育家，他将电影艺术、文学理论与建筑相结合，重新审视建筑承担的责任和加强建筑对文化的表达。屈米声称建筑形式与发生在建筑中的事件没有固定的联系，他研究揭示建筑次序与生成建筑次序的空间、规划、运动之间的传统联系，创造空间与空间中发生的事件的新联系。他的作品强调建立层次模糊、不明确的空间，空间设计方法是通过变形、叠印和交叉程序。他的设计代表作品是巴黎拉维莱特公园、东京歌剧院、德国媒体传播中心以及哥伦比亚学生活动中心等。

2. 拉维莱特公园。拉维莱特公园位于巴黎市东北部，1987年建造成功并成为巴黎市最大的绿化空间。基地曾是一个废弃的工业基地，占地约34.8万平方米。乌而克运河将公园分成两部分，北半部有刚建成的现代高技派的科学工业城，馆前为一巨大的不锈钢球形电影院，公园的南侧是巴黎市国家音乐舞蹈学院。拉维莱特公园环境美丽而宁静，是集花园、喷泉、博物馆、演出、运动、科学研究、教育为一体的大型现代综合公园。拉维莱特公园结合生态景观设计理念，以独特的甚至被视为离经叛道的设计手法，为市民提供了一个宜赏、宜游、宜动、宜乐的城市自然空间。1987年，正值法国园林复兴运动初期，在此以前，园林强调的是简单的休闲、卫生、体育、环境等功能。于是，很多设计师开始思考，怎样才能将人们吸引到园林中去，现代化的城市究竟需要怎样的园林等问题。1982年法国文化部向全球设计师征集拉维莱特公园方案，屈米具有解构主义空间设计特征的方案从472份入围竞赛方案中脱颖而出中选。

屈米否定一切稳定的、确定的、静态的、无变化的、非超前性的设计，在拉维莱特公园设计中，他将各种要素分解开来，不再用和谐、完美的方式相连接与组合，相反却利用机械的几何结构处理，以体现矛盾与冲突。这种结构与处理方式更注重景的随机组合与偶然性，而不是传统公园精心设计的序列与空间景致。拉维莱特公园空间创意由一系列的主题景园构成，包括：镜园、沙丘、游戏、影园、竹林、薄雾、葡萄架、运动、平衡、岛屿和儿童乐园。这些景园由"线"系统连接起来。"线"由空中

图15-36　古根海姆博物馆的设计，因抛弃直线条和传统的方盒子式的造型方式，偏爱生动的曲线与不同寻常的材料而超然卓绝。建筑空间实体体现出运动感与可塑性，大部分空间造型由一群不规则双曲面体量组合而成，整体形式似涌动的波浪，又像开放的花瓣，每一个小型体量都各自独立扭动。

图15-37　古根海姆博物馆室内形态造型由一群不规则体块组合而成，天顶与墙面几何形与有机形混合构成复杂的空间解构主义效果。

图15-38 拉维莱特公园面积约34.8万平方米，乌尔克运河把公园分成了南北两部分，北区展示科技与未来的景象，南区以艺术氛围为主题。公园被屈米用点、线、面三种要素叠加，相互之间毫无联系，各自可以单独成一系统。

图15-39 拉维莱特公园中龙园、沙丘园与空中杂技园是专门为孩子们设计的。本图为龙园，它有抽象龙形的雕塑滑梯在园中穿梭，孩子们在龙滑梯上面玩乐。它们被作为公园空间中面的要素，公园中建了十个主题园，包括镜园、恐怖童话园、风园、雾园、竹园等。

图15-40 屈米把拉维莱特公园用地划分为120m×120m的方格网，网线交点上放置着40个内容与形式各不相同的明显具有构成主义风格的红色钢铁小构筑物，它们用钢和红色搪瓷钢板建成。它们被分别设计成茶室、体育亭和问讯处。这是家麦当劳快餐店外部入口，它们在公园极为平坦的地形和空旷的草坪上显得特别张扬。

图15-41 这个红色铁构架点景物在120m×120m的方格网的交点上，仅作为点的要素存在而不具备实用功能。有些点景物作为信息中心、小卖店、饮食店、咖啡吧、手工艺室、医务室之用。

图15-42 乌而克运河将公园分成两部分，北半部是现代高技派的科学工业城，馆前为一巨大的不锈钢球形电影院，公园的南侧是巴黎市国家音乐舞蹈学院。拉维莱特公园环境美丽而宁静，是集花园、喷泉、博物馆、演出、运动、科学研究、教育为一体的大型现代综合公园。

步道、林阴大道、蜿蜒小径等组成，其间没有必然的联系。这种概念抛弃了设计的综合与整体观，是对传统的结构、功能与审美原则的反叛。拉维莱特公园的设计表现出"园在城中，城在园中"，创造出公园和城市完全交融的结构。公园利用夜景照明，让市民"白天看公园，晚上看夜景"。公园空间具有可塑性和柔性的园林空间结构，使城市公园不管城市扩大还是缩小，都能够与之相协调。而这种结构通过一些网格以及网格节点上的亭子的伸展性，去控制城市空间。公园主要在三个方向与城市相连：西边是斯大林格勒广场，以运河风光与闲情逸致为特色；南边以艺术气氛为主题；北面展示科技和未来的景象。拉·维莱特公园所谓"解构主义"的设计手法，实际上就是用一种解析的思路，将传统形式的园林分解成各个元素，再用新的功能把这些元素重新组合起来。屈米通过一系列手法，把园内外的复杂环境有机地统一起来，并且满足了各种功能的需要（见图15-38至图15-43）。

后现代空间设计并没有改变现代主义空间设计实质。现代主义空间设计是建立在民主主义思想和工业化大生产及满足广大人民生活需要的基础之上的，它的产生和发展都顺应了时代的潮流。具有强烈感性色彩的后现代主义空间设计对现代主义空间设计的挑战，基本上只是停留在风格和形式方面，并没有涉及现代主义设计思想的核心——实用艺术与功能性标准。后现代主义空间设计是在空间设计领域中的探索性活动，具有明显的实验特点，其目的是要打破现代空间设计中国际主义风格单调乏味的沉闷气氛，是一种乌托邦的构思与物质材料的结合。后现代主义空间设计极大地丰富了当代空间设计的语汇，使空间设计的内涵和外延都更加丰富了。

图15-43 这是拉维莱特公园的科学工业城。科学城大部分由钢架构成，各种功能系统外露，空间可灵活组合。本图为大厅内手扶电梯。科学城空间功能分4个部分：永久性陈列（地球宇宙、生命奥秘、物质人类、语言交流），最新科技成果和工业产品（包括幻影式战斗机和阿丽亚纳火箭和空间站），图书资料中心，底层会议中心。其中还包括3D电影院、水族馆、植物园和众多新科技产品。

后现代主义空间设计形式与风格小空间创意设计要求

1. 分析现后代主义空间设计的风格、形式特征、设计特色。运用后现代主义空间设计的风格、形式主要元素，并强调后现代主义空间风格符号。如运用"文脉主义"、高工业技术倾向、解构主义、新现代主义方式；用夸张、变形、断裂、折射、叠加等手法，表现建筑造型与装饰上的娱乐性和处理装饰细节上的含糊性；用空间形态的"隐喻"、"象征"和"多义"的含义以及戏谑、调侃的色彩等进行空间创意设计。

2. 运用建筑空间构成要素（地面、墙面、顶面、柱梁）表现建筑与室内空间。

3. 运用空间造型元素（点、线、面、体）与空间形态（几何形，有机形，偶然形，实虚、动静、开合空间）表现建筑与室内空间个性。

4. 运用界面形状、比例、尺度和式样的变化，表现建筑与室内空间。

5. 本创意设计是概念性建筑与室内抽象性创意形态，重点表现空间要素、空间功能、建筑构件、空间结构、空间形态、空间形式、造型手法、创意方法，创造简约的、概括的、抽象功能的空间，避免太实际又锁碎的造型与装饰。

6. 利用一个10m×10m×10m的正立方空间与一个10m×6m×6m的长方空间进行空间形式风格概念构成创意设计。

图15-44　历史古典主义地铁站入口　李玉笥

历史古典主义在设计上用现代材料和加工技术去追求传统样式大的轮廓特点，主张对历史风格采用抽出、混合、拼接等方法，并且将这种折中处理建立在现代主义设计的构造基础之上。这座历史古典主义地铁站入口设计采用古典罗马柱及圆拱与现代钢架玻璃棚架结合，形成后现代主义多元空间形态设计特征。

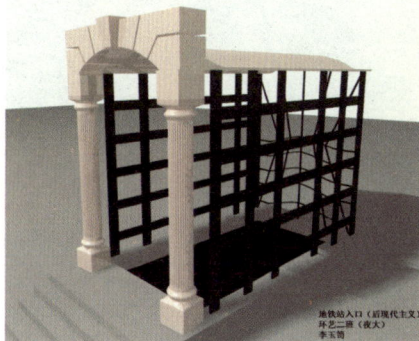

图15-45　历史古典主义办公室　钟正

后现代主义空间设计强调历史文化，运用变形、分裂、删节、夸张、矛盾等手段使装饰充满趣味性和象征性，同时，主张新旧糅合，主张兼容并蓄，注重空间的人文含义，形成所谓"文脉主义"。这座历史古典主义办公室主体空间是方形，四边墙开有长条窗，屋顶是典型的古典斜坡山墙，山墙中间开着长条凹槽，体现出后现代主义设计效果。

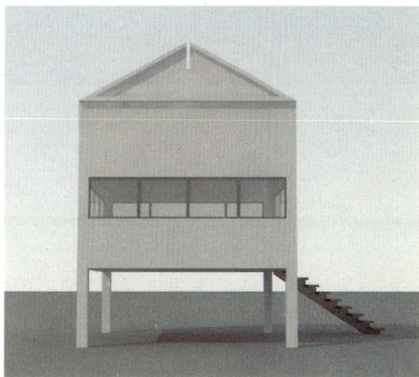

图15-46　新现代主义酒店空间　陈梅丽

这座新现代主义酒店空间设计使用后现代主义空间的设计形式，通过点、线、面和色彩的变化，把一系列高低起伏的圆柱体、四方体组合成一整体空间，其中多用夸张、变形、断裂、折射、叠加等手法，表现空间设计造型与装饰上的娱乐性，形成新现代主义空间新形态。

图15-47 高技派地铁站入口 吴瑞
高技派崇尚"机械美"，在室内暴露梁板、网架等结构构件以及风管、线缆等各种设备和管道，强调工艺技术与时代感，强调新时代的审美观应该考虑技术的决定因素，力求使高度工业技术接近人们习惯的生活方式和传统的美学观。这座高技派地铁站入口设计采用预制的装配化与标准化的黄色金属结构构件，支架与玻璃造型精美，富有创新感。

图15-48 解构主义办公楼 郭佳林
解构主义建筑空间是对传统与现代正统原则与正统标准的否定和批判，其设计语言的晦涩、无绝对权威，是个人的、非中心的，空间形式追求毫无关系的复杂性与爆炸性。这座解构主义办公楼整体空间无明确中心，空间形式追求复杂性与爆炸性。倾斜的三角形入口、"T"形接待与会议厅、曲体结合梯形的办公室等呈现晦涩、动感的空间构成，具有解构主义设计色彩。

图15-49 解构主义酒店空间 郭佳林
解构主义作品没有严格预定设计，具有很大的随意性，盖里等很多解构主义建筑家甚至连完整的工程图也没有，仅仅以草图和模型来设计，完全依靠电脑来归纳。这座解构主义酒店空间把楼体的屋顶、门窗及墙身在建筑的位置比例、空间的结构、材料及完整性上都作了割裂、分解、变形及置换等解构设计，酒店给人以模糊、移动及碎裂的新空间形象感受。

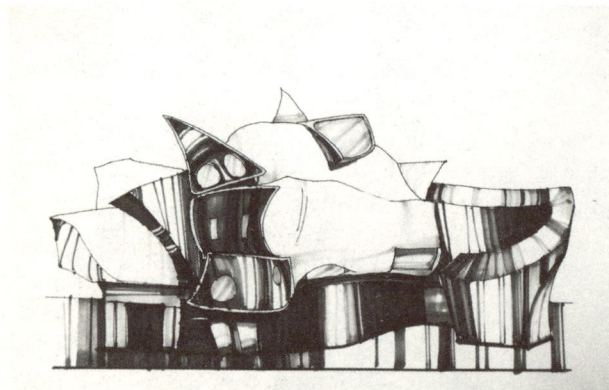

图15-50 解构主义展览馆 张宇宏
解构主义设计师对现代主义设计的单调形式和后现代主义历史风格的过分装饰化、商业化的形式皆不满意；他们对现代主义设计强调表现统一整体性和构成主义设计强调表现有序的结构感均持否定态度，认为设计应充分表现作品的局部特征。这座解构主义展览馆建筑在整体外观、立面墙壁、室内设计等方面，都追求各局部部件和立体空间的明显分离的效果及其独立特征，但相互分离的局部有着内在联系和严密的整体关系，并非是无序的杂乱拼合。

16

第十六讲
当代空间设计形式与风格的发展趋势

第十六讲
当代空间设计形式
与风格发展趋势

在经过了后现代设计思潮的洗礼，进入21世纪之后，世界当代设计已渐趋于丰富和平缓，没有一种流派占据主导地位，设计的发展开始进入到一个多元化时代。在这种多元化的背景之下，设计不再有统一的标准和固定的原则，进入了一个开放的、各种风格并存的、各种学科交汇融合的时代。当代空间设计极为多元化，观念、形态与手法纷纭复杂，很多作品非属于某一特定流派，而不同流派的内涵又经常相互交叉、重叠，不少作品兼具多个流派的特征。基于观察角度与研究方法的不同，研究者们常对流派进行不同甚至相互迥异的分类，无法对其进行全面的理解和表述。但总地说来，可以归纳出几个最主要的和最有影响的设计流派，如地域化设计、生态化设计、高技化设计、新现代主义设计、解构主义设计等。这些设计流派对当代空间设计形式与风格的形成有着十分重要的影响。

第一节　地域化空间设计形式与风格

一、地域化空间设计形式与风格的概念

不同的国家或民族，由于自然条件、社会条件和文化背景的差异，都形成与其他民族不同的价值观和审美观，因而也就必然形成与众不同的区域性的本土文化。全球化设计在某种程度上压抑了文化的民族性和地域性，反映在空间设计领域就是导致了不同城市中空间结构形态、形式风格的雷同和城市特色风貌的消逝，而空间地域化设计趋势被越来越多的人所向往。60年代起，随着第三世界在政治与经济上的独立与兴起，第三世界的"地方性"显得特别活跃，特别是在居住建筑空间方面。它们的建筑空间，无论是自己设计的，或外国人为它们设计的，大多从规划设计到空间形式都特别考虑到当地的气候与生活习惯，强调乡土味和民族化。它没有一成不变的规则和设计模式，而是在设计中尽量地使用地方材料和做法，表现出因地制宜的特色，这就使得整体风格上与当地的风土环境相融合，具有浓郁的乡土风味。近十多年来地域化的倾向越来越流行，各国与各地均有来自当地民族习惯的表现。具有地域化特色的结构形态的建筑空间鲜明地表达了尊重文化传统的倾向，很多设计师的最新作品都开始关注地域空间形态特色的问题。

空间设计的地域化是指设计上吸收本地的、民族的、民俗的风格以及本区域历史所遗留的种种文化痕迹。设计中可按功能空间设计的特殊需求吸取某时期地域文化和民俗及文物，

加以抽象和提炼而形成设计元素及符号，再运用到设计空间中。可提取的地域性因素包括：当地具有特征的自然山水、季节气候、人文建筑、民俗艺术、用材习惯、风土人情、礼仪文化、历史遗风及生活方式等。

二、地域化空间设计形式与风格的特征

1. 强调地方特色和民族化。地域化空间设计是一种强调地方特色、民族化、民俗风格和乡土味的设计创作倾向。它是在空间设计中运用地方特色和民族化的元素，运用传统美学法则结合现代设计形式及现代材料与结构的空间造型，产生出规整、端庄、典雅、高贵感的一种空间设计潮流。反映了世界进入后工业化时代的现代人的怀旧情绪和传统，设计师们纷纷到历史中去寻找灵感。

2. 现代材料、技术与传统概念结合。用现代材料和加工技术去追求传统样式的概念特征，同时室内设备是现代化的，保证了功能上使用舒适的要求。由于各个地方风格样式丰富多彩，因此该流派就没有严格的、一成不变的规则和确定的设计模式。设计时发挥的自由度较大，以反映某个地区的风格样式以及艺术特色为要旨。

3. 地方材料、做法与乡土概念结合。注意空间设计与当地风土环境的融合，从传统的建筑空间中吸收营养。设计中尽量使用地方材料、做法，表现出因地制宜的设计特色，因此具有浓郁的乡土风味。对历史样式用简化的手法，造型设计时不是仿古、复古，而是追求神似。

4. 用陈设艺术品来增强历史文脉。室内陈设艺术品强调地方特色和民俗特色，用室内陈设艺术品来增强历史文脉特色。新地方主义派的作品由于强调了因地制宜的设计原则，造价不高，空间艺术效果却别具一格，受到人们欢迎。

三、地域化空间设计形式与风格的代表作品

1. 上海世博会中国馆"东方之冠"

2011年上海世博会中国馆由国家馆、地区馆、港澳台馆组成。中国馆设计团队用"上善若水"来比喻绵延不绝的中华智慧。从第一展区"东方足迹"中《清明上河图》里的"汴河"，到第二展区"寻觅之旅"中的亭台水景，再到第三展区"低碳行动"中的"感悟之泉"，一路激荡人们的思绪，启迪人们探寻未来城市发展之路。其中，国家馆形如中国古代冠盖，名为"东方之冠"，它由中国设计师何镜堂设计创意，建筑面积16万平方米，其结构体系为钢框架剪力墙结构，所用钢材达2.3万吨。中间以四个混凝土核心筒作为主要的抗侧力及竖向承载体系，核心筒结构标高为68m。每个核心筒截面为18.6m×18.6m，相邻核心筒外边距约70m，内边距33m，屋顶边长为138m×138m，由地下一层、地上六层组成。

设计理念是东方之冠、鼎盛中华、天下粮仓、富庶百姓，以此表达中国文化的精神与气质。设计师从中国古代的"斗"和"鼎"等文化符号中获得了创作灵感。四根粗大的方柱托起斗状的主体建筑，斗冠由56根（象征56个民族）横梁借助斗拱下小上大的原理叠加而成。层叠出挑的斗拱形态概念凝聚中国元素，象征中国精神，形成了中国馆的"东方之冠"的构思主题。斗拱是我国传统木构架建筑构件，它悬挑出檐，层层叠加，将檐口的力均匀传递到柱子上，其目的是将檐口加大并富有美感。古代建筑斗拱挑出屋檐最多可以探出4米，而现代建筑用钢结构和混凝土，并将传统的曲线拉直，层层出挑，斗拱最短处就伸出了45米，最斜处伸长达49米，使主体造型显示出现代工程技术的力度美和结构美。中国国家馆的顶部平

面呈网格架构，这个设计灵感来自于中国古代城市棋盘式的布局，即所谓"九宫格"结构。

中国国家馆的造型还借鉴了夏商周时期鼎器文化的概念。鼎有四足，起支撑作用，鼎的四组巨柱造型传达出力量感和权威感，四组巨柱都是18.6m×18.6m，将上部展厅托起，形成21m净高的巨构空间，给人一种"振奋"的视觉效果，而挑出前倾的斗拱又能传达出一种"力量"的感觉。通过巨柱与斗拱的巧妙结合，将力合理分布，使整座建筑稳妥、大气、壮观，极富中国气派。中国馆的造型具有地域性特征，渐变的"中国红"的色彩，传达出喜庆、吉祥、欢乐、和谐的情感（见图16-1）。

中国国家馆顶层景观台使用最先进的太阳能板，储藏阳光并转化为电能，可实现中国馆照明全部自给；同时还有雨水收集处理系统，雨水通过净化后用于冲洗卫生间和车辆；地区馆表皮还设计有气候缓冲带，屋顶运用生态农业景观技术，土层覆盖达1.5米，节省能源在10%以上；在地区馆南侧大台阶水景观和南面的园林设计中，引入了小规模人工湿地技术，为城市局部提供生态化的景观。

地区馆水平展开，以舒展的平台基座的形态映衬国家馆，成为开放、柔性、亲民、层次丰富的城市广场。二者共同组成表达盛世大国主题的统一整体。地区馆展示中国31个省、市、自治区多民族的不同风采及城市建设成就。世博会后，国家馆将成为中华历史文化艺术的展示基地，地区馆将转型为标准展览场馆，和世博会主题馆一起，作为举办各类展览和活动的场所，并与周边的世博建筑共同打造以会议、展览、活动等功能为主的现代化服务业聚集区。

2. 苏州博物馆

苏州博物馆新馆建于2006年，是典型的地域性空间设计代表作品，由华裔设计师贝聿铭设计。贝聿铭针对苏州博物馆新馆地域特色提出"中而新、苏而新"、"不高不大不突出"、"修旧如旧"的设计原则。在整体布局上，新馆巧妙地借助水面，与紧邻的拙政园、忠王府融会贯通，成为其建筑空间风格的延伸，从而使苏州博物馆新馆成为一座集现代化馆舍建筑、古建筑与创新山水园林三位于一体的综合性博物馆。为充分尊重所

在地域街区的历史风貌，博物馆新馆采用地下一层，地面也是以一层为主，主体建筑檐口高度控制在6米之内；中央大厅和西部展厅安排了局部二层，高度16米。新馆建筑面积19000平方米，中央部分为入口、中央大厅和主庭院，西部为博物馆主展区，东部为次展区和行政办公区。主展区设有"吴地遗珍"、"吴塔国宝"、"吴中风雅"、"吴门书画"这4个富有苏州地方特色的系列常设展览。

　　新馆建筑空间将三角形作为突出的造型元素和结构特征，表现在建筑的各个细节之中。传统的坡顶飞檐翘角演变成了一种新的几何效果，在中央大厅和许多展厅中，屋顶的框架线由大小正方形和三角形构成，体现了错落有致的江南斜坡屋顶建筑地域特色。建筑构造采用玻璃、开放式钢结构，立体几何形框体内的金字塔形玻璃天窗的设计，突破了中国传统建筑"大屋顶"在采光方面的束缚。新馆建筑与创新的园艺是互相依托的，贝聿铭设计了一个主庭院和若干小内庭院，布局精巧。其中，中央大厅北部的主庭院是一座在古典园林元素基础上精心打造出的创意山水园，不仅使游客透过大堂玻璃可一睹江南水景特色，而且庭院衔接拙政园之补园，新旧园景融为一体。庭院由铺满鹅卵石的池塘、片石假山、直曲小桥、八角凉亭、竹林等组成；既不同于苏州传统园林，又不脱离中国人文气息和神韵（见图16-1至图16-7）。

3. 特吉巴奥文化中心

　　伦佐·皮亚诺于1937年生于意大利热那亚，1964年皮亚诺从米兰科技大学获得建筑学学位，他先是受雇于费城的路易斯·康工作室、伦敦的马考斯基工作室，其后在热那亚建立了自己的工作室。他作了一系列试验性的设计，始终偏爱开放式设计与自然光的效果。代表作品有巴黎的蓬皮杜中心、休斯顿博物馆和瑞士贝耶勒基金会博物馆、日本大阪湾关西机场候机楼、新卡里多尼亚的努美阿文化中心。1998年，皮亚诺荣获普利兹克建筑奖。

　　新卡里多尼亚的特吉巴奥文化中心（1993年）是卡那文化（Kanak Culture）的研究基地，由皮亚诺设计。这是一个古朴的村落，有自己的道路、草木和公共活动场所等，虽坐落在岸上却与海洋紧密相连。设计中皮亚诺通过煞费苦心地了解当地的习俗、信仰与审美情趣，赢得了对西方殖民控制戒心重重的土著长老们的支持。皮亚诺运用木材与不锈钢组合的结构形式继承了当地传统民居——篷屋的特色。文化中心的整体造型采用

图16-5　苏州博物馆新馆具有空间本身的独立性又与原有拙政园的建筑环境相互借景，无论空间布局还是空间形态无不延伸了苏州传统文化文脉。

图16-6　苏州博物馆新馆中央大厅屋顶的框架线由大小正方形和三角形构成，玻璃屋顶将自然光带进展区。苏州传统建筑木梁和木椽构架系统将被现代的开放式钢结构、木作和涂料组成的顶棚系统所取代。

图16-7　苏州博物馆新馆过道用金属遮阳片和怀旧的木作构架制造成屋顶，以便控制和过滤进入展区的太阳光线。过道屋顶玻璃、开放式钢结构构造突破了中国传统建筑"大屋顶"在采光方面的束缚，室内空间光线柔和，便于调控，以适宜博物馆展陈。

图16-8 特吉巴奥文化中心的总体规划借鉴了村落的布局，皮亚诺参照当地传统棚屋民居的结构特色，利用风压使建筑内部产生良好的自然通风，并以独特10个功能的不同圆形竹篓状单体造型依地势排列，形成"村落"形分布，棚屋大小不同，最高的达28m。皮亚诺的设计充分挖掘和利用当地的文化传统与自然资源，在被动式通风系统的设计、自然材料的选择、天然光线的利用等方面，通过高科技手段，达到了与自然的生态平衡。

图16-9 特吉巴奥文化中心所在地新卡里多尼亚是南太平洋的热带岛国，气候炎热潮湿，常年多风。皮亚诺在设计中巧妙地将棚屋状文化中心造型与自然通风结合，棚屋垂直方向上的木肋微微弯曲向上延伸，通过调节百叶的开合和不同方向上百叶的配合来控制室内气流，从而实现被动式自然通风，达到节约能源、减少污染的目的。

图16-10 特吉巴奥文化中心棚屋建筑外部材料均使用当地出产的木材，室内墙面装有百叶窗系统，通过调节百叶的开合和不同方向上百叶的配合来控制室内气流，从而实现被动式自然通风。同时，当地出产的木材及棚屋状造型充分表现了新卡里多尼亚热带岛国的地域特征。

长硬木，垂直方向上的木肋微微弯曲向上延伸，造型有些像未编织完成的竹篓，同时巧妙地将造型与自然通风结合，风吹过时产生轻悦的声音，简洁的形态与自然完全统一起来。文化中心的总体规划也借鉴了村落的布局，10个平面接近圆形豆荚状的结构单体顺着地势展开，内有收藏品、图书馆、咖啡馆、书店、会议室、演出空间和多媒体中心，根据功能的不同，设计者将他们分作三组并以低廊串连。文化中心的设计着重于考虑利用空气的自然流动，以及使用现代设计手法表达太平洋传统地域文化，并充分体现人类学家的重大贡献。皮亚诺注重建筑艺术、技术以及建筑地域环境的结合，他的建筑思想严谨而抒情，在对传统的继承和改造方面，大胆创新勇于突破，同时关注理想、人、建筑和环境完美的和谐，并以热诚的态度关注着建筑的可居住性与可持续发展性。特吉巴奥文化中心被美国《时代》周刊评为1998年十佳设计之一（见图16-8至图16-10）。

第二节 生态化空间设计形式与风格

一、生态化空间设计形式与风格的概念

人类生产力迅猛发展，在取得巨大成绩的同时，自然也面临着资源枯竭、环境污染、物种消亡等一系列问题，使得人类不得不进行反思和总结。大自然不是一个可以随意征服、随意改造的物质，它如同世界上其他物质一样有着自己的循环发展规律，人类社会的发展与自然界的发展地位是同等的。人类为了自己的明天，必须与大自然建立和谐共生的关系。1987年在联合国世界环境发展委员会就提出了"可持续发展"的概念，制定了"既满足当代人需要，又不对后代人满足其需要的能力构成危害的发展"的原则。

生态学是1869年由德国学者海格尔提出的一门关于研究有机体与环境之间相互关系的科学。它把传统的动植物研究扩展为人与环境之间的相互关系的研究。20世纪60年代以来，生态学迅速发展并与其他学科相互渗透，形成多种边缘学科。80年代末形成一股国际生态化设计潮流，简称3R设计，即减量化（Reduce）、再利用（Reuse）和再循环（Recycle）。其概念是：设计要与生态过程相协调，最少对环境产生破坏影响。设计尊重物种多样性，最少对资源剥夺，维持植物生存环境和动物栖息地的质量，维护生态平衡。生态设计选择资源循环运行的生产模式，通过可拆卸性、可回收性、可维护性、可重复利用性等一系列设计方法，延长产品使用周期，提高重复使用率，实现生产活动的生态化转向，提高资源利用率。生态化建筑空间设计就是生态学概念在空间规划和建筑空间领域的体现，它运用生态学中的共生与再生原则，在营造结合自然并具有良好生态循环的人居环境方面进行研究和实践。如麦克哈格的"设计结合自然"；罗马俱乐部的"增长极限"；西蒙兹的"大地景观"；荷夫的"城市形态和自然过程"、瑞典的"生态循环城"计划，日本的"大生态回廊都市构想"等。生态建筑是21世纪建筑设计发展的方向。空间设计

代表人物有意大利建筑师保罗·波多盖希和英国建筑师尼古拉斯·格雷姆肖，他们更关注自然形态对人们潜意识的影响，以及人造环境与自然形态在形式上或肌理上的相似性。

二、生态化空间设计形式与风格的特征

1. 与自然环境的结合和协作。生态化建筑设计是一种由生态伦理观、生态美学观共同驾驭的城市建筑发展观。其原则是注重与自然环境的结合和协作，使人的行为与自然环境的发展取得同等地位。

2. 因地制宜利用自然资源。要善于因地制宜地高效地利用自然资源；减少人工层次，更加注重自然环境设计，注重生态建筑的地方性；以自然生态原则为依据，探索人、建筑、自然三者之间的关系。它既要为人创造一个具有健康宜人的温度、湿度，清洁的空气，好的光环境、声环境及灵活开敞舒适的空间小环境，同时又要保护好周围的大环境——自然环境。

3. 创造自然与文化的融合。要创造自然与文化、美的形式与生态功能的真正全面的融合，设计师在环境空间生态设计中可用多种形式设计生物多样性，让自然元素和自然过程接近人们的生活，使人们生产、生活、自然和建筑的平衡发展达到天人合一的完美境界。

三、生态化空间设计形式与风格的代表作品

伊甸园全球植物展览馆。伊甸园全球植物展览馆由格雷姆肖建筑设计事务所担当设计。一连串晶莹剔透结合地形自由排布的玻璃穹隆被设计师格雷姆肖称为生物穹隆的玻璃体，自然而又充满动感，其形态让人联想到自然界很多的生物形态，而产生这种形态的设计构思则来源于对能源消耗和生态环境可持续循环的关注。伊甸园2001年建于英国康沃尔郡圣奥斯特尔附近的废旧　土矿坑里。它由7座穹顶状建筑连接组成，外形像巨大的昆虫复眼，尽可能地使室内空间伸展变化，纵向跨度长达240米。其中"潮湿热带馆"最大，占地近1.6万平方米，高55m，长200m，穹顶架由钢管构成，拼成尺寸9m大小的六角形，中间用半透明的ETFE四氟乙烯薄膜填充，重量只有玻璃的百分之一，并具有良好的保温性。整个伊甸园7个气泡有的相连，有的分开，散落在山谷之间。清晰的气泡相连，构成一组庞大的建筑空间。它们构成三个部分：室外生物群空间、雨林生物群空间和地中海生物群空间。伊甸园共栽种了100多万棵植物，品种多达5000余种，来自世界各个地方，其中不乏珍稀品种。这些植物能帮助调节室内的气候，当气温变得过热时，植物可以释放更多的水分来降低温度。各馆内除了植物之外，还放养各种适应不同生态区环境的鸟类、昆虫和爬行动物等，以帮助消灭害虫，控制生态。建筑师与园艺造景师们因地制宜，利用凹凸不平的地表，设计出瀑布、溪流、山径、热带住屋、农田，感觉在大自然的丛林中一样。他们还就地取材，将陶土矿的废弃物改良成适宜植物生长的土壤，充分显出这一建筑空间的生

图16-11　目前，伊甸园已经构建成为一个集旅游、娱乐、休闲、教育、艺术为一体的立体环保产业。它完全遵从了自然、环保、生态的原则，无论是温室土壤、内部气候调节还是园内循环，可以说它完全自成一个生态圈。在这个温室面积有35个足球场大、年游客超过100万的大型植物展览馆里，就像"伊甸园"的管理者所说的，"做到可持续发展，要时刻牢记'3R'原则，而在这其中，循环利用无疑是最重要的"。自然的形态是地球演化进程中上亿年优选的结果，人们应意识到自然形态的优越性。而仿生的自然形态建筑，不仅在表层形态表现上借鉴自然界事物的形象，更在深层结构中考虑人与自然共生、生态环境可持续发展的问题。建筑师们开始尝试用更加生态化的"建筑语言"表达对"未来时代的精神"的阐释。

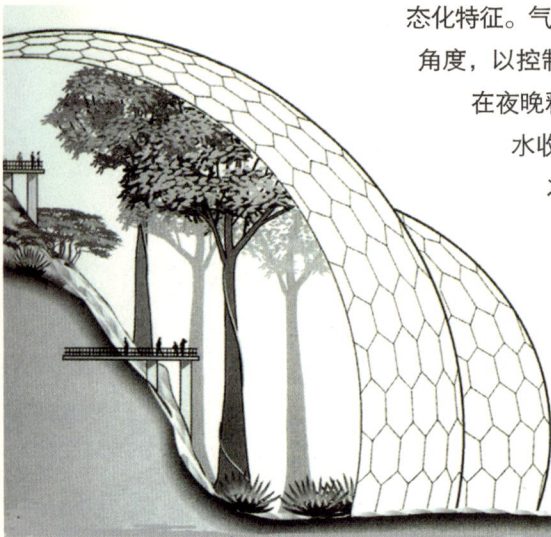

图16-12 格雷姆肖设计的伊甸园全球植物展览馆造型是一组结合地形自由排布的玻璃穹隆，这些生物形态的穹隆玻璃体，自然而又充满动感，这种形态的设计构思则来源于对能源消耗和生态环境可持续循环的关注。穹顶架由钢管构成，拼成尺寸9m大小的六角形，中间用半透明的ETFE四氟乙烯薄膜填充，具有良好的保温性。仿生的自然形态建筑，不仅在表层形态表现上借鉴自然界事物的形象，更在深层结构中考虑人与自然共生、生态环境可持续发展的问题。

态化特征。气泡温室的六角形电动天窗会自动根据室内外的气温微调开放角度，以控制室内的温度和湿度。温室的主要能量来源是太阳，能量板在夜晚释放热量以保持室内温度。另外，整个园内的垃圾处理、雨水收集灌溉、有机蔬果种植等，形成一个内部循环系统，再一次表现出伊甸园项目在生态、环保方面的杰出理念。尤其是伊甸园所创造的"变废为宝"，实现向周围环境废物"零排放"，可自行消化循环所有废物。伊甸园里办公和就餐用的餐桌椅都是用回收的废物循环制造的，商店里琳琅满目的商品，也大都来自于园内和外界的垃圾废物。矿山顶上还有风力发电机，可以说伊甸园本身就是一个节能环保的典范。

第三节　高技化空间设计形式与风格

一、高技化空间设计形式与风格的概念

高技化风格源于20世纪二三十年代的机器美学，反映了当时以机械为代表的技术特点。50年代，美国等发达国家要建造超高层的大楼，混凝土结构已无法达到其要求，于是开始使用钢结构，为减轻荷载，又大量采用玻璃。到70年代，工业社会急速发展，新材料、新技术不断涌现。设计师把航天材料和技术掺和在建筑技术之中，用金属结构、铝材、玻璃等技术结合起来构筑成一种新的建筑结构元素和视觉元素，逐渐形成一种成熟的建筑设计语言，因其技术含量高而被称为"高技派"。近年来，以节能和减少污染为主的生态观念成为重要议题，高技派建筑越来越从对技术形象的表现走向对地区文化、历史环境和生态平衡的重视。当代高技化空间设计代表实例为瑞士再保险大厦、"水立方"与罗斯太空中心等。

二、高技化空间设计形式与风格的特征

1. 强调工业时代材料特征。主张用最新的工业时代的材料来装配建筑，强调工业时代材料特征。如用高强钢、硬铝、塑料和各种化学制品来制造体量轻、用料少的建筑空间，采用恒温恒湿、建筑节能及太阳能源利用设施。

2. 强调结构形态的美学价值。推崇形态各异的技术结构体系，常采用对比、类推、共生、重复、秩序等结构形式来构成空间，如格雷姆肖的钢梁、钢索、桅杆的帆船式结构和独创的外张式幕墙系统，霍普金斯的帐篷结构，皮阿诺的单元式膜结构。把现代主义设计中的技术因素提炼出来，加以夸张处理，形成一种符号的效果，赋予工业结构、工业构造和机械部件一种新的美学价值和意义。

3. 强调夸张、暴露的造型手法。强调新技术与艺术性结合，以夸张、暴露的手法塑造空间形象，常常将建筑外部与内部空间暴露梁板、

网架等结构构件以及风管、线缆等各种设备和管道，强调工艺技术与时代感。有时将复杂的结构部件涂上鲜艳的色彩，以表现高科技时代的"机械美"、"时代美"、"精确美"。

4. 灵活地装拆与改建空间。擅长通过技术的合理性和空间的快速与灵活的装配，拆卸与改建的结构与房屋。

三、高技化空间设计形式与风格的代表作品

1. 瑞士再保险大厦。瑞士再保险大厦由诺曼·福斯特设计。诺曼·福斯特生于1935年，在曼彻斯特大学学习建筑学和城市规划。1961年毕业后获奖学金去耶鲁大学学习取得硕士学位，1963年开设自己的事务所。1983年获得皇家金质奖章，1990年被女王封为爵士。1994年获美国建筑师学会金质奖章，并获得190余项评奖，赢得50个国内及国际设计竞赛。1999年荣获第21届普利兹克建筑大奖。诺曼·福斯特被誉为"高技派"的代表人物。代表作品有瑞士再保险大厦、香港汇丰银行总部大楼、德国法兰克福的商业银行大楼。

瑞士再保险大厦位于伦敦圣玛丽斧街30号，于2004年落成，整个建筑共有42层，高度179米，总建筑面积为76400平方米，可容纳4000员工办公。建筑首两层为商场，首层设有三个大堂及延续到室外的2000平方米的公众广场和花园；2—15层属于瑞士再保险公司自用；16—34层供对外出租；大厦最顶的38—40层是360度的旋转餐厅和娱乐俱乐部。每层面积随曲线形状不断变化，从625平方米至1805平方米不等。整个建筑配有16部客梯、2部货梯和2部消防梯。这座大厦的设计借助了航空业设计软件，打破了传统办公建筑设计的"火柴盒"式结构，外形符合空气动力学，减少摩天楼带来的风洞效应。它圆弧形的设计，使底部和顶部渐渐收紧形成曲面，没有外墙与屋顶的区分，而是通过三角形、菱形的钢骨架巧妙地编织成了一个空间形体。特殊的形状和光滑的外墙材料，使得建筑四周局部风压变化均匀，也促进了外表面周围的空气流通，而螺旋上升式的连续中庭有效地捕捉自然对流，使得室内大量采用自然通风换气，从而大大降低空调费用，有效提高室内空间的环境质量。仅自然通风和自然采光两项，比传统建筑节约能源50％。建筑外墙还大量采用透明光学玻璃，减少反射玻璃的使用，最大程度地抑制对周围环境的光污染。且在不同方向开了6个采光井，使之最大程度地利用自然光线。双层玻璃幕墙之间的空腔，可以预冷预热空气；同时空腔中设置的电动感应百叶，可以随季节需要调节角度，吸收或反射阳光，可以有效降低采暖或制冷所耗能源。每层分设空调机房可以按需调整控制机械通风量，比传统的中央

图16-13 瑞士再保险大厦外观为圆弧形的设计，建筑底部和顶部渐渐收紧形成曲面，没有外墙与屋顶的区分，而是通过三角形、菱形的钢骨架巧妙地编织成了一个空间形体。曲线形在建筑周围对气流产生引导，使其和缓地通过，这样的气流被建筑边缘锯齿形布局的内庭幕墙上的可开启窗扇所"捕获"，帮助实现自然通风；曲线形建筑还可避免由于气流在高大建筑前受阻产生的强烈下旋气流和强风。

图16-14 瑞士再保险大厦的中央是巨大的圆柱形重力支撑，大楼表面由双层低反光玻璃作外场，减少过热的阳光。大厦里面有六个三角天井用来增加自然光的射入，新鲜空气可以利用每层旋转的楼层空位，通遍全座大楼。
图16-15 瑞士再保险大厦室内配备有由电脑控制的百叶窗；楼外安装有天气传感系统，可以监测气温、风速和光照强度。大厦在场址规划的可持续性，保护水质和节水，能效和可再生能源，节约材料和资源，室内环境质量等方面都获得优越的高科技设计效果。

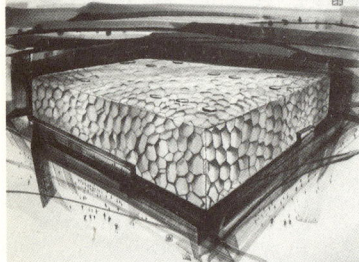

图16-16 "水立方"是典型的外柔内刚型建筑。外部只看到充气薄膜，好像弱不禁风，而支撑这些薄膜的是坚实的钢结构，里面观众看台和室内建筑物为钢筋混凝土结构。"水立方"的墙壁和天花板由1.2万个承重节点连接起来的网状钢管组成，这些节点均匀地分担着建筑物的重量，使其坚固得足以经受住北京最强的地震。"水立方"的地下部分是钢筋混凝土结构，在浇筑混凝土的时候，在每根钢柱的位置都设置了预埋件(上部为钢块)，钢结构的钢柱与这些预埋件牢固地焊接在一起，就这样，地上部分的钢结构与地下部分的钢筋混凝土结构形成一个牢固的整体。正是靠着优越的结构形式和良好的整体性，"水立方"才拥有了"过硬的身体"，达到了抗震8级烈度的标准。

图16-17 "水立方"以水为设计概念，不仅利用水的装饰作用，还利用其独特的微观结构。"方盒子"上面布满了酷似水分子结构的几何形状，表面覆盖的ETFE膜赋予了建筑冰晶状的外貌，使轮廓和外观柔和，水的神韵在建筑中得到了完美的体现。它体现了诸多科技和环保特点，如合理组织自然通风、循环水系统的合理开发、高科技建筑材料的广泛应用，把室外空气引入池水表面、带孔的终点池岸等。

图16-18 "水立方"的内部是一个多层楼建筑，对称排列的大看台视野开阔，馆内乳白色的建筑与碧蓝的水池相映成趣。ETFE膜是一种透明膜，能为场馆内带来更多的自然光。

机房具有更大的灵活性，有效地节约能源（见图16-13至图16-15）。

2. 中国国家游泳中心。中国国家游泳中心，又称"水立方"（$[H2O]^3$）的设计方案，是2004年—2008年经全球设计竞赛产生的方案。该方案由中国建筑工程总公司、澳大利亚PTW建筑师事务所、ARUP澳大利亚有限公司联合设计。设计体现出 $[H2O]^3$（"水立方"）的设计理念，融建筑设计与结构设计于一体。国家游泳中心拥有4000个永久座席、2000个可拆除座椅、11000个临时座椅，建筑面积79532平方米。"水立方"建筑造型的结构体系基于三维空间的分割模型，此结构模型在自然界中普遍存在，例如细胞组织单元的基本排列形式、水晶的矿物机构，以及肥皂沫的天然构造。水在泡沫形态下的微观分子结构经过数学理论的推演，设计师将水泡的结构放大到建筑结构的尺度而形成"水立方"建筑造型。这种独特的结构设计使得"水立方"几乎经得起任何地震的袭击。这个湛蓝色的水分子建筑与基地东面"阳刚"的国家体育场"鸟巢"一起体现了中国建筑"天圆地方"的理念。这两个建筑一圆一方，一个阳刚，一个阴柔，在视觉上极具冲击力。

"水立方"是高科技节能环保型的建筑，其墙体和屋顶为新型多面体钢架结构，外墙和里层由3000多个大小不一、形状各异的ETFE膜结构"气枕"组成，最大一个达到9平方米多，最小的一个不足1平方米，总面积达10万平方米。这种设计不仅大大降低了屋顶和外墙的重量，而且充分体现了绿色和科技的主题。"水立方"气枕的外层膜上都镀着密度不等的小镀点，这些分布在ETFE膜上的上亿个镀点，可以改变光线的方向，把刺眼的光线和多余的热量挡在场馆之外，起到隔热散光、控制膜的透光度的效果。ETFE膜结构已有十几年的应用历史，这种材料耐腐蚀性、保温性俱佳，自清洁能力强。由于这种膜材具有的卓越性能，它几乎能适应一切从开放式、半开放式直到完全封闭的、需要"透明"的场合。游泳池内的水将由太阳能加热，泳池的双重过滤装置可实现水的再利用，就连多余的雨水也将被收集和储存在地下的水池中。08年奥运会赛后，国家游泳中心将被改造成为"以水为特色，以体为本体"，以"运动培训、文化娱乐、健身休闲"为一体的多功能国际化时尚中心（见图16-16至图16-18）。

3. 美国自然历史博物馆罗斯地球与太空中心。美国自然历史博物馆内的罗斯太空中心由波尔舍克事务所设计，2001年2月对公众开放。罗斯太空中心是目前世界上最大的宇宙教育和科研场所，占地面积约3万平方米。该博物馆之收藏与研究主题为"人类与自然的对话"，致力于探索人类文化、自然世界与天体宇宙。集中了人类所掌握的所有关于宇宙起源、进化、大小和年纪的知识和实物标本。罗斯太空中心有最先进的文化设施，不仅能把宇宙的发展过程逼真地再现出来，还能即时展现正在太空飞

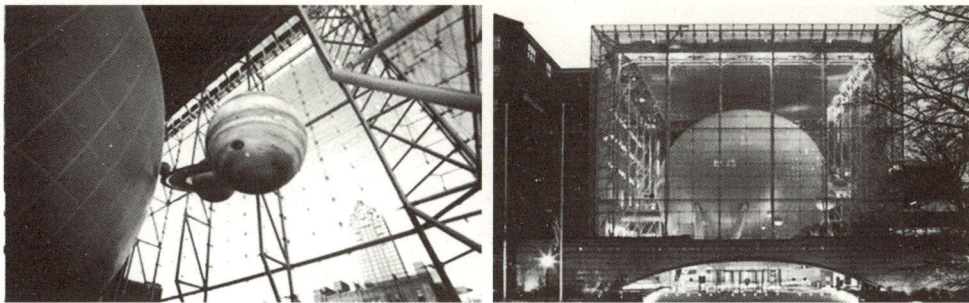

图16-19 美国国家
历史博物馆罗斯地球
与太空中心
图16-20 美国国家
历史博物馆罗斯地球
与太空中心

行的太空梭和卫星看到的最新情况。

该馆的建筑师詹姆斯·斯图尔特·波尔舍克的设计构想为"宇宙大教堂"。他把一个金属球放在六层楼高、由透明的玻璃体构成的立方体建筑中央，26.5m直径的铝质球体在灯光照耀下仿佛在太空中飘逸、悬浮。这个"海登天体运转模型"是一个天文学的典型标志，放映360度宇宙剧场，立方体玻璃帷幕墙由晶莹剔透、铁质含量很低的玻璃所制成，整个建筑表现出高科技的建筑材料与结构体系。空间的安排与设计配合博物馆展示主题，大小球体的设置象征星球，说明宇宙的形成与相互关系。动线规划与展示主题密切配合，参观该中心有如漫步于太空中。在这里，重力仿佛消失了，人们提前亲身体验着在未来太空漫步的新奇与神秘访客在空间中探索经历宇宙的奥妙与惊奇，有如朝圣者走进中世纪大教堂中所感受到的震撼与敬畏。随着对未来宇宙太空探索的不断深化，建筑师们也在思考具有浓重的未来太空科幻氛围、适应未来太空生存需要的建筑形态（见图16-19、图16-20）。

第四节 新现代主义空间设计形式与风格

一、新现代主义空间设计形式与风格的概念

从20世纪中期开始，现代主义建筑给城市带来许多新的问题，主要表现于排斥传统、民族性、地域性和个性的所谓国际式风格。它的不要装饰的光、平、简、秃的千篇一律造成的单调的方盒子外貌，引起了人们的不满。随着战后标新立异的消费主义抬头以及人们对文化多元倾向的追求，反映到建筑上，就是对建筑的多元化探索。20世纪末以来，世界建筑空间设计呈现多元化的局面，经过后现代主义的冲击，现代主义仍坚持理性和功能化，并逐步完善形成了新现代主义。新现代主义继续发扬现代主义理性、功能的本质精神，但对其冷漠单调的形象进行不断的修正和改良，突破早期现代主义排斥装饰的极端做法，而走向一个肯定装饰的、多风格的、多元化的新阶段，同时随着科技的不断进步，在装饰语言上更关注新材料的特质表现和技术构造细节，而且在设计上更强调作品与人文环境和生态环境的关系。主张建筑应包含自然生态环境，强调建筑空间与人和自然的和谐关系。

二、新现代主义空间设计形式与风格的特征

1. 贝聿铭、西萨·佩里、保罗·鲁道夫、爱德华·巴恩斯等"新现代主义"设计师们一方面继续采用现代主义的简单、明确、功能主义的方式，同时也进行了各种不同的个人诠释。

2. 现代主义一直强调功能、结构和形式的完整性，极端排斥装饰，而新现代主义肯定装饰的、多风格的、多元化的设计。

图16-21 大剧院主体建筑外环绕人工湖，大剧院建筑屋面呈半椭圆形，由钛金属覆盖，壳体结构上，安装有506盏"蘑菇灯"。大剧院造型新颖、前卫，构思独特，是传统与现代、浪漫与现实的结合。安德鲁这样形容他的作品："一个简单的'鸡蛋壳'，里面孕育着生命。这就是我的设计灵魂：外壳、生命和开放。"

图16-22 椭球形屋面前后两侧有两个类似三角形的玻璃幕墙切面。大剧院内有四个剧场，中间为歌剧院，东侧为音乐厅，西侧为戏剧场，南门西侧是小剧场，四个剧场既完全独立又可通过空中走廊相互连通。本图公共大厅的地板铺着20多种名贵石材，天花板由名贵红色木材拼贴，墙面丝绸铺设面积达到4000平方米。

图16-23、图16-24 大剧院内，除了三大专业剧场和一个试验小剧场以外，还设有水下长廊、展厅、橄榄厅、图书资料中心、新闻发布厅、天台活动区、纪念品店、咖啡厅等活动区域。图为歌剧院屋顶平台大休息厅。

3. 在装饰语言上更关注新材料的特质表现和技术构造细节。

4. 更强调作品与人文环境和生态环境的关系。注重地域民族的内在传统精神表达。

三、新现代主义空间设计形式与风格的代表作品

1. 中国国家大剧院。中国国家大剧院由保罗·安德鲁设计，保罗·安德鲁1938年生于法国，1961年毕业于法国高等工科学校，1963年毕业于法国道桥学院，1968年毕业于巴黎美术学院。他29岁的时候，设计了圆形的巴黎戴高乐机场候机楼。从此，作为巴黎机场公司的首席建筑师，他在世界上有50余座机场的设计经验。他设计了尼斯、雅加达、开罗、上海等国际机场，他参与过许多大型项目的建设，像巴黎拉德方斯地区的大拱门、英法跨海隧道的法方终点站等。他在中国的几个建筑作品是：国家大剧院、上海东方艺术中心、广州新体育馆、上海新浦东机场、三亚机场、成都市新政府中心等。

国家大剧院工程位于北京人民大会堂西侧，总建筑面积149520平方米，总投资额26.88亿人民币。建筑外部围护钢结构壳体呈半椭球形，扣在方形的水面上，表现"天圆地方"的概念。其平面投影东西方向长轴长度为212.20米，南北方向短轴长度为143.64米，高46.68米，比人民大会堂略低3.32米。但其实际高度要比人民大会堂高很多，因为其60%的建筑在地下，地下的高度有10层楼那么高。椭球形屋面主要采用钛金属板饰面，中部为渐开式玻璃幕墙。椭球壳体外环绕人工湖，湖面面积达35500平方米，各种通道和入口都设在水面下。安德鲁认为这个建筑跟周围很多环境能够很好结合，在跟人民大会堂配合的问题上，两者"正在创造连续和分裂，但不会引起冲突"，一个时代有一个时代的建筑，如果一个城市永远按过去的样子故步自封，就看不到前途了。

国家大剧院建筑的内外空间是一层一层套在一起的，形成协调而整体的空间。大剧院内部主体建筑由2416个坐席的歌剧院、2017个坐席的音乐厅、1040个坐席的戏剧院、556个坐席的小剧场、公共大厅及配套用房组成。各剧院都设有化妆间、指挥休息间、练琴房、演员候场区、换装间、服装整烫间、道具间、演员休息厅。舞台技术用房设有音响控制室、

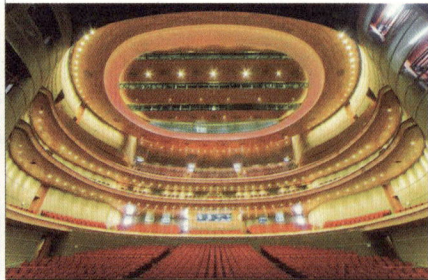

灯光控制室、调光器设备间、音响设备室、摄像机房等。在歌剧院的屋顶平台设有大休息厅，在音乐厅的屋顶平台设有图书和音像资料厅，在戏剧场屋顶平台设有新闻发布厅。大剧院共有五个排练厅，位于四个剧场之间，可以共用也可以分别使用。一个大排练厅主要用于合成排练；两个中排练厅一个主要用于舞蹈排练，一个用于乐队排练；两个小排练厅主要用于分部排练。大剧院设有集中音像制作中心，有大录音棚一间、同期录音演播室一间，以及电视转播机房和音像后期制作室。大剧院设有一间大绘景间，设置布景吊挂和绘景设备，还设有布景、道具整修间和布景仓库，以及为集装箱运输用的升降平台2台。

公共活动空间像个城市，有许多街区游览散步，还有展览厅、文化商场、咖啡厅设施。安德鲁说："4个剧院应各有特色，不能千篇一律，更不能都像会议大厅。4个剧院之外的空间、走廊等，应称作是'第5剧院'，也要有特色和魅力。"对戏剧院的设计，他考虑到主要将上演中国的国粹———京剧，因此在内部装饰材料的质地和颜色的选择上、在整体设计上，刻意追求了与京剧的服装、脸谱等相适应的气氛；而歌剧院的功能主要是歌剧和芭蕾舞剧，对环境的要求又有不同（见图16-21至图16-24）。

歌剧院以金色为主色调。观众厅设有池座一层和楼座三层，有具备推、拉、升、降、转功能的先进舞台、可倾斜的芭蕾舞台板、可容纳三管乐队的升降乐池。墙面上安装了弧形的金属网，形成了视觉的弧形和听觉空间的多边形，做到了建筑声学和剧场美学的完美结合，其混响时间为1.6秒，符合歌剧及舞剧等的演出要求。

2. 北京央视新大楼。北京央视新大楼由荷兰大都会建筑事物所(OMA)首席设计师库哈斯设计。1946年**库哈斯**生于荷兰鹿特丹，19岁担任报纸记者，1968年，赴伦敦著名的建筑协会学院学习建筑，而后再赴美国康奈尔大学继续深造。在美期间，他开始了对纽约的"大都会"研究，并于1978年出版了《癫狂的纽约———一部曼哈顿的回溯性的宣言》，引领 "大都会建筑运动"，从此开启用社会学研究建筑与城市的学术道路。1975年，他与艾利娅·曾格荷里斯、扎哈·哈迪德创立了荷兰大都会建筑事务所(Office For Metropolitan Architecture，简称为OMA)； 2000年5月，库哈斯因对建筑承上启下的历史影响而被授予被喻为 "建筑诺贝尔奖"的普利兹克建筑奖。目前，库哈斯是OMA的首席设计师、哈佛大学教授。最近，他又成立了建筑研究机构AMO以研究OMA。1995年出版的《小、中、大、超大(S，M，L，XL)》和2001年出版的《大跃进(Great Leap Forward)》两本百科全书般的巨著奠定了库哈斯作为 "我们这个时代最伟大的思想家之一"的学术地位。2004年出版的《Content》，则是将其最新的建筑与城市研究成果，运用大量的漫画、拼贴、翻拍复制、地图图表分析等波普艺术设计手法，以杂志的排版和结构呈现出来，他甚至还加插广告，欲以减低成本低价销售让这本学术专著成为畅销书。2002年，库哈斯第一次进入中国市场，参加北京新CCTV总部设计竞标，新CCTV在引起广泛争议的同时，也让库哈斯在中国的名声达到了顶峰。2004年他接

图16-25　北京央视新大楼主楼的两座塔楼双向内倾斜6度，在163米以上由"L"形悬臂结构连为一体。大楼外面由大面积双银低辐射安全玻璃窗与菱形钢网格结合而成，作为大楼主体架构，这些菱形钢网格暴露在建筑最外面，压力能沿着系统传递下去，并找到导入地面的最佳路径。北京央视新大楼被称为突破常规的造型和"挑战地球引力"的结构。这样一种回旋式结构在建筑界还没有现成的施工规范可循，这种结构是对建筑界传统观念的一次挑战。

到了北京西单图书大厦工程的设计任务。

中国中央电视台(CCTV)位于北京新兴的CBD区(中央商务区)的300幢高楼大厦之中。包括三个部分：中央电视台主楼（CCTV）、电视文化中心（TVCC）和服务楼。总建筑面积约55万平方米，最高建筑约230米，工程建安总投资约50亿元人民币。主楼突破了摩天楼常规的竖向特征，两个塔楼从一个共同的平台升起，就像两个倒"L"斜靠在一起。整体扭曲，上部悬空汇合，外形总体形成一个闭合的环，被称为突破常规的造型和"挑战地球引力"的结构。这样一种回旋式结构在建筑界还没有现成的施工规范可循，这种结构是对建筑界传统观念的一次挑战。央视大楼的结构是由许多个不规则的菱形渔网状金属脚手架构成的。这些脚手架构成的菱形看似大小不一，没有规律，但实际上却经过精密计算。由于大楼的不规则设计造成楼体各部分的受力有很大差异，这些菱形块就成为了调节受力的工具。

主楼功能空间分为行政管理区、综合业务区、新闻制播区、播送区、节目制作区等五个区域，另有服务设施及基础设施用房，总建筑面积约为38万平方米。电视文化中心主要包括电视剧场、录音棚、文化酒店、新闻发布大厅、数字影院、大型视听室、展览区、多功能厅等设施，它们通过地下走廊与央视主楼连接，总建筑面积约为6万平方米（见图16-25）。

3. 广东省博物馆新馆。广东省博物馆新馆，由香港设计师严迅奇设计，其主要作品包括北京"长城脚下的公社"、天津国际展览中心、香港会议及展览中心、香港新机场中环机场大厅、北京希尔顿酒店、博鳌蓝色海岸等。广东省博物馆新馆位于广州市珠江新城文化艺术广场，与广州歌剧院为邻，形成一圆润一方正的对比。新馆总占地面积41027平方米，总建筑面积63128平方米，地下一层，地上五层，建筑总高度43米。主要配置有展馆、藏品保藏系统、教育服务设施、业务科研设施以及安防、公共服务、综合管理系统等。展馆分为历史馆、自然馆、艺术馆和临展馆四大部分。新馆设计意念为表达中国传统文化中的宝盒、象牙球、玉碗、铜鼎等意象，"装载珍品的容器"的意象与建筑造型结合比较自然。造型与相邻的广州歌剧院的形体关系处理为对比关系，有强烈的标志性。博物馆的空间内部功能层层相扣，展厅、回廊、中庭与整体结构紧密结合，由内向外逐层展开，展厅和后勤服务等功能区实现视觉上和实质上的分离，功能流线自然而生，使形式和功能形成统一的有机整体。博物馆建筑外墙材料采用拉丝和穿孔金属板材、玻璃和饰面屏风相结合，利用金属的黑灰色与内凹处的大红色形成对比，隐约显露中国特色。通过外墙立面的雕刻处理及中庭的采光，展馆的自然光问题得到了合理的解决，外墙内凹和外凸部分错落有致，结合照明，使象牙雕的镂空样式得到体现。

广东省博新馆设计采用钢筋混凝土剪力

图16-26 广东省博物馆新馆建筑主体外观呈方正盒形，寓意"盛载珍品的容器"；空间组织概念则源于广东传统的工艺品象牙球，将展厅及各功能用房组成一个有机的整体。建筑最大的特点是采用巨型屋面悬吊式钢桁架结构。博物馆建筑外墙材料采用拉丝和穿孔金属板材，与玻璃和饰面屏风相结合，利用金属的黑灰色与内凹处的大红色形成对比，隐约显露中国特色。外墙内凹和外凸部分错落有致，结合照明，使象牙雕的镂空样式得到体现。

墙与钢桁架悬吊结构体系，在巨型钢筋混凝土筒体上端，外悬出21米大型空间钢桁架，悬吊地上2—3层楼面。悬吊建筑结构将使整个展馆更宽敞宏大，空间的利用更经济。新馆内还将铺设玻璃通道，悬跨在中庭上空，让观众们在移步换景中产生独特的空间感受。利用大型屋顶桁架悬挂下面各层楼板，最大限度地解决了首层的支撑问题，为入口及城市赢得了通透的公共空间（见图16-26至图16-30）。

第五节 解构主义空间设计形式与风格

一、解构主义空间设计形式与风格的概念

解构主义早在1967年前后就已经被哲学家贾克·德里达提出来了，但是作为一种设计风格的形成，是在80年代晚期开始的后现代建筑的发展，是后现代时期的设计探索形式之一。当代解构主义空间设计师们已经是完全拒绝传统建筑，他们探求"反形式""反美学"，用一种新的语言来表达设计理念。它的特别之处是用非线性和非欧几里得几何空间形态设计，在空间结构和形态上形成建筑空间元素之间关系的变形与移位。现在电脑辅助设计与立体模型已成为当代解构主义建筑空间设计的重要工具，空间形态创意立体模型及动画协助设计师表现复杂的空间构想。扎哈·哈迪德成为当代解构主义空间设计代表人物。

二、解构主义空间设计形式与风格的特征

1. 否定正统原则与正统标准。解构主义建筑是对于正统原则与正统标准的否定和批判，一切传统的、既定的概念范畴和分类法都是解构的对象。

2. 非欧几里得几何空间形态。非欧几里得几何空间形态是一种弯曲空间中的几何学，而欧几里得几何学是平坦空间的几何学。解构主义空间设计表现出非欧几里得几何空间形态设计语言的多元、恒变、无预定设计特征，很多解构主义建筑家仅以草图和模型来设计，完全依靠电脑来归纳。设计不追求绝对权威和设计语言的晦涩、随意性、个人性、表现性、多

图16-27　广东省博物馆新馆被称为"月光宝盒"，其造型仿佛一件雕通的宝盒，馆内大厅内部空间气势博大，各空间功能层层相扣，展厅、回廊、中庭与整体结构紧密结合，由内向外逐层展开，利用虚实变换的隔断吸引观众层层而进，功能流线自然而生，使形式和功能形成统一的有机整体。

图16-28　广东省博物馆新馆的中庭与回廊之间，计划设置半透明的网状墙，既起到隔离、分层的作用，又有通透感。

图16-29　广东省博物馆新馆立足于"从世界看广东，从广东看世界"的历史视野和文化广角，把握岭南文化的主脉，博物馆分为"历史篇展厅"、"艺术篇展厅"、"自然篇展厅"三大基本陈列展览板块。本图为艺术篇展厅，它以馆藏文物为依托，兼顾馆藏优势和地方特色，由《翰墨流芳——馆藏历代书法展览》《土火之艺——馆藏历代陶瓷展览》《紫石凝英——馆藏端砚精品展览》《漆木精华——潮州木雕艺术展览》四大展览组成。

图16-30　"古生物馆"和"海洋世界"最具奇幻色彩。为了展示巨型恐龙标本，部分展厅横跨了三楼至四楼的空间，高达22米。恐龙骨架的上方，吊挂着由数百条钢线牵引的鲸鱼和海豚标本。这些标本中包括十几米长的须鲸骨标本、海百合化石等。

元及模糊性；追求几何空间的复杂化、非同一化的、破碎的、凌乱的建筑空间特征。

3. 空间用打散重构形式。解构主义的实质是对结构主义的破坏和分解，具有设计的实验性，空间设计采用打散重构的形式，运用现代主义词汇，却从逻辑上否定传统的基本设计原则。

4. 非线性空间设计。解构主义建筑设计通过非线性设计的过程，在空间形态设计中，建筑师用大量倾倒、扭转、弯曲、波浪等动态的形体，造出散乱失稳的空间形态感觉。线性，指量与量之间按比例、成直线的关系，在空间和时间上代表规则和光滑的运动，而非线性则指不按比例、不成直线的关系，代表不规则的运动和突变。线性关系是互不相干的独立关系，而非线性则是相互作用，而正是这种相互作用，使得整体不再是简单地等于部分之和，即：1+1不等于2。

三、解构主义空间设计形式与风格的代表人物与代表作品

1. 扎哈·哈迪德。当今的扎哈·哈迪德是建筑界的一个传奇。有人说她是疯子，有人说她是异端人物，当然还有人说她是特立独行的建筑大师。无论如何，哈迪德被誉为当今世界上最优秀的"解构主义大师"。普利兹克奖评委之一、美国建筑资深评论家艾达·路易丝·赫克斯特布尔称：哈迪德改变了人们对空间的看法和感受，空间在哈迪德手中就像橡胶泥一样，任由她改变外形：地板落差极大，墙壁倾斜，天花高吊，内外不分……

扎哈·哈迪德1950年出生于伊拉克的巴格达，1972年进入伦敦的建筑联盟学院（AA）学习建筑学，获得硕士学位。此后加入大都会建筑事务所，与雷姆·库哈斯和埃利亚·增西利斯一道执教于AA建筑学院。后来在AA成立了自己的工作室，直到1987年，现在伦敦工作。她的建筑设计想象丰富，不仅有理论，而且有实践，这使她成为世界上最出名的女建筑师。在1980年前后，她的富于想象和充满活力的设计，赢得了评论界的赞扬和建筑奖，但这些设计体现了激进的美学观点，设计富于动感和现代气息，有挑战性的工程要求，充满了激情与创新。但她的设计很少实施建造，被称为"纸上建筑师"，这种状况一直到90年代末才有了改观。2004年扎哈·哈迪德获得了"普利兹克奖"之后，大量的建筑业务向她涌来。扎哈·哈蒂德最优秀最著名的工程是：德国的维特拉消防站和位于莱茵河畔威尔城的州园艺展览馆（1993/1999）、法国斯特拉斯堡的电车站和停车场（2001）、奥地利因斯布鲁克的滑雪台(2002)、美国辛辛那提的当代艺术中心（2003）、德国的"宝马中心大楼"以及为2012奥运会服务的"伦敦水上运动中心"。中国北京SOHO城的总体设计和广州歌剧院的设计也是扎哈·哈蒂德的创作。

对扎哈最直接的影响仍是伦敦的建筑联盟学院（AA），它堪称是全世界的建筑实验中心。学院的多位师生勇于作为全新的现代主义者，尝试为现代性提出新视点。他们将多向度透视、快速移动而强烈的造型和科

图16-31　广州歌剧院建筑"圆润双砾"既像两块被水冲击的砾石，又呈不规则沙漠形状，浑厚有力。非几何形体的建造空间在当今的建筑设计上是一种潮流，具有超前的理念，是城市空间的创新亮点。它形成了与城市之间各种流线的接驳关系及建筑内部与周边建筑环境的呼应关系。在建筑形态上，标志性十分突出，并有未来感。广州大剧院幕墙上一万多块三角形的花岗岩，玻璃没有一块是重复的，形状、角度、单双曲面全部要分片分面定做，再一一装上，拼装玻璃与石材时甚至需要GPS定位，不能出现毫厘之差。内部看不见承重柱，所有柱和棱都是斜的，外墙靠无数个三角形互相分散重量。

技性的架构整合为意象，这些意象的表现
乃是描述多于定义。扎哈·哈迪德的现代
主义模式是信仰新的结构方式、新视点与
重新诠释现代主义的现实性。她认为我们
己进入一个新世界，但仍延用旧视点，唯
有真正张开眼睛、耳朵或心灵来感知自己
的存在，如此我们才会得到真正的自由。
要将新的认知转化为现存造型的重组，这
些新的形体成为新现实的原型，借由新方
式重现新事物，我们可建立新世界并居住

其中。扎哈并未发明新的构造或技术，却以新的诠释方法创造了一个新世
界。以拆解题材和物件的方式，找出现代主义的根，塑造了全新的景观。
她的建筑始终含有原创的、强烈的个性视觉和碎片几何结构和液体流动
性。她采用盘旋手法，盘绕元素一再出现于扎哈的作品中，提醒人注意原
野如何越过山丘，洞穴如何开展，河流如何蜿蜒，山峰如何指引方向。她
从基地找出要运用的空间语汇，结合机能与空间逻辑，把建筑形态蜿蜒至
基地景观内。扎哈·哈迪德说："我自己也不晓得下一个建筑物将会是什
么样子，我不断尝试各种媒体的变数，重新发明每一件事物。"

2．广州歌剧院。广州歌剧院，又名"圆润双砾"，由建筑师扎
哈·哈迪德设计，位于珠江新城中心区南部。总占地面积约42000平方
米，总建筑面积约70000平方米，包括歌剧厅36400平方米、多功能剧场
7400平方米、其他配套建筑26100平方米。歌剧院设计组织方排除了忠实
表现歌剧院功能性和逻辑性及空间外观和造型平淡中庸缺乏动感的设计方
式。哈迪德沿袭了她在建筑元素里追求真正自由的设计理念和流线型设计
手法，将景观元素渗透到建筑形体和空间中，以动态的建筑空间和形式、
模糊边界的手法形成功能交织，使建筑和城市景观融合共生。广州歌剧院
外部地形设计成跌宕起伏的"沙漠"形状，与周边高楼林立的现代都市形
象构成鲜明的对比。歌剧院建筑空间主体外形为非几何形体、非规则的外
形设计，设计融合了粗犷主义和解构主义隐喻性及动态构成设计手法。主
体建筑造型自然、粗野，为灰黑色调的"双砾"，它隐喻由珠江河畔的流

图16-32　广州歌剧院和周围的人文景观
以及公共场地融为一体，让人们在进出大
剧院时感觉剧场内外宛然一体，与自然环
境协调。弧形体量主体建筑围合成一个连
续室外空间，并从广场引入台阶和绿化，
加强了这个空间与广场的视觉联系。两侧
庭院成为良好的露天展示及交流活动的场
所，民众可自由地拾级而上，直接通过两
侧庭院进入三层公共艺术主题区域，形成
公共开放空间的延续和高潮。

图16-33　广州歌剧院入口大厅弧形体量
三层平面主要布置有艺术展廊、艺术商
店、艺术书店、表演艺术研究交流部和空
中咖啡廊等高品位的文化艺术休闲设施。

图16-34　广州歌剧院1800席位的表演
大厅中，除有"品"字形舞台以及双手环
抱形观众席外，还有4000多盏小灯连缀
而成的天花板照明设备，点亮时犹如满天
星。与一般的矩形平面、钟形等平面设计
不同，广州歌剧院的观众厅设计采用多边
形，产生独特的"行云流水"般艺术效
果，为演员营造了一种围和感和亲密感。
观众厅池座两侧的升起部分和楼座挑台交
错重迭，看台犹如"双手环抱"，避免了
回声的干扰，内墙的形状和角度有利于提
供侧向反射声。乐池改成倒"八"字形，
增加台上演员和乐池演奏者的沟通。歌剧
场采用国际上常用的"品"字形舞台的工
艺布置形式。观众席分为三层，所有座椅
颜色渐层的变化。

图16-35 广州歌剧院400座的多功能厅位于"小石头"内,具有独立的辅助及后台设施,兼顾室内乐、小型话剧、曲艺、新闻发布和演员排练等多功能使用要求,还可以放映小型电影,举行时装表演等。剧场舞台、布景及观众座位均可移动,可根据演出需要自由改造场地,不但可以举行多种类型的文艺演出,小剧场还是国际上为数不多的适合上演"黑匣子"剧的剧场之一(黑匣子剧:剧场内四壁全为黑色,观演距离很近,方便交流)。图16-36 广州歌剧院空间巨大的后台,可上下左右伸张收缩。歌剧院表演舞台区分为主舞台,左、右侧舞台和后舞台四个区块。主舞台面积超过300平方米,乐池位于舞台和观众席之间,可以升降。整个舞台配备了100多根吊杆,最多可同时应付上百个布景的变化需求,后舞台则有超过50间化妆室、更衣间。

水冲来两块漂亮的石头,它像珠江河畔被流水抚摩的两块一大一小、一深一浅的砾石,显得坚定、独特而内敛。"大砾石"内以1800座的歌剧厅为主空间,还包括配套的设备用房、剧务用房、演出用房、行政用房、录音棚和艺术展览厅等。"小砾石"内以400座的多功能剧场为主空间,还有独立的辅助及后台设施,多功能厅兼顾室内乐、小型话剧、曲艺、新闻发布和演员排练等使用要求,还可以放映小型电影,举行时装表演等。该厅的舞台、布景、观众座位等都能转动,观众可以多角度地欣赏演出,并可作为"黑匣子"实验剧场。建筑通过连续的曲面外墙强调与城市界面的衔接,自然形态与人工几何形态的交叠,自然环境与建筑环境的渗透,与邻近的博物馆共同构成动态平衡的都市景观。

整体建筑采用钢-钢砼混合结构,预计用钢量将超过12000吨。以灰黑色调的双砾构成自然、粗野的原始造型,与周边高楼林立的现代都市的形象构成显著的对比。歌剧厅与多功能剧场两者皆为屋盖与幕墙一体化的结构,整体性外壳最大长度约120米,高度43米。建筑外墙有324个构造面,而且每个面都是不一样的三角形、转角圆弧面形、尖角双曲弧形。歌剧院的钢结构——三向斜交折板式网壳,有64个面、47个转角,每一个钢件都是分段铸造再运到现场拼接,每一个节点从制造、安装均要在空中准确三维定位,如此复杂的钢结构还没有规范可循。中国对外文化集团公司将全权负责大剧院的运营,将成为海内外艺术家和制作人的创意文化产品制作中心和输出中心(见图16-31至图16-36)。

第六节 LOFT空间设计形式与风格

一、LOFT空间设计形式与风格的概念

20世纪40年代的时候,LOFT这种居住生活方式首次在美国纽约的苏荷-SOHO区出现,这些块状几何体、红砖外墙的老建筑,以前是囤积纺织品的仓库区,它高大、宽敞、结实。贫穷的艺术家们通常把建筑挑空的部分设计成工作的区域,然后在空间中搭建出居住阁楼,墙壁简单粉刷,涂上灿烂的颜色,工业照明设备经过改造被继续使用,临街的房间改造成商店,出售自己的作品,这就是LOFT的雏形。60—70年代艺术家与设计师们为了远离城市生活的枯燥与呆板,利用废弃的工业厂房,从中分隔出居住、工作、社交、娱乐、收藏等各种空间。在浩大的厂房里,他们构造各种生活方式,创作行为艺术,或者办作品展,淋漓酣畅,快意人生。而这些厂房后来也变成了最具个性、最前卫、最受年轻人青睐的地方。80年代,随着个性化浪潮的卷土重来,LOFT这种工业化和后现代主义完美碰撞的空间艺术,逐渐演化成为了一种时尚的居住与工作方式,并且在全球广为流传。LOFT空间的艺术家们充满对自由的狂热和对反叛的热情,它已成为世界新人类的生活标签。在当代商业空间设计的发展中,又演变出很高的商业价值,成为酒吧、艺术展的最好场所,如今,LOFT总是与艺术家、前卫、先锋、798等词相提并论。

二、LOFT空间设计形式与风格的特征

1. 由旧房改造的高敞空间。LOFT在牛津词典上的解释是"在屋顶之下存放东西的阁楼"。但现在LOFT所指的是那些"由旧工厂或旧仓库改造而成的，少有内墙隔断的高挑开敞空间"，LOFT的风格特征包括：高大而开敞的空间，上下双层的复式结构，类似戏剧舞台效果的楼梯和横梁；流动性，户型内无障碍；透明性，减少私密程度；开放性，户型间全方位组合；艺术性，通常是业主自行决定所有风格和格局。

2. 空间的自由性、解构性与观念性。LOFT住宅建筑内除厨房、卫生间固定外，整个户内没有隔断，住户可自由组合。LOFT吸引了大量崇尚个性、自由、流动的工作和生活状态年轻人，迎合了收入颇丰的城市新贵。LOFT大规模的空间和它所带来的自由性，使人们有机会根据特殊的需要来组建不同的环境氛围。很多建筑大师也赋予了LOFT极高的"艺术观念性"和"建筑的解构性"。从而使它蕴涵个性化的审美情趣，粗糙的柱壁、灰暗的水泥地面、裸露的钢结构已经脱离了旧仓库的代名词，这就是LOFT生活。

3. 挑战现代工作与居住分区的概念。LOFT象征先锋艺术和艺术家的生活和创作，它对现代城市有关工作、居住分区的概念提出挑战。工作和居住不必分离，可以发生在同一个大空间中，LOFT生活方式使居者即使在繁华的都市中，也仍然能感受到身处郊野时那样不羁的自由。

图16-37　798工厂艺术区从2002年开始进驻艺术家，他们充分利用原有厂房的包豪斯建筑风格，稍作装修和修饰，一变而成为富有特色的艺术展示和创作空间。如今798已经发展成为闪现着"自由、前卫、宁静、个性"，释放最原始的审美情结的空间。

图16-38　798艺术区已经成为更适合城市功能和发展趋势的无污染、低能耗、高品味的新型文化创意产业区，艺术家和文化机构进驻后，成规模地租用和改造空置厂房，逐渐发展成为画廊、艺术中心、艺术家工作室、设计公司、餐饮酒吧等各种空间的聚合，形成了具有国际化色彩的"SOHO式艺术聚落"和"LOFT生活方式"。

图16-39　佩斯北京画廊是纽约的Gluckman Mayne建筑事务所正在为曼哈顿的"佩斯威登斯坦画廊"（PaceWildenstein）设计的它在中国的一个重要基地。

图16-40　佩斯北京画廊是砖混建筑物，有锯齿形的屋顶和连续的可以透进自然光线的天窗，这是包豪斯现代主义风格特色的设计作品，是实用和简洁完美结合的典范。空间设计充分利用天光和反射光，这就保持了光线的均匀和稳定，而从视觉感受来看，恒定的光线又可以产生一种不可言喻的美感。

图16-41 新天地分为南里和北里两个部分，南里以现代建筑为主，石库门建筑为辅。南里建成了一座总楼面面积达25000平方米的购物、娱乐、休闲中心。这座充满现代感的玻璃幕墙建筑物，有来自世界各地的餐饮场所、时装店、饰品店、美食广场、电影院健身中心，提供多元化休闲娱乐服务。

图16-42 上海新天地外表是一群石库门建造而成的上海早期建筑物，是以上海独特的石库门建筑旧区为基础，改造成集具国际水平的餐饮、商业、娱乐、文化于一体的休闲步行街。上海新天地以中西融合、新旧结合为基调，将上海传统的石库门里弄与充满现代感的新建筑融为一体，很多国际商铺纷纷进驻。

图16-43 上海新天地是以上海石库门建筑旧区为基础，它是中西合璧的产物，更是代表了近代的上海历史文化。石库门建筑的清水砖墙，是这种建筑的特色之一。当年的砖墙，当年的瓦，保留着老上海的历史风情和文化底蕴。为了强调历史感，设计师决定保留原有的砖、原有的瓦作为建材。在老房子内加装了现代化设施，包括楼底光纤电缆和空调系统，确保房屋的功能更完善和可靠。

图16-44 上海新天地酒吧街是欧式风情酒吧群，海派风格浓郁。那青砖步行道，那红青相间的清水砖墙，那厚重的乌漆大门以及那雕着巴洛克风格卷涡状山花的门楣，使得观光客仿佛置身于20世纪二三十年代的上海。而每个建筑内部隔墙被全部打通，呈现宽敞时尚的酒吧空间，门外是古朴的石库门弄堂，门里是完全的现代化生活方式。

三、LOFT空间设计形式与风格的代表作品

1. 798工厂艺术区。798工厂艺术区是典型的LOFT时尚艺术代表空间。798艺术区位于北京朝阳区大山子，原是国营798厂等电子工业的厂区所在地。从2002年开始进驻艺术家，他们充分利用原有厂房的包豪斯建筑风格，稍作装修和修饰，一变而成为富有特色的艺术展示和创作空间。如今798已经发展成为闪现着"自由、前卫、宁静、个性"，释放最原始的审美情结的空间。798艺术区已经成为更适合城市功能和发展趋势的无污染、低能耗、高品味的新型文化创意产业区，艺术家和文化机构进驻后，成规模地租用和改造空置厂房，逐渐发展成为画廊、艺术中心、艺术家工作室、设计公司、餐饮酒吧等各种空间的聚合，形成了具有国际化色彩的"SOHO式艺术聚落"和"LOFT生活方式"。798艺术区已成功举办策划了一系列当代艺术活动，包括"北京浮世绘"、"再造798"、"蓝天不设防"、"长征"、"大山子艺术节"等。798内现在比较知名的艺术画廊有：时态空间、风和日丽家居馆、仁俱乐部、北京东京艺术工程、百年印象摄影画廊、二万五千里文化传播中心、八十座、左岸公社、NOW设计俱乐部等等。经由当代艺术、建筑空间、文化产业与历史文脉及城市生活环境的有机结合，798已经演化为一个文化概念，对各类专业人士及普通大众产生了强烈的吸引力，并在城市文化和生存空间的观念上产生了不小的影响。这是20年来中国经济改革的产物和成果，意味着先锋与传统共存，实验与责任并重，精神与经济互动，精英与大众的相生。"798艺术区"作为一个重要的文化现象，为当代中国都市发展、生产和消费模式带来了深刻启示。（见图16-37至图16-40）。

2. 上海新天地。上海新天地是旧区、旧房改造项目，属于LOFT时尚艺术设计代表空间。上海新天地位于上海卢湾区、紧邻热闹的淮海南路，处于"市中心的中心"。香港瑞安集团在1997年提出了一个石库门建筑改造的新理念：改变原先的居住功能，赋予它新的商业经营价值，把百年的石库门旧城区，改造成一片充满生命力的新天地！上海新天地项目于1999年初动工，2007年底建成。上海新天地由总规划设计师本杰明·伍德设计。杰明·伍德是波士顿Faneuil Hall的建筑设计师，同时也是美国Wood+Zapata建筑事务所总裁、总设计师。伍德先生主张城市的建筑设计应在传统文化建筑和现代建筑理念中找寻最佳的契合点。上海新天地项目的设计理念是"昨天明天相会在今天"，它从保护历史建筑的角度、城市发展的角度以及建筑功能的角度作多方面考虑，把新时尚注入旧建筑空

间，以符合新时代消费者的需求。设计师们在整体规划上保留石库门北部大部分建筑，穿插部份现代建筑；南部地块则以反映时代特征的新建筑为主，配合少量石库门建筑，一条步行街串起南、北两个地块。建成的上海新天地占地面积3万平方米，总建筑面积6万平方米，整体功能是一个典型Mall。"Mall就是在毗邻的建筑群中或一个大建筑物中，由许多商店和餐馆组成的大型零售综合体。"Mall是一种规模大、功能多、商品和服务全，集购物、餐饮、住宿、休闲、娱乐和观光旅游为一体的步行休闲街区。新天地的石库门建筑群被精心保护与修复了建筑的外观立面，保留了当年的砖墙、屋瓦。建筑的内部则改变了结构及原有的居住功能，创新地赋予其商业经营功能，体现了现代都市人的生活方式、生活节奏、情感世界，成为国际画廊、时装店、主题餐馆、咖啡酒吧。这片LOFT时尚空间已成为集国际水平的餐饮、购物、演艺等功能的时尚休闲文化娱乐中心。新老建筑相结合，延续了上海里弄住区的传统风貌特色，形成了"新老对比"的独特魅力（见图16-41至图16-44）。

第七节　主题化空间设计形式与风格

一、主题化空间设计形式与风格的概念

　　20世纪末以来，世界空间设计呈现多元化，主题化空间设计成为商业建筑与私人建筑创造个性化空间的一种设计方法。主题化空间设计指空间设计作品中所蕴含的主体和核心，其设计题材涉及社会生活或现象的某一方面，如自然主题、战争主题等。自1955年美国迪士尼乐园主题设计获得极大成功以来，主题化设计对各种空间设计产生了极大影响。美国的"赌城"拉斯维加斯主题化空间设计表现最为集中和著名，如：金字塔酒店——以埃及金字塔为主题，外观设计成大金字塔及人面狮身像，酒店房间就在金字塔里面。酒店房间的设计也以古埃及风格为主，旅客以小艇渡过小尼罗河后，被送到客房。酒店还建有主题游乐园，称之为金字塔的秘密，分为"过去"、"现在"、"未来"三个主题。雅典的卫城酒店——以雅典卫城为主题，到处可见雅典卫城的照片、绘画、模型、雕塑、纪念品，开窗就可以看到雅典卫城。当前，世界各地已出现形形色色的主题广场空间、主题酒店空间、主题会所空间、主题公园空间、主题餐厅空间，主题化空间设计创意已成为当代设计流行趋势。

　　主题是设计师通过对现实的观察、体验、分析、研究以及对材料的处理、提炼而得出的创意结晶。它既包含所反映的现实生活本身所蕴含的客观意义，又集中体现了设计师对客观事物的主观认识、理解和评价。一项空间设计作品可以有一个主题，也可以有多个主题。透过主题，设计者在空间创意设计中以各种结构、形态、材料、形式与风格表达的主题概念，主题概念随着设计的深入而渗透、贯穿于空间各个部分，体现着设计者的创意构思。

二、主题化空间设计形式与风格的特征

　　1. 从自然环境获取主题素材。大自然的万物也为设计师提供了设计素材，空间设计主题原始素材可从自然环境中获取，设计师可从自然界的阳光、土壤、海河、花草、山石等自然环境中获取设计元素，努力谋求"人"与"自然"和谐共存的方式。

　　2. 从社会环境获取主题素材。人类社会发展环境也为设计师提供了设计素材，空间设计主题原始素材可从各种社会环境中获取，如从社会历史活动、科学技术概念、各种艺术作品中获取设计元素以创

图16-45　国家体育场坐落于奥林匹克公园建筑群的中央位置，体育场的外观网格状结构如同一个由树枝编织成的鸟巢。

图16-46　体育场的网格状外观，建筑物的立面，楼梯，碗状看台和屋顶融合为一个整体。为了使屋顶防水，体育场结构间的空隙将被透光的膜填充。由于所有的设施——餐厅，客房，商店和卫生间都是独立控制的单元，建筑外立面的整体封闭因而是非常不必要的，这使体育场有自然通风。

图16-47　国家体育场屋顶钢结构上覆盖了双层膜结构，即固定于钢结构上弦之间的透明的上层ETFE膜和固定于钢结构下弦之下及内环侧壁的半透明的下层PTFE声学吊顶。座席的干扰被控制到最小，声学吊顶将结构遮掩使得观众和场地上的活动成为注意焦点。

图16-48　主体钢结构形成整体的钢桁架编织式"鸟巢"结构，钢结构总用钢量为4.2万吨，混凝土看台分为上、中、下三层，看台混凝土结构包括地下一层，地上七层的钢筋混凝土框架与剪力墙混合结构体系。钢结构与混凝土看台上部完全脱开，互不相连，形式上呈相互围合，基础则坐在一个相连的基础底板上。

建社会文化主题空间，努力谋求"人"与"社会时代"的关联方式。

3．空间创意围绕着共同的主题。从建筑、环境、室内空间、公共艺术品和展品陈列等多方面，围绕着一个共同的主题，进行全方位的主题表现。

三、主题化空间设计形式与风格的代表作品

北京奥运国家体育场。北京奥运国家体育场又称"鸟巢"，由瑞士建筑师赫尔佐格和迪默龙设计。1950年两人同年出生于瑞士的巴塞尔，一同就读于瑞士联邦工学院，一同毕业后成立建筑设计事务所，在共同的职业生涯中一同获取过许多奖项。从发小到搭档，两人有着密不可分的友谊和默契，所以不管是进行创作还是抛头露面，总以二人组合的方式。他们的作品技术和艺术完美结合，无穷的创造力、想象力与现实条件完美结合，终于，他们共同获得了2001年度普利兹克奖。

北京奥运国家体育场整体建筑造型创意是从自然鸟巢概念获取主题素材。建筑师赫尔佐格和迪默龙认为北京奥运国家体育场的设计主题源于一个树枝编成的鸟巢，鸟巢的结构与形式是统一的，正如鸟儿不会刻意去粉饰它的巢一样，我们的体育场的建筑形式和网状结构完美统一在一起，很清晰、很自然、很纯净。同时，它可让你联想到中国传统文化的棂花窗、冰裂纹瓷器、镂空玉器、新石器时代陶制器皿上的网状图案。我们想使看台上的观众和场内的运动员产生互动，创造一个场所能激发他们的热情，21世纪的建筑不再以表达技术为目的，而是更多人文关怀，超过10万人的体育场有鸟巢般的亲切自然。建筑是以观众和运动员为中心的，观众能够获得最佳的视野，运动员将得到最大的激励。由于建筑是由纯粹的结构与透明的膜材料筑成，在有形与无形之中，观众就自然地成为了建筑的一部分。而这个建筑起伏变化的外观，又缓和了建筑物巨大的体量感，并赋予体育场以戏剧性和震撼力的形体。

"鸟巢"整个建筑空间为巨型网状结构，外形由24根钢桁架柱组成，内部没有一根立柱，看台是没有任何遮挡的土红色碗状造型。工程总投资额约为31.3亿元人民币，总建筑面积25.8万平方米，占地20.4万平方米，地上高度69.21米。建筑顶面呈鞍形，长轴为332.3米，短轴为296.4米，最高点高度为68.5米，最低点高度为42.8米。其混凝土结构主体分地下一层、地上七层，组成三层碗状斜看台，可容纳观众9.1万人。赛时功能为田径、足球，赛后功能为国际国内体育比赛和文化、娱乐活动。而其内

部，从休息室到饭店，每一个分开的空间都是一个独立的单元，从而使自然空气的流通成为可能。由于初期设计方案用钢量太大，根据专家的反复研究论证，"鸟巢"原设计方案中的可开启屋顶被取消，屋顶开口扩大，一项名为"奥运场馆结构选型及优化设计关键技术"的课题，让"鸟巢"的体重由原来的13.6万吨减至5.3万吨。体育场外壳采用可作为填充物的气垫膜，使屋顶达到完全防水的要求，阳光可以穿过透明的屋顶满足室内草坪的生长需要。比赛时，看台是可以通过多种方式进行变化的，可以满足不同时期不同观众量的要求。奥运期间的20,000个临时座席分布在体育场的最上端，且能保证每个人都能清楚地看到整个赛场，而入口、出口及人群流线区域设计流畅。"鸟巢"设计中充分体现了人文关怀，碗状座席环抱着赛场的收拢结构，上下层之间错落有致，无论观众坐在哪个位置，和赛场中心点之间的视线距离都在140米左右。"鸟巢"屋顶的钢结构构件上设置吸声材料，下层膜采用吸声膜材料，场内使用电声扩音系统，这三层"特殊装置"使"巢"内的语音清晰度指标指数达到0.6——这个数字保证了坐在任何位置的观众都能清晰地收听到广播。"鸟巢"所在的奥林匹克公园中心区赛后将成为一个集体育竞赛、会议展览、文化娱乐、商务和休闲购物于一体的市民公共活动中心（见图16-45至图16-49）。

图16-49　体育场大厅，是一个室内的城市空间，设有餐厅和商店，其作用就如同商业街廊或广场，吸引着人们流连忘返。

第八节　新都市主义空间设计形式与风格

一、新都市主义空间设计形式与风格的概念

　　工业革命所产生的城市化运动，城市以产业为主导，劳动力成为商品，人口高度集聚。公共空间得到迅速的发展，公共空间被肆意扭曲、破坏，交通堵塞，空气污染，人居生活空间狭小。二战以后的五六十年代，人们开始渴望郊外新鲜的空气和原生态的环境，住宅郊区化开始出现。郊区化过程中，特别强调私人空间的价值，结果是没有了和谐共享的公共空间，没有了安全感和归属感。而城市中心的居住人口日益减少，城市中心资源被大量闲置，城市商业日渐衰弱。由于住宅外迁，人们的工作地依然在城市中心区，这就更大程度上加剧了城市交通堵塞，同时也提升了城市居民的工作和生活成本。于是20世纪80年代，第二次城市化运动开始，人们为解决所出现的这些城市问题提出了一系列相应的规划方案，如公园城市运动、田园城市运动、城市美化运动等。"新都市主义"的设计思潮在美国出现，其以功能分区等各种近代城市规划的理论和规划技术的发源为核心，可说是适应社会变化的过程中，一场引导规划潮流的运动。新都市主义作为一种规划设计理念，强调在城市和社区设计时必须将公共空间的重要性置于私人利益之上。从建筑设计与公共空间的关系，到社区建筑类型与功能的安排，与区域交通路网的协调，都要遵循这一原则。对公共空间进行重新整合，这是新都市主义的魂之所在，也是新都市主义"新"的地方。

　　新都市主义重视住宅设计和社区整体规划，把生活、工作、购物、娱乐、休闲集中起来考虑，使生活、休闲、工作"三位一体"。将现代人的时间、交通成本缩至最短，形成最具个性、时代、广泛、效率的"新都市主义"居住主张。居住与办公地点接近，可以大大节约时间成本。现代都市人面临激烈的竞争，必须追求最大的生活便利性，需要把握住都市的脉搏，占据繁华的心脏地带，才能保持生活和事业的节奏，才能有效协调工作与生活的各种矛

盾，将居住、工作、商业活动、休闲娱乐紧密结合起来。

新都市主义实现的途径，一是通过旧城改造，改善城区的居住环境，二是将不断扩张的城市边缘重构形成社区，使其具有多样化邻里街区，而不是简单地形成一个人们居住的"卧城"。为满足人们对城市资源的高度利用：让城市自然化，倡导的是一种快节奏、低生活成本、高娱乐的都市"跃动人群"生活模式，强调居住背景、个性化生活；让自然城市化，让都市文明与自然属性，人与自然、社会和谐共存。

新都市主义传入中国之后，首先受到反郊区化的开发商的追捧。现在中国的城市发展，可以说，正处在城市化与郊区化这两个阶段之间。新都市主义在中国最有可能实现的途径是在都市的城乡结合部的大型商住园区，它既可以依托城市原有的市政配套，大幅度节约开发商的开发成本，又因为规模较大，为开发商进行社区的设计提供了丰富的空间和可能性。

二、新都市主义空间设计形式与风格的代表作品

1. 卡罗拉多商业区。卡罗拉多商业区位于洛杉矶北面的帕萨迪纳市（Pasadena），该市是拥有百年历史的西部城市。随着90年代新都市主义兴起，当年市政决定对该市进行综合性大规模改建，并由美国建筑设计事务所RTKL负责设计，风格以地中海为主，加以现代形式的处理，力图创建一个符合时代发展步伐的都市新中心。帕萨迪纳市政对老城区进行改造并获得成功，人们日益厌倦大尺度的都市构架模式所带来的过于冰冷的生活状态，人们更喜欢以散步式购物为主导的室外环境。力图回归往日相对集中小构架的市民生活空间——人性的街道尺度、亲切的邻里关系、更为合理的公共建筑与公共空间，主张最大化的"亲民性"和"都市关怀"。

改建后的卡罗拉多商业区，是尊重保护历史建筑前提下的老城改造，拆Mall建立"生活方式中心"，建立了零售业中心、餐饮、剧院多项功能设施，其以步行街为主导的零售业中心代替了原有的购物中心的城市规划方式，并通过重新开放Gartield大道的视线通廊、与邻近街区步行系统的合并，在市中心区重建了"主街"的感觉。商业与住宅最大化地有机融合，创造出一个富有活力全天候人与社会交流的舒适的生活环境，获得民众与政府的全面赞赏。

图16-50 拉德芳斯区的代表性建筑——大拱门，集古典空间艺术与现代化办公功能于一体。大拱门占地5.5万平方米，门南北两侧是高110米、长112米、厚18.7米的塔楼。两个塔楼的顶楼里是巨大的展览场所，顶楼上面的平台是理想的观景台。

图16-51 拉德方斯区地面上的商业和住宅空间以一个巨大的广场相连，而地下则是道路、火车、停车场和地铁站的交通网络。拉德方斯的规划和建设不是很重视建筑的个体设计，而是强调由斜坡（路面层次）、水池、树木、绿地、铺地、小品、雕塑、广场等所组成的街道空间的设计。

2. 拉德芳斯新区。拉德芳斯区坐落在巴黎西郊塞纳河畔一片僻静的无名高地。拉德芳斯(La Defense)的原意是"巴黎的防御"，主要是纪念于1870年抵抗巴黎被围的将士们，而正式定名为拉德芳斯区。超高层大楼在欧洲一向不受欢迎，被认为是粗俗的美国文化，与古典城市不协调。许多欧洲城市都对市内新建筑有高度的限制。巴黎曾在市中心建了一座50层的蒙巴纳斯大厦，建成后屡遭抨击。所以政府决定在拉德芳斯区发展新都市区，把生活、工作、购物、娱乐、休闲集中起来考虑，建立一个新都市主义新区。1982至1983年间，巴黎市组织的有关这一地区开发设计方案的国际招标选中了丹麦建筑师奥托·冯·施普雷克尔森的设计方案。1985年7月，拉德芳斯新区的建设工程正式上马。

拉德芳斯区的新都市区总体设计体现了现代和未来城区的多功能设计思想，设计师把拉德芳斯广场和新区的代表建筑——大拱门建造在象征着古老巴黎的凯旋门、香榭丽舍大道和协和广场的同一条中轴线上，让现代的巴黎和古老的巴黎遥相呼应。为避免大城市空心化，法国政府规定城市办公室面积和住宅面积要有一个恰当的比例，不能让用作办公的高楼大厦无限制发展。他们认为只在白天有人而晚上成为空城，会破坏城市生活节奏的平衡。所以，在拉德芳斯特区每一个小区域都是办公室、住宅和商店的和谐混合体，并且住宅建筑空间也有许多不同的形态。拉德芳斯的规划和建设强调由斜坡路面、水池、树木、绿地、铺地、小品、雕塑（如现代雕塑家塞扎尔的黄铜 "大拇指"雕塑）、广场（如拉德芳斯广场上的电子音乐喷泉，是夏天和节假日人们散步、纳凉、欣赏音乐的好地方）等所组成的街道空间的设计。拉德芳斯都市区表现出文明与自然属性、人与自然、社会和谐共存趋势。

经过16年分阶段的建设，拉德芳斯区已是高楼林立，成为集办公、商务、购物、生活和休闲于一身的新都市主义城区。众多法国和欧美跨国公司、银行、大饭店纷纷在这里建起了自己的摩天大楼。面积超过10万平方米的四季商业中心、奥尚超级市场、C&A商场等为人们提供了购物的便利。

以帕斯欧·卡罗拉多商业区与拉德芳斯新区为代表的新都市中心区都是在政治、经济、景观、标志性建筑的中心区域或周边兴起，集居住、办公、商业、娱乐、休闲、文化于一体的综合规划，同时引领全球趋势的顶级 "时尚艺术"，缔造着光芒。这也构成了当今世界地产发展的新趋势——新都市主义的概念（见图16-50至图16-55）。

图16-52 拉德芳斯楼与楼之间有较大的空间，中央围出一块视野开阔的广场。建有公交换乘中心，RER高速地铁、地铁1号线、14号高速公路、2号地铁等在此交汇。建成67万平方米的步行系统，集中管理的停车场设有2.6万个停车位，交通设施完善；建成占地25公顷的公园，商务区的1/10用地为绿化用地，种植有400余种植物；建成由60个现代雕塑作品组成的露天博物馆，环境的绿化系统良好。优美的环境、完善的设施每年约200万游客慕名而至。

图16-53 拉德芳斯区位于巴黎市的西北部，巴黎城市主轴线的西端。于1958年建设开发，目前已建成写字楼247万平方米，其中商务区215万平方米、公园区32万平方米。建成住宅1.56万套，可容纳3.93万人。其中在商务区建设住宅1.01万套，可容纳2.1万人；在公园区建设住宅5588套，可容纳1.83万人。并建成了面积达10.5万平方米的欧洲最大的商业中心。

图16-54 拉德芳斯集办公区、商业区和居民住宅区为一体，有三个大超级市场及250家中小型商店，共10万平方米营业面积，住宅区有3.5万居民。为避免大城市空心化，法国政府规定城市办公室面积和住宅面积要有一个恰当的比例，不能让用作办公的高楼大厦无限制发展。他们认为只在白天有人而晚上成为空城，会破坏城市生活节奏的平衡，步美国一些城市的后尘。

图16-55 一个成功的中央区城市综合体，不仅仅是一个CBD，更是具有高端生活功能的居住中心。城市综合体避免了城市开发功能单一、建筑分散无法相互联系的弊端，它将城市中的商业、办公、居住、旅游、餐饮、娱乐、展览融为一体，甚至包括交通设施，是名副其实的城中城。

当代主义空间设计形式与风格小空间创意设计要求

1. 分析当代主义空间设计的风格、形式特征、设计特色。运用当代主义空间设计的风格、形式主要元素，并强调当代主义空间风格符号。如运用强调地方特色和民族化、现代材料、技术与传统概念结合、地方材料、做法与乡土概念结合、用陈设艺术品来增强历史文脉等进行空间创意设计。

2. 运用建筑空间构成要素（地面、墙面、顶面、柱梁）表现建筑与室内空间。

3. 运用空间造型元素（点、线、面、体）与空间形态（几何形、有机形、偶然形，实虚、动静、开合空间）表现建筑与室内空间个性。

4. 运用界面形状、比例、尺度和式样的变化，表现建筑与室内空间。

5. 本创意设计是概念性建筑与室内抽象性创意形态，重点表现空间要素、空间功能、建筑构件、空间结构、空间形态、空间形式、造型手法、创意方法，创造简约的、概括的、抽象功能的空间，避免太实际又锁碎的造型与装饰。

6. 利用一个10m×10m×10m的正立方空间与一个10m×6m×6m的长方空间进行空间形式风格概念构成创意设计。

图16-56   陕北地域化窑洞形餐厅包房空间   黄明慧
地域化空间设计形式与风格特征是在空间设计中运用地方特色和民族化的元素，运用传统美学法则结合现代设计形式及现代材料、结构的空间造型。这座陕北地域化餐厅包房空间采用陕北窑洞结构造型进行空间构成组合，窑洞形餐厅包房墙面用碎石砖砌成，窑洞形餐厅包房屋顶用钢架玻璃结构造型，表现出地域化造型结合现代设计形式及现代材料的方式。

图16-57   马尔代夫地域化别墅   黄明慧
这是座马尔代夫地域化别墅设计。设计师引用马尔代夫地方特色的海上水上屋的空间结构形式，它带有观海露台，露台上有楼梯直接通进海里。设计强调地方特色和民族化，反映了后工业化时代的现代人的怀旧情绪和追求地域化文化的需求，同时室内设备是现代化的，保证了功能上使用舒适的要求。

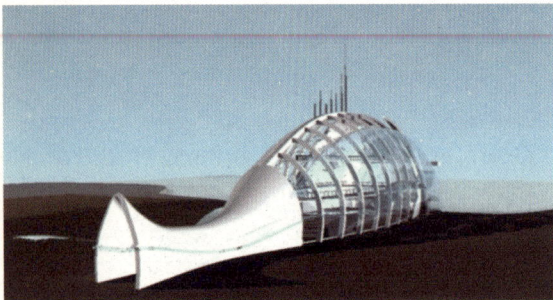

图16-58   生态化水生物展览馆   潘灶林
生态化空间形式与风格设计追求创造自然与文化的融合、美的形式与生态功能的融合，在环境空间用多种形式设计生物多样性。这是座外形类似鱼的生态化水生物展览馆，设计师采用混凝土、钢架与玻璃结构作为建筑骨架，空间分地面与地下层，各种自然水生物等元素和水生物自然生长过程系统地展现于生态化空间。

图16-59   生态化花卉养植场   黄慧萍
生态化空间形式与风格设计特点是善于因地制宜地高效地利用自然资源，减少人工层次。它既要为人创造具有健康宜人的温度、湿度，清洁的空气，好的光环境、声环境及灵活开敞舒适的空间的小环境，同时又要保护好周围的大环境——自然环境。这座生态化花卉养植场空间设计有6个钢架结构花棚，同时隔出6个露天花园，还有一座办公楼，各空间都兼具宜人的温度、湿度，清洁的空气，好的光环境。

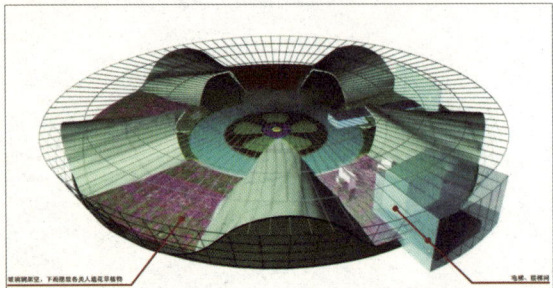

图16-60　生态化仿生动物园入口空间　李玲
生态建筑是可持续发展建筑的建构部分，仿生建筑则以生物界某些生物体功能组织和形象构成规律为对象，探寻自然界中科学合理的建造规律，促进建筑形体结构以及建筑功能布局等的合理形成。因此仿生建筑也是可持续建筑的建构部分，两者均体现了社会可持续发展意识和对人类生存环境的关怀。这座生态化仿生动物园入口空间抽象的圆窝形态具有动物耳朵、鼻翼、眼睛、脚蹄等特征，在入口形体结构以及道路功能布局等方面产生合理创意。

图16-61　高技化地下购物城入口　潘灶林
高技化空间设计形式与风格特征主张用最新的工业时代的材料来装配建筑，推崇形态各异的技术结构体系。这座高技化地下购物城入口空间设计采用格雷姆肖的钢梁、钢索、桅杆的帆船式结构和独创的外张式幕墙系统，建筑暴露出各种入口空间网架结构构件以及风管、线缆等各种设备和管道，充满工艺技术与时代感。

图16-62　高技化西餐厅　庄旗炬
高技派空间设计提倡采用最新的材料，强调系统设计和参数设计，主张采用与表现预制装配化标准构件。主张建筑节能及太阳能源利用设施。这座高技化西餐厅采用强钢、硬铝及玻璃结构，显示出新技术与艺术性的结合。半圆的棚屋造型可有控制地吸收阳光。水池边的小餐厅包房采用可快速与灵活地装配、拆卸与改建的结构。

图16-63　新现代主义西餐厅　林祥滨
新现代主义空间设计形式与风格特征是一方面继续采用现代主义的简单、明确、功能主义的方式，同时也进行了各种不同的个人及地域化审美诠释。这座新现代主义西餐厅空间为混凝土、钢架、玻璃与水泥结构四方体错位造型，外墙是简朴粗重的清水泥，建筑顶部及墙面设计有凹凸形式的采光取景窗。

图16-64　埃及地域化园林小卖部空间　陈俨
这是座埃及地域化园林小卖部空间。以埃及金字塔造型作为创意元素，小卖部空间表现出埃及地区的风格样式以及艺术特色。建筑造型设计不是完全仿古、复古，而是追求埃及金字塔文化的神似，建筑墙面所用的木板具有浓郁的乡土风味，小卖部室内陈设艺术品也强调埃及地方特色和民俗特色。

图16-65　新现代主义水上别墅　陆俊荣
新现代主义设计作品没有繁琐的装饰，从结构上和细节上都遵循了现代主义的功能主义、理性主义基本原则，但是，却赋予它们象征主义的内容。这座新现代主义水上别墅结构与装饰上仍保持现代主义的几何形态简洁特点，但观景阳台及墙立面设计有更多的变化，也注重别墅的水上生态环境的关系。

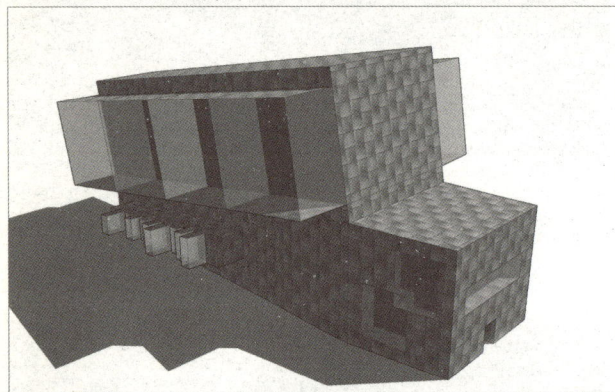

图16-66　新现代主义博物馆
这座新现代主义博物馆采用现代主义简单的四方几何体构成形式，空间为混凝土、钢架、玻璃与水泥结构四方体错位造型，外墙是简朴粗重的清水泥。这种冷漠、正规、中性化的外观特征是对现代主义风格的复兴，设计师运用先进的科学技术和经济手段来处理空间和参观人群的相互关系。

图16-67　解构主义办公空间　周橙海
解构主义实质是对结构主义的破坏和分解，具有设计的实验性，空间设计采用打散重构的形式，运用现代主义词汇，却从逻辑上否定传统的基本设计原则。这座解构主义办公空间设计利用斜位、交错等手法，追求办公空间的不规则的运动和突变，获得复杂化、非同一化的空间特征。

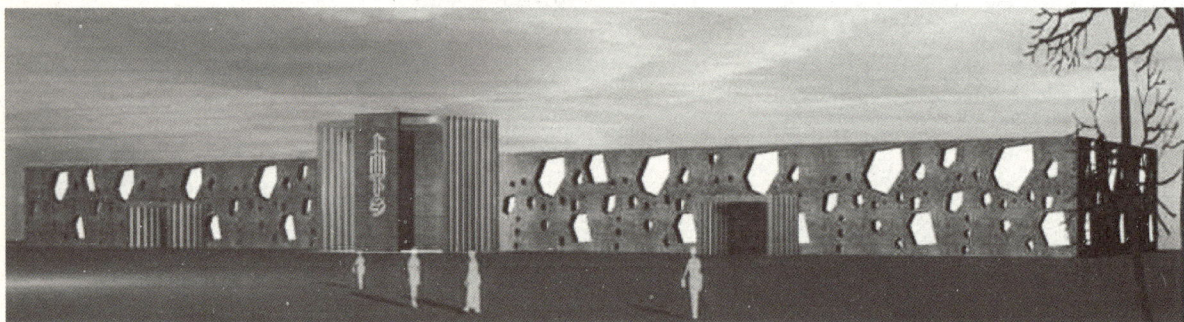

图16-68　知青主题风味餐厅　黄龙剑
主题化空间设计形式与风格特征以自然或社会题材作为创意主题，谋求在空间设计中人与自然和谐，人与社会并存的方式。这座主题化风味餐厅空间是以知识青年下乡时代对农村田园生活环境景象的美好回忆作设计主题，餐厅建筑师低矮的大院式布局，室内各种大小餐厅空间均陈设着农村的农作工具及生活用品，知青空间主题意境浓厚。

"空间、形式、风格"的永续进行时态

在设计教学中，"空间"似已基本被定义为"概念"，它成为师生们挂在嘴边最多的一个词汇。有时，它是"特指"的，但也有不少的场合，它似乎仅为一个"介词"、"虚词"甚至是"托词"。

但愿作为"教"方的老师们，能有意识地就"空间"作用力所能及的"内涵"排序。如果难以作好"立体矩阵"式的排序，那么，至少应努力（对"空间"）作"应用层面"的类别排序，哪怕这类排序是"扁平"的，例如：室内、室外、公共、私密、纵向、横向（空间）等。这样，教师可在被分解的各"小范畴内"，较方便地描述和解读（作为概念的）"空间"，"受教育者"（学生）亦可较方便地逐渐建立有关空间的"实感"。借助于时间，教与学双方共同累积和搭建对"空间"的完整概念。

再有，建筑学范畴和室内设计学范畴，对于"空间"的表述和解读，其实有着较大的差异。总体说来，前者相对侧重于功能、容积、建构依据等，后者则相对侧重于感官、界面关系、行为依据等；前者重物质，后者重精神。当然，如果两者相辅相成和相得益彰，空间的"本体"或"外延"都会显现出饱满和充实，反之，则单薄和不完整。

在设计教育中，"形式"似已基本被定义为"技能"，它既为师生们津津乐道，同时亦是教与学互动的最重要载体。

形式是"依据"，由它所派生出"例如"、"就像"、"可以如此"、"否则就会"等，往往可逻辑且生动地搭接上工科与文科、设计与艺术、创造与消费、抽象与具象等教与学的各个方面，渗透并弥漫在教与学的各个环节。在设计中，"形式"似乎与"巧妙"相连，与"美丑"相连，与"价值"相连，与"认知途径"亦相连……更重要的是，"形式"作为最柔软、最多元的一个渠道，似能方便地与工学、技术、规范、营销等，建立简单明了的"交互"关系，与认知、评价、模式、好恶等迅速达成"对接"关系。

当然，由于学科和行业的原因，建筑学和环境艺术设计学这两个范畴，对"形式"

的表述与解读也有着极大的区别。其中，前者的"形式"，主要来源于建筑学和建筑史学，其语境的基础源自于营造，而扩展于现象学、结构学等；后者的"形式"，则主要来源于文学、美学、社会学、视知觉心理学等。前者表述和解读的词汇多具"副词"和"介词"的特征，后者往往更多"形容词"的特征。

在设计教育中，"风格"似已基本被定义为"专业"。所谓"专业"，即"创作"、"有特色"、"标志性"等等。为此，教与学双方往往都愿意围绕"风格"，达成最有兴趣的讨论、交锋，达成有关"学习"的实质性推进。

如果说，前述的"空间"，容易使教与学双方"从概念到概念"，前述的"形式"容易使教与学双方"从表象到表象"的话，那么，用"风格"而带动的教与学双方，则相对容易进入"有深度"的思考和"较立体"的塑造。因人们都相信"风格即人"，相信"风格的形成与个性相关"，于是，风格容易有趣，容易持续推进，容易产生较丰富的内容……这对教学而言，既是一件好事，但也是最不易"精确"的"纠结"的事。

"风格"的价值随语境的不同而改变着。时而，它是联系供需双方的最佳纽带，时而则可能是最大的障碍。尤其在当下，"风格"的价值变数相当大，"风格"可"转义"的幅度也相当大，这些，其实也给有关"风格"的教育带来很严峻的挑战。

"空间、形式、风格"可谓永恒主题，它们呈现着不断转换价值和演绎路径的"永续进行时态"。当下，已不可能"经典、全面、权威"地"一次性"定义它们，为此，因应不同的背景，选择有差异化且相对具体的路径，去接近空间、接近形式、接近风格，是基于客观条件，为了具体教学和具体交流，为了教师（作者）的自身修养与成长，而可以选择和具有价值的。故此，作为广州美术学院设计学科的带头人，我关注并支持李泰山老师对自身"空间设计的形式与风格"的教学与研究，并希望他的相关教研活动能持续并卓有成效。

广州美术学院副院长　赵健
2012 年春

后 记

　　当我写完最后一段学生空间设计形式与风格创意习作点评时，我喜悦地意识到这本历时8年，在繁重的教学工作之余写作的书完稿了。2003年我在广州美术学院获评艺术设计副教授，当时，感觉到我艺术设计生涯中的一个新起点即将开始，但下一阶段研究发展的方向与课题仍未清晰。当年七月我得到学院支持有机会去法国"巴黎国际艺术中心"进行三个月的学习考察，面对这难得的走向世界的机会，我疯狂而马不停蹄地巡访了西欧15国26个城市的有关政治、军事、商业、教育、娱乐、家庭、文化、艺术、历史博物馆、展览会、表演会等等空间场所。欧洲各国古典与现代空间形式与风格、欧洲各国古典与现代绘画雕塑艺术、欧洲各国社会风土人情等等完整而深刻地浸透到我的身心。这期间，我拍摄了2万多张感动我的珍贵的考察数码照片。回校后，我和美院有关领导及老师们商定要把我获得的考察感受、认识与资料迅速整理，反馈到设计教学与设计实践中。由此，我满怀激情地开始第三次全面系统地学习、研究中外艺术设计形式与风格。第一次是1983年至1987年在广州美院读本科期间，在王受之、尹定邦及迟柯教授的教学指导下我全面系统地学习、研究中外艺术设计形式与风格；第二次是1998年至2000年在中央美术学院读硕士研究生班期间，接受中央美术学院张宝玮教授、王受之教授等导师的教学指导。到现在，经过8年不间断的学习、考察、研究、写作、教学与设计实践，我对空间设计形式与风格研究和教学有了较完整而深入的新认识及理解，并针对教学的实际需求，策划制定了"空间设计形式与风格"课程教学纲要与讲义。8年来，本书稿经过了艰辛的6次全面修改、调整；8年来，各届的学生积极认真配合我的教学，辛苦做的大量"空间设计形式与风格"课程习作被选入本书。本研究课题也受到广州美术学院黎明及赵健两位院长等的支持而成为2011至2012年广州美术学院科研项目，今日终于成书。在此，即充满感慨也由衷地感激广州美术学院诸多老师与学生们的支持帮助！

　　作为中青年艺术设计学者，我们拜读、查阅了不少建筑设计史专著及各种建筑设计史资料。这些建筑设计史专著注重研究世界各国、各时期建筑设计的产生、发展、消亡的过程，注重建筑设计发展的历史变化、演变、兴衰与意义。它也关注古往今来建筑发展的成就，更全面细致反映与比较各国建筑设计的发展状况、发展的差异、相互的关系、同时期的各种设计倾向。而本书与建筑设计史专著略有所不同：本书主要是以世界建筑空间发展史为总体框架，但重点是研究历史上起主导性的、相对成熟的建筑类型体现出的空间形式与风格的类型、特征与设计方法；注重归纳各时期社会政治、经济、生产、技术、文化背景；强调从"空间设计形式与风格"新视角重新探索、分析、解读空间设计。因此，本书着意在写作上建立文段模块结构以期清晰分类表述各历史时期代表着主流文化、代表主要建筑与室内空间技术与艺术的最高成就的设计作品，研究、探索这些代表作品呈现的内在设计观念、设计概念、设计特征，总结这些代表作品与设计师在"空间设计形式与风格"方面形成的空间功能结构特点、艺术形式规律、个性风格样式，简洁分析、总结表述这些设计师在空间设计材料、技术、工艺特色方面所表现出来的设计方法与创造经验，以期获得"空间设计形式与风格"的设计规律与设计方法。

通过上述方式的教学与设计实践证明，系统地研究学习空间设计形式与风格规律、特征与设计方法，将帮助我们快速建立空间形式与风格设计的相关知识结构，掌握空间风格与形式的设计技法，帮助我们建立空间风格与形式设计概念的思维方法，提高对空间设计的修养及理性的思考；通过研究学习空间设计形式与风格让我们懂得尊重设计的创造精神，认清人类设计文明历史就是不断创造的历史；通过研究学习空间设计形式与风格最终提高我们在实际空间设计项目中掌控空间形式与风格设计的能力。

其实，本书的写作作为教学目的还包括：一是适应建筑与环境艺术空间设计专业的老师与学生在较短的3周48课时教与学中所需求的知识点与信息量。让学生在学习中较快地了解世界各历史发展时期各种空间设计的形式与风格的代表性作品及代表人物，准确掌握空间设计形式与风格的系统知识、特点、规律及设计方法，并由此发挥举一反三的发散思维效果而扩展相关知识。二是实现"空间设计形式与风格"设计理论与设计实训的结合。因此，本书在每讲中都设有相应形式风格小空间造型与专题空间设计课题习作分析点评，让学生在学习中把设计理论修养与实际设计运用紧密结合，实时达到"学以致用"的学习效果。

建筑与环境艺术设计是一门具有学科边缘性、门类综合性、操作系统性的设计学科，"艺术空间设计的形式与风格"已成为建环专业设计的核心理论课程。在欧美国家及我国，大卫·澳特金、陈志华与王受之教授等有关建筑与环境空间设计史的理论研究已非常系统完整，本书是在吸收诸多前辈的研究成就基础上得以发展完成，在此，对前辈们深表感谢！

在此，我要衷心感谢指导和帮助我的老师和朋友们！同时，也期待这部《空间设计形式与风格》能得到专家同仁的批评指教。

李泰山

2012年1月18日

参考书目：

1. 《世界现代建筑史》王受之著，北京，中国建筑工出版社，1999

2. 《外国建筑史（十九世纪以前）》陈志华著，北京，中国建筑工业出版社，1979

3. 《外国近现代建筑史》同济大学、清华大学、南京工学院、天津大学，北京，中国建筑工业出版社，1982

4. 《建筑初步》（第二版）清华大学 田学哲主编，北京，中国建筑工业出版社，1999

5. 《建筑空间组合设计原理》彭一刚著，北京，中国建筑工业出版社，2008

6. 《中国古典园林分析》彭一刚著，中国建筑工业出版社，北京，1997

7. 《西方现代建筑史》意大利，L.本奈袄洛著，邹德侬、巴竹师、高军译，天津科技出版社，1996

8. 《法国人如何保护巴黎圣母院》刘芳文，新民晚报，2002

9. 《世界室内设计史》美国，约翰·派尔著，刘先觉译，中国建筑工业出版社，2003

10. 《西方建筑史》英国，大卫·奥特金著，傅景川译，吉林人民出版社，2004